# 结构弹塑性分析程序 OpenSEES 原理与实例

## （第二版）

陈学伟　林　哲　编著

中国建筑工业出版社

**图书在版编目（CIP）数据**

结构弹塑性分析程序 OpenSEES 原理与实例/陈学伟，林
哲编著. —2 版. —北京：中国建筑工业出版社，2020.1（2022.7重印）
ISBN 978-7-112-24776-9

Ⅰ.①结…　Ⅱ.①陈…②林…　Ⅲ.①建筑结构-结构分
析-计算机辅助设计-应用软件　Ⅳ.①TU311.41

中国版本图书馆 CIP 数据核字（2020）第 017991 号

　　OpenSEES 是一个开源的弹塑性分析程序，它有很多未商业化仍在研究阶段的算法、单元及材料本构。OpenSEES 的输入方式主要是采用 tcl 形式的命令流，对于入门级的研究 OpnenSESS 的用户会显得非常难以学习。因此建议采用 ETABS 进行结构模型的建模，通过 ETO（ETO 的全称是 ETABS TO OpenSEES，是将 ETABS 转化为 OpenSEES 的程序）产生主要的命令流 tcl 文件，然后再通过局部改动 tcl 命令流完成整个 OpenSEES 的前处理。这样用户可以花大量的时间去研究参数，而不需要在几何模型上花时间。

　　本书主要分为四个部分：第一部分介绍结构弹塑性分析的主要应用，即基于性能的抗震分析与设计，还介绍了弹塑性理论、单元及平台程序的发展过程。第二部分主要介绍 OpenSEES 的基本原理及一些宏观单元的理论，便于读者理解 OpenSEES 里面常用的梁柱宏观单元模型。第三部分主要介绍 ETO 的程序及采用 ETO 进行结构模型建模的方法，在这个章节中还会体现出 OpenSEES 的命令流的格式，功能及使用细节。第四部分为实例教程。本书附带数字资源（扫封面二维码获取），包含书中所有实例的 ETABS、SAP2000 模型、主要表格及 Open SEES 命令流。

　　本书主要面向基于 OpenSEES 的操作用户，指导进行一些弹塑性分析，用户通过举一反三，可以自己建造更复杂的模型。

\* \* \*

责任编辑：刘瑞霞　武晓涛
责任校对：李美娜

**结构弹塑性分析程序 OpenSEES 原理与实例**
**（第二版）**

陈学伟　林　哲　编著
\*
中国建筑工业出版社出版、发行（北京海淀三里河路 9 号）
各地新华书店、建筑书店经销
北京红光制版公司制版
北京建筑工业印刷厂印刷
\*
开本：787×1092 毫米　1/16　印张：23　字数：569 千字
2020 年 4 月第二版　　2022 年 7 月第五次印刷
定价：**69.00** 元
ISBN 978-7-112-24776-9
（35222）

# 序 一

在基于性能的抗震设计研究中，如何准确地模拟钢筋混凝土结构的弹塑性行为一直是个难题，OpenSEES 为解决这个难题提供了一个可行的平台。华南理工大学高层建筑结构研究所是国内最早使用 OpenSEES 的团队之一，在科研方面，团队在参加第 14 界 WCEE 预测性分析比赛中，借助 OpenSEES 平台取得了优异的成绩；在工程应用方面，我们完善了 OpenSEES 的前后处理，并将其应用于广州花园酒店结构改造可行性研究、某大跨连体结构的稳定性分析等工程中，陈学伟博士在其中做了大量开创性的工作。陈博士的这本书不仅介绍了 OpenSEES 在弹塑性分析方面的理论知识，同时结合陈博士多年的研究，提供了 25 个翔实有趣的例子供读者参考。希望在这本书的帮助下，更多的研究者使用 OpenSEES 开展科研工作，在这个平台上学习、交流和分享各自的研究成果，共同促进基于性能的结构抗震设计、结构弹塑性分析方法的发展。

韩小雷
2014 年 10 月于广州

**韩小雷**，江苏扬州人，教授、博士生导师，华南理工大学高层建筑结构研究所所长、广东省超限高层抗震审查专家委员会委员、亚热带建筑科学国家重点实验室建筑工程技术实验中心副主任。长期从事高层建筑结构抗震教学、科研和工程设计，出版专著 1 本、教材 3 本，发表论文 100 余篇，主持高层建筑结构抗震超限设计 30 余项。研究成果获省部级科技进步奖，工程设计获英联邦结构工程师学会中国设计大奖。

# 序　二

　　OpenSEES 是"开放的地震工程模拟系统"（Open System for Earthquake Engineering Simulation）的英文缩写，是由美国加州大学伯克利分校（UC Berkeley）的教师和学生开发的新一代采用面向对象技术的有限元软件框架，主要作为太平洋地震工程研究中心（Pacific Earthquake Engineering Research Center，PEER）用于研究和交流的平台。

　　作为长期从事地震工程的研究者，本人十分有幸于 2002 年开始接触并使用 OpenSEES，特别是 2003 年至 2004 年期间当我在 UC Berkeley 土木与环境工程系做访问学者时，对 OpenSEES 的使用者及其开发者有了更为深入的接触，自然对 OpenSEES 的源起和发展也有了较为深刻的认识。事实上，OpenSEES 是由当时的 UC Berkeley 土木与环境工程系主任 Gregory L. Fenves 教授所主持，由其博士生 Frank McKenna 所主要开发，于 1997 年发布第一个版本，当时称为"G3"，2000 年之后更名为"OpenSEES"，并沿用至今。恰如 OpenSEES 的名字一样，正是由于该系统的"开放性"，OpenSEES 一经推出，便受到全世界从事地震工程、结构工程、岩土工程的学者们和学生们的喜爱，并加入到 OpenSEES 的开发者行列，使得 OpenSEES 像滚雪球一样，其材料库、单元库和算法库越来越丰富，功能也越来越强大。2004 年，OpenSEES 被美国乔治·布朗"地震工程模拟网络"（Network for Earthquake Engineering Simulation，NEES）计划所采用，作为该计划的计算基础设施的虚拟仿真平台。现在 OpenSEES 不仅具备结构与岩土系统地震工程模拟的功能，还可以进行风工程和火安全工程的数值模拟，也是近年来迅速发展的混合模拟（Hybrid Simulation）的主要计算平台。

　　2004 年年底回国之后，我一直想在国内推广 OpenSEES 的使用与开发，但是却遇到了很多的困难。主要的原因就是当时国内很多学者和研究生已经习惯了使用像 ANSYS 这样具有丰富图形用户界面的商业化 CAE 软件，而 OpenSEES 表面上看起来只是一个 exe 可执行文件。虽然 PEER 的研究者也开发了一款带有图形用户界面的程序 OpenSEES Navigator，但是由于该程序是在 MATLAB 系统上运行的，使用上并不方便，效率也不高。为此，国内外的很多学者都致力于 OpenSEES 前后处理程序的研发，以方便 OpenSEES 的用户使用和工程应用。

　　在国内外众多的 OpenSEES 前后处理程序中，由陈学伟博士所开发的 ETO 程序是佼佼者。陈博士在攻读博士学位之间，就对 OpenSEES 有深入的了解，并在钢筋混凝土剪力墙抗震性能的研究方向颇有建树。陈博士毕业以后即在网络上发布了 ETO 程序，并结合工作经验，编写了 20 多个实例教程。陈博士的 ETO 程序和实例教程对于 OpenSEES 在国内的推广和应用起到了非常重要的作用。陈博士不仅在工作上十分勤奋，而且在虚拟空间中也是十分的友善，在 QQ 群 "OpenSEES 与地震工程"中，网友每有疑问必亲自作答，具有极高的人气。

　　作为 OpenSEES 的"资深用户"，本人看到陈学伟博士的这部著作后，感觉到非常的兴奋和振奋。这部书不仅对我本人的科研工作有巨大的裨益，我相信对于从事土木工程研究的莘莘学子、特别是 OpenSEES 的初学者而言，简直就是一部武林之中人人觊觎的"葵花宝典"。祝愿这本 OpenSEES 宝典对于推动我国土木工程防灾减灾的研究水平起到越来越重要的作用。

**吕大刚**

2014 年 10 月于哈尔滨

**吕大刚**，男，1970 年生，工学博士，哈尔滨工业大学土木工程学院教授，土木工程与工程力学专业博士生导师，现任哈尔滨工业大学土木工程学院副院长。1999 年博士毕业于哈尔滨建筑大学工程力学专业，2003～2004 年在美国加州大学伯克利分校土木与环境工程系作访问学者，2008～2009 年在瑞士苏黎世联邦工业大学土木工程系作访问教授。主要从事结构安全性与可靠性、工程灾害风险分析、地震工程、结构动力学、随机动力学等领域的科学研究工作。主持完成国家自然科学基金重大研究计划培育项目、重大项目、面上项目、国家科技支撑计划课题等 30 多项；指导毕业博士、硕士研究生 50 余名。出版专著 3 部，译著 2 部，发表论文 200 余篇；研究成果获教育部高等学校自然科学二等奖、黑龙江省自然科学奖和科技进步奖二等奖等多项奖励。国内学术任职主要有：中国建筑学会建筑结构抗倒塌专业委员会副主任，中国土木工程学会风险与保险研究分会常务理事，国际桥梁维护与安全协会中国团组理事，黑龙江省力学学会副理事长，中国力学学会委员，中国土木工程学会结构可靠度专业委员会委员，中国土木工程学会土力学与岩土工程学会委员，中国灾害防御协会风险分析专业委员会委员，《自然灾害学报》编委等。国际学术任职有：国际结构安全性联合委员会（JCSS）委员，国际土力学与岩土工程学会（ISSMGE）委员，国际桥梁维护与安全协会（IABMAS）委员，国际全寿命土木工程协会（IALCCE）委员，国际计算力学学会（IACM）委员，"国际土木工程统计与概率应用会议（ICASP）"、"国际易损性及风险分析与管理会议（ICVRAM）"等 10 余个大型国际学术会议的国际科学委员。曾获黑龙江省"青年科技奖"和"留学人员报国奖"。

# 序  三

Opens System for Earthquake Engineering Simulation (OpenSEES) is an object-oriented, open source software developed to simulate the response of the structures under earthquake loads. It includes a vast array of state-of-the-art integration algorithms and elements developed through research.

"Structural nonlinear analysis program - OpenSEES - theory and tutorial" is the first book of its kind written in Chinese. It provides the needed introduction to the theory and implementation of OpenSEES. In addition, it provided a detailed description of the ETO (ETAB to OpenSEES) software, a pre-and post-processing software dedicated for OpenSEES. Furthermore, a total of 25 useful and detailed examples have been provided. It is anticipate that the end users will find this book a valuable resource to OpenSEES.

地震工程模拟的开放体系（OpenSEES）是一个致力于模拟结构在地震作用下响应、面向对象、开源的软件。它包括了大量通过研究开发的最先进的集成算法和单元。

结构弹塑性分析程序 OpenSEES 原理与实例是第一本采用中文编写的同类书籍。它介绍了必需的原理和在 OpenSEES 中的实现。此外，它详细地介绍了 OpenSEES 专用的前后处理程序 ETO（ETABS to OpenSEES）。最后，它还提供了 25 个详细有帮助的实例。希望读者在读完本书后会发现它是学习 OpenSEES 珍贵的资源。

Tony T. Y. Yang, Ph. D. , P. Eng.

Department of Civil Engineering

University of British Columbia

**Prof. Yang** is a registered professional engineer in British Columbia, Canada. He received his B. Sc. (2001) and M. Sc. (2002) from the University at Buffalo, New York, and his Ph. D. from the University of California, Berkeley in 2006. His research focus on improving the structural performance through advanced analytical simulation and experimental testing. He has developed the next-generation performance-based design guidelines (adopted by the Applied Technology Council, the ATC-58 research team) in the United States; developed advanced experimental testing technologies, such as hybrid simulation and nonlinear control of shake table, to evaluate structural response under extreme loading conditions; developed risk-based simulation models for countries in the North and South America and the Global Earthquake Model (GEM) for the counties in the South East Asia. Prof. Yang has been actively involved in using novel technologies, such as base isolation systems and dampers to improve structural performance. Prof. Yang co-developed 'OpenSEES Navigator', a software program widely used by the engineers and researchers to design and analyze complex structural systems under extreme loading conditions.

**杨教授**是加拿大不列颠哥伦比亚省的注册专业工程师。他先后在纽约州立大学布法罗分校获得学士学位（2001 年）、硕士学位（2002 年），并在加利福尼亚州立大学伯克利分校获得博士学位（2006 年）。他的研究致力于通过先进的仿真分析和试验验证提高结构的性能。他发展了美国下一代基于性能设计指引（研究成果被应用技术委员会 ATC-58 研究组采用）。他发展了先进的试验验证技术，例如混合模拟和非线性控制振动台，来评估极限荷载环境下结构的响应。他发展了北美和南美国家的基于风险的仿真模型、东南亚国家的全球地震模型。杨教授积极采用先进的技术，如基础隔震系统和阻尼器来提高结构的性能。杨教授还开发了用于设计和分析在极限荷载环境下的复杂结构体系的 OpenSEES Navigator，该程序在工程师和研究者群体中广泛使用。

# 序 四

很高兴得知陈学伟博士的这本新书即将问世，也非常荣幸作为最先拜读此书的读者之一向大家推荐这本书。众所周知，陈博士是国内最早基于 OpenSEES 做科研的学者之一，也是 OpenSEES 在国内最重要的宣传和倡导者之一。此书的出版将会进一步帮助更多用户快速入门、掌握 OpenSEES 的基本建模和非线性分析方法，以及了解许多学术界最新模型的基本理论。基于 OpenSEES 平台，能够帮助我们的研究者和国际最前沿的科研同步；同时如果应用恰当，OpenSEES 也可能为工程界的一些重要和困难的问题提供一种新的解决途径。

对于 OpenSEES，我和陈博士的观点非常一致，都是极力倡导，并向我们的读者推荐的。首先，OpenSEES 代表着一种新的理念，就是学术成果真正意义上的公开、集成和共享。正如我们所知，即使是非常成熟的理论，从学术论文到实际算法和程序实现，往往还需要大量的工作，而这些工作基本上是重复和没有创新性的。如果论文的作者愿意把他的算法程序公开和共享，就会极大地节省后来者的工作，同时也有助于此成果的快速传播和进一步集成创新。这就是 OpenSEES 最初开发者的理念。

其次，OpenSEES 最强大之处就是其多年来一直持续集成最新科研成果，包括美国、中国、日本、加拿大、英国等等国家的成果。基于这个平台，我们不同开发者不需要互相认识就可以互相理解和深层次交流。OpenSEES 基于 C++ 和面向对象的编程方法使此集成更易于实现。

并且，OpenSEES 有突出的强非线性功能，有丰富的非线性材料和单元库，以及针对非线性问题的求解算法等。许多学术界最新的想法往往是首先在 OpenSEES 中得以验证的，比如基于性能的评估、混合试验、风险评估等。

另外，OpenSEES 也是一本很好的教科书，有丰富的资源可以查阅。这里汇集了众多学术界第一流学者的作品，比如 MIT 的 Bathe 教授的壳单元、UC Berleley Taylor 教授的非线性材料、UCSD Elgamal 教授的多屈服面土的模型、休斯敦大学 Mo 教授的剪力墙模型、基于力插值的框架单元、倒塌极限理论、敏感性和可靠度分析、混合试验方法，等等。当你的科研需要时，可以查阅这本教科书，通过阅读源代码学会相关内容，从而快速到达学术界前沿，更易于学术创新。

最后，引用 OpenSEES 的开发者 Frank Mckenna 的一句话：Use OpenSEES, you will love it.

而正如学习基本力学或者有限元课程一样，OpenSEES 的入门也需要一定的学习时间和过程。本书正是在这个关键和重要的环节上帮助用户克服入门学习的困难，快速理解和掌握 OpenSEES，其中很多理论附参考文献。相信陈博士的这本书对于许多正在从事艰难和复杂的科研工作的朋友们来说，有重要的参考价值。

古 泉

2014-9-8 厦门大学

古泉（1974—），男，现为厦门大学建筑与土木工程学院土木工程系副教授。古泉副教授主要从事非线性有限元、结构敏感性和可靠度、岩土本构模型、地震工程、土与结构相互作用等研究方向。在美国加州大学圣迭戈分校（UCSD）获得博士学位，在加州大学圣迭戈分校和美国路易斯安那州立大学进行过博士后研究，并在美国土木咨询公司 AMEC Geomatrix Consultants 公司从事过土木工程设计和咨询工作。古泉副教授自从 2001 年赴美攻读博士期间至今一直参与地震工程领域广泛使用的大型有限元程序 OpenSEES 的源程序开发，对 OpenSEES、PEAP 等有限元软件的整体构架和开发具有较深的认识，曾在美国太平洋地震研究中心（PEER）做过多次 OpenSEES 培训报告，在非线性结构分析、结构敏感性和可靠度、土的本构等方面有较深入的研究。

# 前　言

2011 年我完成了我的博士论文关于剪力墙构件的性能指标的研究，在这个过程中我编制了一个小型的弹塑性分析平台 MESAP，主要就是参考 OpenSEES 进行编制。在博士论文的大部分章节中，还详细地介绍了很多与 OpenSEES 相关的材料模型，单元模型，试验实例及单元开发原理等。这些都与这本 OpenSEES 教程是相关的。毕业之后，我到了 WSP 香港有限公司工作，主要从事高层建筑结构的设计与分析等。工作之后，我尝试着将我以前做 OpenSEES 分析时用的小工具 ETO 程序在 DINOCHEN. COM 进行发布。ETO 的全称是 ETABS TO OpenSEES，主要功能是将 ETABS 9.0 转化为 OpenSEES 的 tcl 文件。由于 ETABS 的前处理非常方便，因此可以借此作为 OpenSEES 的前处理工具。发布以后，发现受到了研究 OpenSEES 的用户的欢迎。通过一些用户的意见回馈，不断地更新 ETO 程序。后来为了使大家更好地了解 ETO 的操作及 OpenSEES 的命令流，我又补充了一个 OpenSEES 与 ETO 的网上实例教程，这就是本书的主体部分。

简单介绍一下 OpenSEES 这个程序，OpenSEES 是一个开源的弹塑性分析程序，它有很多未商业化仍在研究阶段的算法、单元及材料本构。OpenSEES 的输入方式主要是采用 TCL 形式的命令流，对于入门级的研究 OpenSESS 的用户会显得非常难以学习。因此我建议采用 ETABS 进行结构模型的建模，通过 ETO 产生主要的 TCL 命令流文件，然后再通过局部改动 TCL 命令流来完成整个 OpenSEES 的建模。这样用户可以花大量的时间去研究参数，而不需要在几何模型上花时间。

本书主要分为四个部分：

第一部分：介绍结构弹塑性分析的主要应用，即基于性能的抗震分析与设计，还介绍了弹塑性理论、单元及平台程序的发展过程。

第二部分：主要介绍 OpenSEES 的基本原理及一些宏观单元的理论，便于读者理解 OpenSEES 里面常用的梁柱宏观单元模型。

第三部分：主要介绍 ETO 的程序及采用 ETO 进行结构模型建模的方法，在这个章节中还会体现出 OpenSEES 的命令流的格式、功能及使用细节。ETO 下载地址：

http://www.dinochen.com/opensees_book/index.htm

第四部分：本书附带数字资源（扫封面二维码获取），包含书中所有实例的 ETABS 模型、SAP2000 模型、主要表格及 OpenSEES 命令流。除了这些，用户还可以在网站上下载相关的资料，网址是：

http://www.dinochen.com/opensees_book/index.htm

本次第二版修订增加了 10 个实例内容。

本书主要面向基于 OpenSEES 的操作用户，指导进行一些弹塑性分析，用户通过举一反三，可以自己建造更复杂的模型。实例的后面还增加了一些二次开发的内容，通过举例，用户可以参考开发出基于 OpenSEES 的一些结构分析程序。本书通过 OpenSEES 还会介绍一些常用于弹塑性分析的专业名词，这些专业名词与概念在其他弹塑性分析程序如 PERFORM－3D 等也同样适用。基于性能的抗震设计是现在抗震设计发展的一个潮流，其中掌握结构弹塑性分析方法是关键。希望用户通过本书的学习能掌握结构弹塑性分析的基本概念。

感谢为本书写序的韩小雷教授、吕大刚教授、Prof. Tony Yang 与古泉教授，他们的写序是对我们写这本书的努力的肯定！

2014 年我说这是一本还没有写完的书，现在 2020 年我与林哲有幸出版了这本书的第二版。本书第二版的出现首先要感谢第一版的用户及广大朋友对本书的喜欢，网上读者提供了很多有用的建议，在第二版中呈现了一部分。我们希望读者继续通过本书与我们联系，让我们这本书还会继续出版下去，出更多的实例与理论部分。感谢与我一同为出书努力的林哲先生，现在林哲先生已经成了我的同事了，林哲先生为本书的写作付出了大量的努力，并为此书注入了新的活力。感谢我的导师韩小雷老师、季静老师对我的指导，即使已经博士毕业，仍不停教导我鼓励我前行。感谢 DINOCHEN. COM 的支持者，感谢出版社的刘瑞霞编辑对本书的大力支持。感谢 WSP 公司黄汉华先生（Henry Wong）的支持，让我得以出版此书。最后感谢妻子颜宇靖对我的默默支持，她对我的照顾是我写作的动力，还有女儿 Emma 与儿子 Adam，他们提供了我夜深人静的创作条件。

由于学识有限，本书可能存在不少的错漏与不足之处。如有出错之处，请读者见谅，如有需要请与我联系，我的邮箱永远是 dinochen1983@qq. com。

好啦，开始读吧，然后，开始练习实例。

本书学习资料网页：http://www.dinochen.com/opensees_book/index.htm

# 目　录

序一

序二

序三

序四

前言

第1章　结构弹塑性分析绪论 ················································· 1

　1.1　基于性能的抗震设计 ··················································· 1

　1.2　结构弹塑性分析方法 ··················································· 3

　　1.2.1　塑性铰梁柱单元的研究 ············································· 3

　　1.2.2　纤维梁柱单元的研究 ··············································· 5

　　1.2.3　剪力墙非线性单元的研究 ··········································· 7

　　1.2.4　结构分析平台的研究 ·············································· 10

　　参考文献 ·························································· 11

第2章　OpenSEES 原理介绍 ················································ 15

　2.1　OpenSEES 研究背景 ·················································· 15

　2.2　OpenSEES 平台架构 ·················································· 16

　2.3　OpenSEES 宏观单元及算例 ············································ 19

　　2.3.1　梁柱宏观单元理论 ················································ 19

　　2.3.2　框架柱构件算例分析 ·············································· 26

　　2.3.3　框架结构算例分析 ················································ 31

　　参考文献 ·························································· 35

第3章　OpenSEES 的前后处理 ·············································· 37

　3.1　OpenSEES 的建模方法 ················································ 37

　3.2　ETO 程序的介绍 ····················································· 38

第4章　OpenSEES 的实例教程 ·············································· 45

　4.1　实例 1　桁架桥结构静力分析 ·········································· 45

　4.2　实例 2　多层框架结构静力分析 ········································ 58

　4.3　实例 3　简支梁弹塑性分析 ············································ 72

　4.4　实例 4　框架结构推覆分析 ············································ 86

4.5　实例5　框架结构模态分析 ················· 101

4.6　实例6　框架结构弹性时程分析 ················· 112

4.7　实例7　框架结构弹塑性时程分析 ················· 121

4.8　实例8　钢结构低周往复分析 ················· 133

4.9　实例9　钢结构网壳的屈曲分析 ················· 143

4.10　实例10　单压连接单元的应用 ················· 150

4.11　实例11　缝连接单元的应用 ················· 157

4.12　实例12　杆件铰接的处理方法 ················· 164

4.13　实例13　弹性壳单元的应用分析 ················· 171

4.14　实例14　网架弹塑性分析 ················· 177

4.15　实例15　预应力梁弹塑性分析 ················· 186

4.16　实例16　桥梁结构多点激励下弹性时程分析 ················· 194

4.17　实例17　剪力墙低周往复分析 ················· 203

4.18　实例18　框架剪力墙结构推覆分析 ················· 212

4.19　实例19　带黏滞阻尼器的框架动力分析 ················· 219

4.20　实例20　带隔震的框架动力分析 ················· 226

4.21　实例21　时程曲线转化为反应谱方法 ················· 233

4.22　实例22　截面PM曲线分析方法 ················· 238

4.23　实例23　实体单元的建模及应用 ················· 242

4.24　实例24　三维钢结构节点应力分析 ················· 247

4.25　实例25　桥梁结构的影响线分析方法 ················· 255

4.26　实例26　组合梁的弹塑性分析 ················· 262

4.27　实例27　型钢混凝土柱的静力弹塑性分析 ················· 271

4.28　实例28　带防屈曲钢支撑的钢结构低周往复分析 ················· 281

4.29　实例29　框架结构拟倒塌试验分析 ················· 292

4.30　实例30　塑性铰纤维单元的弹塑性分析 ················· 300

4.31　实例31　单元生死在分析当中的应用 ················· 308

4.32　实例32　基于分层壳的剪力墙弹塑性分析 ················· 317

4.33　实例33　侧向多自由度简化模型的建模 ················· 327

4.34　实例34　基于OpenSEES的桥梁游戏开发 ················· 335

4.35　实例35　基于OpenSEES拓扑优化程序开发 ················· 341

附录　参考资料 ················· 351

# 第1章 结构弹塑性分析绪论

## 1.1 基于性能的抗震设计

Sozen[1]（1981 年）首先提出了基于结构位移控制的抗震设计思想，他认为结构的层间位移是直接影响结构和非结构构件损坏程度的主要因素，设计人员在进行抗震设计时应采用位移参数来选择经济有效的抗震结构体系。他所提出的设计思想并没有提供足够的信息来指导设计人员直接把位移的计算与结构反应需求联系起来，因而只能称其为基于位移的概念设计。随后 Sozen[2]（1985 年）利用数值分析和振动台试验结果来提出的位移限值，但仍没有建立位移响应与结构配筋构造之间的关系。

Moehle[3-4]（1989 年）对剪力墙及框架结构进行分析，利用位移值对结构的抗震性能进行评估，提出了基于位移的抗震设计思想（Performance-based seismic design，简称 PBSD），建议改进基于承载力的设计方法，这一全新理念最早应用于桥梁抗震设计中。基于位移的抗震设计需使结构的塑性变形能力满足预定的地震作用下的变形，即控制结构在大震作用下的层间位移角。Moehie 的方法的核心思想是从总体上控制结构的层间位移角。这一设计思想影响了美国、日本和欧洲土木工程界。美国、日本和欧洲于是提出了 PBSD 理念并展开了广泛的研究工作。

为了强化结构抗震的安全目标，提高结构抗震性能，满足不同业主对安全的需求，美国联邦紧急救援署（简称 FEMA）和国家自然科学基金会（简称 NSF）联合资助开展了一项为期 6 年的行动计划，对未来的抗震设计规范进行了多方面的基础性研究。这些研究包括：对建筑物确定一组合理的性能水准和功能阶段；确定地震危险性水平和相应的设计水准；根据建筑物的重要性和用途确定性能目标；建立基于变形的可靠性设计方法及结构分析方法；建立建筑结构的地震风险水平和抗震可靠性评估方法。

1995 年，美国加州结构工程师协会完成了加州紧急事务管理厅委托的 Vision2000[5] 的制订工作，提出了基于性能的抗震工程（Performance-Based Seismic Engineering，简称 PBSE）和基于性能的抗震设计（Performance-Based Seismic Design，PBSD）的理论。这一理论追求的是"经济效益最佳，成本最小"，本质是要控制在未来可能发生的地震作用下的结构抗震性能。同年，美国应用技术理事会出版了 ATC-34 报告[6]，在该报告中对美国现行抗震设计方法进行了全面的回顾。1996 年，出版了 ATC-40 报告[7]，在 ATC-40 报告中正式将基于性能的抗震设计思想纳入其中，提出了既有建筑的安全评定、加固中使用多重性能目标的建议。1996 年，美国 FEMA 出版了 FEMA273[8] 和 FEMA274[9] 报告，在报告中提出了 4 种用于基于性能的钢筋混凝土结构抗震设计的方法：线性静力分析方法、线性动力分析方法、非线性静力分析方法和非线性动力分析方法。其中包括弹塑性分析模型的建议及静力弹塑性分析（Push-over）的评定方法。1998~2000 年，FEMA 发布了若干关于基于性能的抗震设计方法规范文件，其中包括影响较大的 FEMA356[10] 规范。

FEMA356 修订并综合了 FEMA273 和 FEMA274 报告，更新了能力谱方法。2003 年美国国际规范委员会（International Code Council，简称 ICC）发布了《建筑物及设施的性能规范》，其内容广泛，涉及房屋建筑、结构、非结构设施等的正常使用性能、遭遇各种灾害时（火灾、风灾、地震等）的性能、施工过程及长期使用性能，该规范对基于性能设计方法的重要准则作了明确规定。2006 年，ASCE 在 FEMA 356 的基础上正式颁布了规范 ASCE-41[11]。ATC-40、FEMA273、FEMA 356 和 ASCE-41 都阐述了基于性能设计方法的基本框架、步骤、结构构件的性能水平、地震动的风险水平、抗震设防目标、结构及构件变形限值、抗震设防措施等内容，为结构性能设计提供了规范依据。除了考虑结构构件性能外，还考虑了非结构构件的影响。

美国加州大学伯克利分校（University of California at Berkeley，简称 UCB）的太平洋地震工程研究中心（简称 PEER）的推动下，美国抗震设计理论与实践最先进的西岸城市先后颁布了基于性能的高层建筑抗震设计规范。2005 年，洛杉矶颁布了规范 An alternative procedure for seismic analysis and design of tall buildings located in the Los Angeles region (2005 Edition)[12]。该规范以洛杉矶建筑规范 2002-LABC[13] 为依据，补充了在大震作用下采用非线性动力时程分析方法代替 2002-LABC 的分析方法。2007 年，旧金山市颁布了规范 Recommended administrative bulletin on the seismic design& review of tall buildings using non-prescriptive procedures[14]。该规范以 2005-LABC 为基础，结合 PEER 的科研成果、当地高层建筑抗震设计经验和专家的抗震研究经验，对专家抗震审查、结构抗震分析与设计方法等关键问题进行了深入的分析和论证，提出了更为合理的抗震设计方法及审查要求。

1995 年，日本在遭受了阪神（Kobe）地震灾害后，启动了"基于性态的建筑结构设计新框架"[15-17] 的研究，其目的在于建立基于性能的结构设计方法。1996 年，日本政府宣布建筑法标准将按基于性能的要求来修订，以达到国际一体化要求。1998 年，由建筑研究所（Building Research Institute，简称 BRI）提出了一系列性能标准，对日本建筑标准法进行了大幅度修订，采用了高阻力弹性需求谱，并正式纳入了能力谱方法。日本新的建筑标准法于 2000 年实施，日本建设省建筑研究院建立了一个抗震结构要求的框架，将性能水准取为 3 个：安全极限状态、破坏控制状态和使用极限状态。框架中研究了 3 种结构计算分析方法：弹塑性解析法及破坏极限状态、弹性解析法及实用极限状态、等价线性化反应谱法及保证结构使用功能的变形极限状态。

2003 年，欧洲混凝土协会（Comite Euro-Internacional du Beton，简称 CEB）出版了《钢筋混凝土建筑结构基于位移的抗震设计》报告。欧洲规范 EC8（2003）[18] 也将能力谱方法纳入规范。澳大利亚则在基于性能设计的整体框架和建筑防火性能设计等方面做了许多研究，提出了相应的建筑规范 BCA1996。

中国的《建筑结构抗震设计规范》GBJ 11—89[19] 提出的"小震不坏，中震可修，大震不倒"的三水准设防目标和两阶段设计方法，实际上已经包含了初级的基于性能的抗震设计思路。《建筑结构抗震设计规范》GB 50011—2001[20] 仍保留"小震不坏，中震可修，大震不倒"的三水准设防和两阶段设计方法。在概念设计、性能控制要求上又有进一步的发展及具体化。在基于性能的抗震设计思路提出后，我国也广泛开展了基于性能的抗震设计研究。中国国家自然科学基金"九五"项目中开始立项，将"基于抗震性态的设防标准"作为国家自然科学基金重大项目"大型复杂结构的关键科学问题及设计理论"中的一个子课题进行研究。现行的《建筑抗震设计规范》GB 50011—2010（以下简称《抗震规范》）[21]中，已增加了建筑抗震性能设计的原则规定，提出当建筑结构采用抗震性能设计时，应根据其抗震设防类别、设防烈度、场地条件、结构类型和不规则性，附属设施功能要求、投资大小、震后损失和修复难易程度等，对选定的抗震性能目标提出技术和经济可行性综合分析和论证，并规定了建筑结构的抗震性能化设计的内容和要求。

基于性能的抗震设计方法的研究是一个重要的研究内容，目前已在我国许多超限高层建筑项目中得到应用，并取得了一定的成效。我国的超限高层建筑工程设计比较适合采用基于性能的抗震设计方法。这些工程在房屋高度、规则性等方面都不同程度地超过现行标准规范的适用范围，如何进行抗震设计缺少明确具体的目标、依据和手段。按照建设部第111 号令《超限高层建筑工程抗震设防管理规定》、《全国超限高层建筑工程抗震设防审查专家委员会抗震设防专项审查办法》[22]、《超限高层建筑工程抗震设防专项审查技术要点》[23]等的要求，设计者需要根据具体工程实际的超限情况，进行仔细的分析、专门的研究和论证，必要时还要进行模型试验，从而确实采取比标准规范的规定更加有效的具体的抗震措施，业主也需要提供相应的资助，设计者的论证还需要经过抗震设防专项审查，以期保证结构的抗震安全性能[24]。这个设计程序在某种意义上类似于基于性能的抗震设计的基本步骤。近年来，高层建筑工程抗震设防专项审查实践表明，不少工程的设计和专项审查已经涉及基于性能抗震设计的理念和方法。部分工程的设计者主动提出采用基于性能的设计理念和要求，部分工程在抗震审查中由专家组的专家提出某些基于性能的设计要求。

## 1.2　结构弹塑性分析方法

### 1.2.1　塑性铰梁柱单元的研究

框架结构的弹塑性分析模型的研究工作主要集中在单元分析模型上。目前用于模拟构件滞回性能的单元分析模型有很多，大致可以分为集中塑性模型和分布塑性模型两类。

Clough[25]（1965 年）提出了集中塑性铰模型的并联弹簧单元，基于塑性铰理论，提出一种单元弹塑性切线刚度矩阵的计算模型，即双分量计算模型。该模型考虑了二折线弯矩-转角（$M$-$\phi$）关系。单元由两个并联的链杆组成，其中一链杆为理想弹塑性杆，另一分链杆为无限弹性杆，两个链杆共同工作，用理想弹塑性来表示屈服，而用完全弹性表示应力强化。构件的刚度阵由链杆的轴向刚度阵叠加得到。由于采用二折线恢复力模型，故在钢筋混凝土结构非线性分析中受到很大限制，但其具有明确的力学概念，能反映不同变形机理对构件滞回性能的贡献，另外还能考虑两个杆端塑性区域的耦合作用关系。多分量分析模型建立在对影响构件滞回性能的各种力学机理的正确辨识基础上，用单独的子单元分别描述各种变形机理。研究者可根据研究问题需要，采用若干个不同子单元以构成复杂程度不同的宏观单元分析模型。

H. Aoyamalvs[26]（1967 年）的三杆模型假设杆件由三根不同性质的分杆组成，考虑了杆间弹性性质、钢筋屈服和混凝土开裂非线性的影响，对应于三线型恢复力模型。

Giberson[27]（1969 年）提出 Giberson 模型。该模型与最早的多分量分析模型 Clough 模型相比其优点是显而易见的。Giberson 模型假定在构件的两端形成塑性铰，而构件的其他部位保持弹性，只利用一个杆端塑性转角来刻画杆件的弹塑性性能，杆件两端的弹塑性参数相互独立，通过选择适当的非线性弹簧恢复力模型就能描述 Clough 模型所不能描述的更为复杂的滞回现象，如刚度退化现象，因而单分量分析模型得到了较为广泛的应用。至今仍有研究者采用了在此模型基础上发展而来的扩展模型。Giberson 模型的缺点主要是反弯点与塑性铰位置固定，同时认为杆端塑性转角增量仅与本杆端弯矩增量有关，忽略了杆端弯矩之间的耦合作用影响，没有考虑地震动历程中弯矩沿杆长分布的变化。单分量分析模型是集中塑性模型中最简单的一类，它将梁柱单元的非弹性性能集中理想化为位于杆件两端的非线性弹簧不对非弹性变形的构成成分加以细分处理。

Takizawa[28]（1973 年）将 Clough 模型归结为单调多重线性模型，由具有连接每个固端的等效非线性旋转弹簧的线弹性单元组成，单元的非线性变形集中在端部的弹簧，即增加了描述混凝土开裂的平行杆，构件由三根平行的杆叠合而成，这种模型只适用于三线型恢复力模型。该模型较之最初的 Clough 模型更为通用，更具有吸引力，能够通过适当的选择端部弹簧的弯矩-转角关系，来描述更为复杂的滞回性能。但该多分量杆模型只是为了适用于折线型恢复力模型而发展起来的单元模型，由于没有明确的物理基础，因而影响较小。

Otani[29]（1974 年）改进了 Clough 的双分量模型，假设构件由一根弹性杆和一根非弹性杆组成，并在杆两端各加一个非线性转动弹簧，其中弹性杆的柔度系数中考虑了反弯点在地震过程中的偏移，但是其刚度矩阵为非对称阵，实际应用中过于复杂，效率较低。

Ambrisi 和 Filippou[30]（1999 年）提出了一个多分量分析模型，该模型由弹性分布塑性界面粘结滑移剪切等四个子单元分量构成，而且考虑了定轴力对弯矩与剪力的影响，但仍不能考虑轴力变化所带来的影响。该模型较之通常的集中塑性模型，能更加准确合理地描述框架梁柱单元的滞回性能，并能给出不同分量对框架梁柱单元滞回性能影响程度大小的比较。但是该模型各子单元仅在杆端处变形协调的处理方式是令人质疑的，另外像众多的多分量分析模型一样，该模型未能考虑钢筋混凝土梁柱单元可能会发生的软化负刚度现象。

集中塑性模型的最大缺陷是忽略了刚度沿杆长方向的变化，不能很好地模拟塑性铰区长度随加载历史变化而变化的特性。假定非弹性变形集中在杆端塑性铰上的集中塑性铰单元模型，与试验得到的塑性变形分布在杆端附近有限区域的结果是不吻合的，采用这种模型模拟单元的弹塑性性能会导致梁柱单元中反弯点始终保持不变的结果，且无法表征构件屈服后刚度连续变化的过程。分布塑性区杆单元模型克服了以上缺点，被认为能更合理地描述混凝土构件的非线性状态。

D. Soleimani[31]（1979 年）提出了分段变刚度模型，在这种模型中，沿杆长将构件分成两种不同反应状态的区域，包括中部弹性区域及杆件两端的非弹性区域。非弹性区域的长度依构件的弯矩分布而确定，非弹性区域的刚度取杆端截面的当前刚度。Soleimani 分段变刚度模型考虑了地震动历程中沿杆长弯矩分布及反弯点移动对杆件刚度分布的影响，但该模型的非弹性区域过于笼统，将混凝土开裂与受拉钢筋屈服对刚度分布的影响等同看待，低估了杆件非弹性区域的抗弯刚度，且在杆件弹性区域与非弹性区域的界面上出现了人为的刚度突变。

Roufaiel 和 Meyer[32]（1987）进一步扩展了 Soleimani 模型。他们在基于一套经验规则的基础上，考虑了剪力和轴力对弯曲滞回性能的影响，其实质是对截面恢复力模型进行了扩展。

Takizana 提出抛物线分布柔度杆模型，Park 提出直线分布柔度杆模型，它们都是将柔度分布进行简化，再通过对纤维应力应变进行积分求解得到杆端的弯矩转角关系，从而建立单元刚度矩阵。汪梦甫（1999 年）[33]提出了弯曲刚度沿杆长按三次抛物线分布的模型。这类模型与分段变刚度分析模型相比最大的特点是不存在截面刚度突变的现象。但是构件在受力过程中的实际刚度分布要复杂得多，采用如此简化的分布假定显然是有局限性的。

S. S. Lai[34]（1984 年）提出了纤维塑性铰模型，改进了经典塑性铰理论在描述轴力和弯矩相互作用时的一些缺陷。该模型包括延伸至钢筋混凝土单元通长的线性单元，并在两端设有纤维铰单元。纤维铰单元由多个非线性弹簧组成，表示纵向钢筋和仅在受压时有效的核心混凝土耦合弹簧（以下称钢筋混凝土弹簧）。端截面用 5 个弹簧离散，可模拟钢筋混凝土构件在轴力-双轴弯矩相互作用。在 Lai 的模型中，钢筋混凝土弹簧的力-变形关系遵循 Takeda 滞回准则，弹簧本构参数由截面力与变形平衡关系得出。该模型进一步发展就变成了现在常用的纤维单元模型。

## 1.2.2　纤维梁柱单元的研究

Kang[35]（1977 年）提出了基于纤维模型的二维梁单元，并运用于预应力混凝土框架的分析，单元的每一个节点上有三个自由度，沿单元长度有三个积分点，将积分点位置的截面作为控制截面，截面沿高度方向分层（纤维层），由纤维层材料的应变得到控制截面的内力，通过三次 Hemitian 形函数，由截面的内力积分得到单元的内力。

Chan[36]（1982 年）将 Kang 提出的二维梁单元纤维模型扩展到矩形截面的三维梁单元纤维模型。这种单元每个节点有六个自由度，模型假定弯曲和扭转效应不发生耦合，每个单元有三个控制截面，其中两个位于高斯点位置，另一个位于单元中点的位置，每个截面沿截面宽度和高度方向被分为小的矩形区域（纤维），单元的刚度矩阵通过单元中点控制截面刚度得到，单元的内力通过两个高斯点的截面上的截面内力积分得到。这种方法是通过控制截面上的材料行为来反映整个单元的行为，材料的应力-应变关系根据每个纤维确定。横截面的变形、曲率和应变通过形函数由节点处的相应值插值得到，截面上的应变分布基于平截面假定。

Mari[37]（1984 年）改进了 Chan 的模型，将截面扩展为任意截面形状，以上的单元被大量运用于材料的非线性分析，并取得了较好的效果。但对于非对称的弯曲，梁单元中的曲率可能出现反号，梁端弯矩大于屈服弯矩时，由于模型采用单元中点截面刚度计算单元的刚度矩阵，得到的切线刚度矩阵误差较大，并可能导致错误结果。因此需要减小单元的长度以保证整个单元的曲率为同号。

Takayanagi 和 Schnobrich[38]（1979 年）建议把单元划分为有限个纵向单元，每个都由非线性旋转弹簧（塑性铰）表示。每个塑性铰的性质由其中点的弯矩值确定，并假设在整个从属长度上保持不变。再通过静态凝聚方法来使该多弹簧模型变为单个的梁柱单元。

尽管单元非线性响应最终积聚在端部弹簧上，这种单元还是属于分布非线性单元，因为它考虑了沿单元长度方向的弹塑性变形。

Filippou 和 Issa[39]（1988 年）同样把单元划分为不同的子单元，不过方法不同的是每个子单元描述一个单独的效应，比如非端部区是受弯导致的弹塑性响应，端部区的剪切响应或梁柱节点区的粘结滑移响应，这些响应的相互影响通过子单元的组合来实现。该方法使得独立子单元的滞回性能更简单，整个单元仍然可以通过不同子单元的相互作用而呈现出复杂的滞回性能。

Hellesland 和 Scordelis[40]（1981 年），及 Mari 和 Scordelis[73]（1984 年）提出了基于经典有限元刚度法的单元模型。基于刚度法的单元模型的主要缺点是不能描述单元接近其极限强度和应变软化开始后的响应。由于采用 3 次 Hermit 插值函数不能很好地描述端部屈服单元的曲率分布，作为基本未知量截面变形和截面柔度组合估算得出了改进的表示内部变形的计算法。

Menegotto 和 Pinto[41]（1977 年）基于截面测量得出截面变形和截面柔度的值，假设截面柔度在所测截面之间被假设为线性变化，等效于刚度双曲变化。这一理论提出改进了该方法的有效性，并为以后的基于柔度法的纤维单元的理论奠定基础。

经典位移法（刚度法）的一个主要局限在于假设的 3 次插值函数，这一假设在线性或近似线性的响应下可以得出满意的结果，但钢筋混凝土构件端部产生明显的屈服时，曲率的分布在非弹性区域变为显著非线性。这要求基于刚度的单元非弹性区域中使用非常细化的划分。

Mahasuverachai[42]（1982 年）首次提出使用基于柔度法的形函数，柔度随着构件逐渐达到非弹性变形的过程而不断改变。在他的论文中估算变形增量而不是总变形。不管材料的非线性在截面层面产生或是单元在超过其极限强度时开始发生软化，假设的内力分布都是精确的。

基于柔度法的单元一个关键的问题是对已经存在的有限元程序中进行插值。计算机程序通常以刚度法分析作为基础，这种情况下在指定的荷载下平衡方程整体坐标的解得出未知的结构位移。在单元位移从结构位移中得出之后，才开始进行单元状态分析。在这一过程中，需要在给出的单元位移中决定抵抗力和刚度阵。

在基于柔度的单元中，单元状态分析需要特殊的迭代方法，因为单元抵抗力并不能通过截面抵抗力插值得到。钢筋混凝土构件非线性分析较为理想的宏观模型是基于柔度法的纤维单元。

Kaba 和 Mahin[43]（1984 年）首先提出基于柔度的纤维模型，仅考虑单轴受弯。在平截面假定下，用截面变形来确定纤维应变，相应的纤维应力和刚度可以通过纤维应力应变关系得出。之后的截面刚度和相应抵抗力通过截面虚功原理确定。截面刚度反过来可以得出截面柔度。在这一模型可以得出很好的结果，但受收敛性的影响，并且不能描述单元的软化。该单元缺乏理论证实并包含一些引起数值问题的矛盾。第一个矛盾出现在单元柔度的确定中，这里考虑协调性并采用虚力原理，而单元抵抗力的确定却考虑平衡和虚位移原理。第二个矛盾是，在状态确定过程中违背单元内的平衡，因为截面抵抗力的分布并不满足平衡条件。于是，得出的弯矩分布并非线性，轴力分布也不均匀，违背了力插值函数的要求。

Zeris 和 Mahin[44]（1991 年）讨论了原始 Kaba-Mahin 模型的改进，并将其延伸包含了双轴受弯的情况。这一改进主要关注单元状态的确定。

### 1.2.3　剪力墙非线性单元的研究

对于剪力墙用梁单元沿墙轴线来进行离散。在分析框架-剪力墙结构体系或在多肢剪力墙情况下，墙与其他构件的连接是将剪力墙通过刚域与其他元素连接。最常用的梁单元模型是单分量模型，它由一个两端带有等效非线性旋转弹簧的线弹性单元组成。该元件的全部非弹性变形集中到两端非线性弹簧的旋转即塑性铰上。每个弹簧的非线性弯矩转动关系由事先假定的反弯点的位置来确定，端点的非线性转动取决于该处的弯矩。对于非线性转动弹簧可采用任意给定的弯矩转动滞变模型，除弯曲变形外，由拉伸钢筋滑移引起的转动也可包括在滞变模型中。这一模型忽略了反应中的轴力变化。

此外，还有一些修正的等效梁单元模型。等效梁模型将全部非线性变形集中到两端的塑性铰上，中间部分为弹性。此模型是最早建立和应用的模型，但等效梁单元模型忽略了地震反应中剪力墙轴力的变化，并假设墙的转动围绕着横截面的中性轴，因而不能考虑地震反应中横截面中性轴的移动。实际上，在非线性分析过程中，由于混凝土开裂及材料弹性模量的不断变化，其中性轴的位置也会不断改变。如：①多弹簧模型：因为剪力墙底部非线性变形的扩展情况对整个结构的变形至关重要，Takayanagi 和 Schaobrich（1976年）[45]将底部的每一个单元再用一些纵向条形子元素离散，每个子元素的特性由其中心的弯矩决定，并且沿这个子元素的长度为一常量。这一计算模型可考虑轴力与弯曲变形的相互作用，相互作用的影响在某些情况下是非常重要的，比如在分析耦合剪力墙时，轴向拉力可能超过静载引起的轴压而使墙处于拉伸状态，轴向力不仅改变了原墙的弯曲屈服点，而且影响屈服后的性能；②弯剪弹簧模型：Takayanagi（1979 年）提出的由一个剪切弹簧和一个弯曲弹簧组合成的单元模型。当剪切或弯曲变形屈服时，单元刚度就相应减少，在这个意义上，可以说它考虑了剪切变形和弯曲转动之间的相互影响。剪力和弯矩通过平衡方程相联系。此外，弯曲和剪切柔度仅分别是弯矩（转动）和剪力（位移）之间关系的函数。

尽管许多研究者用梁单元模拟剪力墙，给出了计算与试验之间很接近的结果。但是无论采用任何等效梁单元模型模拟剪力墙，都存在一个严重的限制，即由于假设转动围绕着墙横截面的中性轴，而使其不能考虑到截面中性轴的移动。但当墙遭受水平荷载时，其非线性反应中很大一部分是由拉伸应变和粘结滑移产生的固端旋转所引起的，由于剪力墙与框架柱存在明显的差别，所以此类由柱多弹簧模型演变而来的墙模型，其合理性越来越受到质疑。

Hiraishi[46]（1984 年）用桁架模拟剪力墙底部两层，并给出了这些桁架模型中各种参数的计算公式，分析结果也与试验结果较为一致。但是采用此模型的困难是要合适定义桁架模型中的几何和力学特性，这个比较难做到，因而这一模型应用较少。

垂直杆或弹簧单元模型是近年来国内外研究得较多的剪力墙非线性分析模型。垂直杆墙单元模型将墙的轴向变形、弯曲变形用多垂直杆模拟，剪切变形用一个剪切弹簧模拟。这类模型有很多优点，但也有一些明显的缺点，比如在模型中水平弹簧代表墙的剪切作用不符合工程习惯，如剪切弹簧所处的位置 $ch$ 的确定无规则可循。但是由于相比以上两种模型，多垂直杆模型存在着建模较合理的优点，下文对应用较多的几种垂直杆模型进行介绍。

Kabeyasawa[47]（1984 年）等对剪力墙单元提出了一个宏观的三垂直杆元模型，解释美、日进行了足尺 7 层钢筋混凝土框架-剪力墙结构伪动力试验的试验结果，框架梁由于楼板的约束理想化为无限刚性。三垂直杆由代表上、下楼板的刚性梁连接，两个外边杆元代表墙的两边界柱的轴向刚度，中心元素由垂直、水平和旋转弹簧组成。垂直单元的刚度特性按柱的轴向刚度确定，并采用轴向刚度滞变模型；墙的剪切抗力由水平弹簧提供；转动弹簧的刚度特性按两边界柱内表面限定的墙面积确定，墙的转动按照假定力矩在层间高度范围内为均匀分布来计算幅值，忽略墙板和边界柱之间的位移相容条件。认为剪力墙的转动中心位于距下部刚梁 $ch$ 处，在中心弹簧组件与下部刚梁之间加入一高度为 $ch$ 的刚性元素，$ch$ 即为顶部与底部刚梁相对旋转中心的高度，通过无量纲参数 $c$（$0<c<1$）的取值不同，可以模拟不同曲率分布形式的给出。

这一模型的主要优点是可以模拟墙横截面中性轴向压缩端的移动。用此模型进行的数值模拟计算与足尺结构试验的结果吻合得很好。而这个模型的主要缺点一个是弯曲弹簧的取值是很困难的，另一个缺点是参数 $c$ 的取值也很难确定。

Vulcano 和 Bertero[48]（1984 年）对三元件模型作了进一步的简化，去掉了三元件模型中滞变特性比较难以确定的拉压杆弹簧，将其刚度以及滞变性态等包括在弯曲弹簧中，从而形成一个二元件模型，即将剪力墙单元理想化为一个连接上下楼面水平无限刚梁的串联水平弹簧和转动弹簧组件。

水平弹簧代表的横向剪切刚度，转动弹簧代表墙的弯曲刚度。在弹簧组件和下部刚性梁之间引入一高度为 $ch$ 的无限刚元件，此元件定点代表上下楼面的相对旋转中心，根据 $c$ 值可以确定相对位移（转动引起的位移 $\Delta V\phi$）和相对转动 $\Delta\phi$ 之间的关系。

两元件模型简单、直观，保留了能较好描述剪力墙主要剪弯性态的特性，用该模型数值模拟得到的结果与试验和采用 TVLEM 模型的计算结果十分相近，分析剪力墙非线性动力反应具有较高的精度。此模型的缺点在于：弯曲弹簧的刚度选取仍然比较困难。

Linda 等[49]（1994 年）在三垂直杆元模型的基础上，根据悬臂端的弹性理论和代表性的单片墙体的动力试验结果，提出了四弹簧模型。与 TVLEM 模型相比，四弹簧模型忽略了三垂直杆元模型的中心弹簧组件中的弯曲弹簧，墙体的轴向刚度由单元两侧的两非线性弹簧 $K_1$、$K_2$ 和中心弹簧组件中的竖向线性弹簧 $K_v$ 共同表示。墙的抗剪能力由中心弹簧组件中的水平非线性弹簧 $K_H$ 代表，它位于距底部刚梁 $ch$ 高处；研究表明，四弹簧模型比带刚域的柱模型能更好地反应剪力墙在弯曲受力时左右墙端受力的不对称性，适合在框架-剪力墙结构弹塑性地震反应分析中应用。但该模型的缺点在于引入了一些系数，而且系数的取值范围比较宽（0.2~0.8），使得该模型的可靠性有所降低。

Vulcano 和 Colotti[50]（1988 年）提出了一个修正模型解决 TVLEM 的弯曲弹簧和两边柱杆元相协调的问题。这一模型是用几个垂直杆元代替旋转弹簧，即弯曲刚度由这些杆元来代表，它们同时也代表了单元的轴向刚度，而剪切刚度仍由一水平弹簧代表。这一模型被称之为多垂直杆元模型（MVLEM）。MVLEM 的优点是解决了 TVLEM 中弯曲弹簧和边柱杆元协调关系不明确的缺点，它只需给出交易确定的拉压和剪切滞回关系，避免了使用弯曲弹簧时确定弯曲滞变特性的困难，同时可以考虑在地震反应中剪力墙横截面中性轴的移动。MVLEM 是目前剪力墙结构弹塑性动力分析中用得最多的一种模型。

在国内，张令心等采用多竖线模型，运用基于自平衡力的非线性动力分析反应方法用于剪力墙结构的非线性地震分析，取得了不错的效果。江建生等利用此模型编制了钢筋混凝土框架-剪力墙结构的非线性地震分析程序。汪梦甫等对多垂直杆剪力墙非线性单元模型的几个重要问题如剪力墙水平剪切变形的考虑方法、单元刚度矩阵的形式、垂直拉压杆的轴向刚度及剪力墙水平剪切刚度的恢复力模型等进行了探讨与改进。沈蒲生等认为必须综合考虑轴向垂直杆单元的非线性反应对水平剪切单元的影响，提出一种可以考虑剪力墙剪切刚度随正应力变化的简化模型。李宏男[51]等则对多垂直杆模型进行改进，根据多垂直杆模型的思路，提出了一种将垂直杆的轴向刚度和剪切刚度结合起来的计算模型，该模型中每一根垂直杆不仅具有轴向刚度，而且具有剪切刚度，其剪切刚度的大小由其轴向所处的应力应变状态确定，并给出了剪切刚度确定的方法，剪力墙的剪切刚度由各垂直杆的剪切刚度叠加而成。

Vulcano 取不同的 $c$（$c=0$、$0.2$、$0.3$、$0.4$）进行试算，发现 $c=0.4$ 时效果最好。国内，孙景江[52]用修正的铁木辛柯分层梁模型揭示了多竖线模型，表明了 $c$ 应该取 $0.5$，转动弹簧的所有性质用基于位移相容的力矩-曲率分析确定。

Milev[53]（1996 年）对 TVLEM 模型进行了改进，保留了 TVLEM 模型中的两边桁架单元，把代表中间墙片部分的垂直、水平和转动弹簧用一个二维板代替。两边桁架单元用于模拟两个边柱的轴向刚度，而二维板的分析采用微观有限元方法。同时建议桁架单元轴向刚度滞回模型用非线性有限元分析的方法得到模型中部的 2-D 平面板的非线性滞变特性来表达。实际上，这是一种宏观有限元与微观有限元方法的结合，它提高了计算精度，但也使得计算量增大。

Vecchio 和 Collins[54]（1981 年、1982 年）提出基于旋转裂缝法的压力场原理（CFT）。在此模型中，正交异性的方向分别垂直和平行于主应变方向，且在加载过程中连续变化。由于假设混凝土拉应力为 0，CFT 没有考虑混凝土的拉伸硬化。因此 CFT 能够预测试件的破坏荷载而不能够预测受剪刚度。

Vechio 和 Collins[55]（1986 年）将 CFT 修改变成修正压力场原理（MCFT），它包括了混凝土在拉力作用下的各种关系，以此可以更好地建立受剪刚度模型。Vecchio（1989 年、1990 年）发表了 MCFT 的有限元公式。在 MCFT 中，开裂钢筋混凝土被当作各向异性材料，其主轴位于主应变的方向。在混凝土开裂后，忽略泊松效应。整个有限元过程基于迭代和割线刚度。该模型被用来预测面板试验和深梁试验的单调响应。面板试验响应和分析响应普遍符合得很好。

Kaufmann 和 Marti[56]（1998 年）提出了开裂膜模型（CMM），它综合了 MCFT 模型和拉伸硬化模型。采用在开裂表面具有平衡性的、裂缝之间的、逐步的、完全刚塑性混凝土-钢筋粘结滑移关系，建立混凝土拉伸硬化模型。Foster 和 Marti（2003 年）把 CMM 补充进有限元公式，并用 Meboom（1987 年）和 Zhang（1992 年）的剪力板试验，Paulay（1971）的连梁试验，Leonhardt 和 Walther（1966 年）的两跨深梁试验得出试验数据修正它。

Vecchio[57]（2000 年、2001 年）开发了扰动应力场模型（DSFM），它是处于旋转裂缝和固定裂缝方法之间的模型。DSFM 包括了沿着开裂表面的剪切滑移，这使得该模型比 MCFT 更复杂。用板件和深梁的试验结果对 DSFM 预测的结果进行修正，并跟 MCFT 的分析结果进行比较。在大多数情况下使用 DSFM 和 MCFT 预测的结果很接近。

### 1.2.4　结构分析平台的研究

#### (1) DRAIN2D

UCB（1993 年）推出平面结构弹塑性分析程序 DRAIN 2D[58]，可以完成静力非线性分析、动力时程分析。该程序共提供八种单元，包括非线性桁架单元、塑性铰梁单元、连接单元、弹性板单元、单向受力的拉压联系单元、纤维梁单元等。用户可以采用塑性铰单元或纤维梁单元来模拟钢钢筋混凝土梁或柱，非线性连接单元可以用于模拟特殊的"骨棒"梁柱连接情况。该程序可考虑 $P$-$\Delta$ 效应，时程分析采用的是中点加速度法。该程序获得过广泛的应用，但因为开发较早，前后处理功能较弱，恢复力模型比较粗糙，不能完整地反映混凝土滞回特性，目前应用范围在不断缩小。

#### (2) IDARC2D

Park 和 Knanath[59-60]等人开发了平面弹塑性分析程序 IDARC2D，用以进行高层钢筋混凝土结构的研究，程序单元库有：柱单元、梁单元、剪力墙单元、边柱单元、正交梁单元柱单元。柱单元中考虑了弹塑性弯曲变形和弹性剪切变形和轴向变形。梁单元模型采用了非线性弯曲刚度模型，并考虑了线弹性的剪切变形。剪力墙单元考虑了非弹性轴向变形。程序具有一个显著特征是：分布柔性模型。集中塑性模型不适用于钢筋混凝土单元是因为非弹性变形沿构件分布出现而并非集中于某些特定截面，为了描述截面的滞回反应，使用了三参数模型，通过组合这三个基本参数和三折线骨架曲线，可以描述很好的模拟刚度退化、强度退化和捏拢效应。IDARC2D 程序中包括了 Park 损伤模型，用以描述结构构件、层和整个结构的损伤。

#### (3) CANNY

李康宁[61]（1993 年）开发的 CANNY 程序，适用于钢筋混凝土和钢结构的三维非线性分析，可处理各种复杂不规则的结构。该程序主要包括以下功能：振型分析、塑性静力分析、拟动力分析、动力时程反应分析等。该程序可以考虑节点和杆之间的铰接、刚接或半刚接。程序中包含有多种单元模型可供用户选择。用户采用两端带弹簧的等效梁单元或塑性铰梁单元模拟框架梁构件和柱构件，采用多弹簧模型模拟剪力墙构件，采用刚性板单元模拟混凝土楼板。

#### (4) OpenSEES

PEER[62]开发了 OpenSEES（Open System for Earthquake Engineering Simulation），是一个面向对象、能够建立结构体系模型，进行非线性动力分析以及反应结果处理的结构分析系统。OpenSEES 的研发目标是支持对地震工程中非线性动力仿真计算的应用。使用者能够使用 tcl/Tk 脚本语言进行仿真计算，这种语言扩展并结合了 OpenSEES 的特性，且具有良好的开放性和模块化特点，在已经具有的对象如材料模型、单元、求解方法等基础上，脚本语言能够提供一个开放的平台供使用者进行二次开发。tcl/Tk 脚本语言有许多处理变量、表达式、循环、数据结构、输入输出的特性，在仿真计算中这些特性是十分有用的。

OpenSEES 目前官方版本未具有剪力墙相关单元，Wallace 与 Fischinger 学者已开发出的 MVLEM 剪力墙单元未在官方版本提供。OpenSEES 还具备大量用于土-结构相互作用分析的岩土本构及相关的实体单元，参与二次开发的学者开发出各种阻尼器相关的本构关系，如黏滞阻尼器材料本构及记忆合金（SMA）阻尼器本构关系。

**（5）Perform-3D**

Perform-3D[63]（Nonlinear Analysis and Peroformance Assessment for 3D Structure）三维结构非线性分析与性能评估软件，它的前身为 UCB 的 G H Powell 教授开发的开源弹塑性分析程序 DRAIN2D 和 DRAIN3D，Perform-3D 程序是一个致力于研究抗震设计的非线性分析工具，通过使用以变形与承载力为基础的极限状态来对复杂结构进行弹塑性分析及抗震评估，其中包括复杂的剪力墙结构体系。

Perform-3D 与其他通用有限元程序不同，它是以结构工程概念为基础，紧接美国现行基于性能的抗震设计与评估规范，如 ASCE-41、FEMA356、FEMA306 等等。程序以结构构件的力学性能为前提，通过宏观单元对结构进行分析，预测整体结构在罕遇地震作用下的变形性能，符合工程师对结构性能设计方法的理解，其分析结果易于用结构概念和试验来进行验证。Perform-3D 的前身 DRAIN-2D 一直是美国联邦科研机构和高校作为结构非线性性能评估的主要工具与手段，在 FEMA 系列的规范制定的过程中起着一定作用。

Perform-3D 结构非线性分析功能主要有静力弹塑性分析（Push-over 分析）及弹塑性时程分析。结构的静力弹塑性分析及抗震评估方法步骤为：①建立整体结构弹塑性模型；②施加重力荷载作为初始状态；③确定水平推力分布模式；④确定推覆位移及分析属性；⑤进行静力弹塑性分析；⑥根据 ATC-40 或其他性能设计规范与推覆曲线推导出能力曲线与需求曲线（对应于相应的地震作用），并求出性能目标点；⑦提取性能目标点处的结构响应以作为评估结构在该地震作用下的响应，并进行性能目标评估。

结构的动力弹塑性分析及抗震评估方法步骤为：①建立整体结构弹塑性模型（包括质量源）；②施加重力荷载作为初始状态；③确定地震波（基底加速度）时程数据；④确定动力分析属性；⑤进行动力弹塑性分析；⑥将多个地震作用下的响应求取平均值或代表值，以作为评估结构在该地震作用下的响应，并进行性能目标评估。

## 参考文献

[1] M A Sozen. Review of earthquake response of RC buildings with a view to drift control: State of the Art in earthquake Engineering[M]，Ankara，1981.

[2] Wolfgram C，Rothe D，Wilson P，Sozen M，and Wight JK. Earthquake simulation tests of three one-tenth scale models[M]. Publication SP-American Concrete Institute，1985.

[3] Pan Austin，Moehle J P. Lateral displacement ductility of reinforced concrete flat plates[J]. ACI Journal，1989，86(3)：250-258.

[4] Moehle J P. Displacement Based design of RC structure [C]. Proceeding of the10th World Conference on Earthquake Engineering，Mexico，1992.

[5] SEAOC Vision 2000 Committee. Performance-Based Seismic Engineering of Building [S]. Report Prepared by Structural Engineers Association of California，Sacramento，California，USA，1995.

[6] ATC-34. A Critical Review of Current Approaches to Earthquake-Resistant Design [R]. Applied Technology Council，Redwood City，USA，1995.

［7］ ATC-40. Seismic Evaluation and Retrofit of Concrete Buildings［S］. Applied Technology Council. Red Wood City，USA，1996.

［8］ FEMA273. NEHRP Commentary on the Guidelines for the Rehabilitation of Buildings［S］. Federal Emergency management Agency，Washington D. C. ，USA，1996.

［9］ FEMA274. NEHRP Guidelines for the Rehabilitation of Buildings［S］. Federal Emergency Management Agency，Washington，D. C. ，1996.

［10］ FEMA356. Prestandard and commentary for the seismic rehabilitation of buildings［S］. Federal Emergency Management Agency，Washington D. C. ，2000.

［11］ ASCE-41. American Society of Civil Engineers. Seismic rehabilitation of buildings［S］. Applied Technology Council，Redwood City，2006.

［12］ Los Angeles Tall Buildings Structural Design Council An alternative procedure for seismic analysis and design of tall buildings located in the Los Angeles region［S］. 2005 Edition.

［13］ Los Angeles Tall Buildings Structural Design Council An alternative procedure for seismic analysis and design of tall buildings located in the Los Angeles region［S］. 2002 Edition.

［14］ Structural Engineers Association of Northern California. Recommended administrative bulletin on the seismic design & review of tall buildings using non-prescriptive procedures ［S］. 2007.

［15］ Building Center of Japan. Report of development of new engineering framework for building structures (in Japanese). Integrated Development Project，Ministry of construction，1996，1997 and 1998.

［16］ Otani S. Recent Developments in Seismic Design Criteria in Japan［C］. Proceedings of 11thWCEE，Mexico，1996.

［17］ Otani S. Development of Performance-based Design Methodology in Japan［R］. Proceedings of Workshop on Seismic Design methodologies for Next Generation Codes. Bled，Slovenia，June 24-26，1997.

［18］ EC8 (2003) Eurocode 8：Design of structures for earthquake resistance［S］，British Standards Institution，London，2003.

［19］ 中华人民共和国国家标准. 建筑抗震设计规范 GBJ 11—89［S］. 北京：中国建筑工业出版社，1989.

［20］ 中华人民共和国国家标准. 建筑抗震设计规范 GB 50011—2001［S］. 北京：中国建筑工业出版社，2002.

［21］ 中华人民共和国国家标准. 建筑抗震设计规范 GB 50011—2010［S］. 北京：中国建筑工业出版社，2010.

［22］ 全国超限高层建筑工程抗震设防审查专家委员会抗震设防专项审查办法［Z］，建设部网站，http：//www. cin. gov. cn. 2003.

［23］ 超限高层建筑工程抗震设防专项审查技术要点［Z］. 建设部网站：http：//www. cin. gov. cn，2003.

［24］ 徐培福. 关于超限高层建筑抗震设防审查的若干讨论［J］. 土木工程学报. 2004，37 (1)：1-12.

［25］ Clough R W，Benuska K L，and Wilson E L. Inelastic earthquake response of tall buildings ［C］. Proceeding 3rd World Conference on Earthquake Engineering，1965，Wellington，New Zealand.

［26］ H Aoyoma. Inelastic Analysis of RC Structures［M］. Transaction of the Architectural Institute of Japan，1967.

［27］ Giberson M F. The response of nonlinear multistory structures subjected to earthquake excitation ［D］. California Institute of Technology，Pasadena，1967，California.

［28］ H Takizawa. Notes on some Basic Problems in Inelastic Analysis of Plane RC Structures Part1 and Part2. Transaction of the Architectural Institute of Japan，1976.

[29]  Otani S. Inelastic Analysis of RC Frame Structures. Journal of the Structural Division, ASCE, Vol. 100, No. ST7, July 1974.

[30]  Ambrisi A D, and Filippou F C. Modeling of cyclic shear behavior in RC members[J]. Journal of Structural Engineering, ASCE, 1999, 125(10): 1143-1150.

[31]  D Soleimani. Reinforced Concrete Ductile Frame Under Earthquake Loading With Stiffness Degradation. Ph. D. Thesis, University of California, Berkeley, 1978.

[32]  Roufaiel M S L. , and Meyer C. Analytical modeling of hysteretic behavior of RC frames [J]. Journal of Structural Engineering, ASCE, 1987, 113(3): 429-444.

[33]  汪梦甫. 钢筋混凝土框剪结构非线性地震反应分析[J]. 工程力学, 1999, 16(4): 136-143.

[34]  S S Lai, G T Will and S. Otani. Model for Inelastic Biaxial Bending of Concrete Members[J]. Journal of Structural Division, ASCE, Vol. 110, STll, Nov. 1984, 2563-2584.

[35]  Kang Y J. Nonlinear Geometric Material and Time-Dependent Analysis of Prestressed Concrete Frames. Ph. D. Thesis, Division of Structural Engineering and Civil Engineering, Department of Civil Engineering, University of California, Berkeley, Report No. UC -SESM77-1, 1977.

[36]  Chan E C. Nonlinear Geometric, Material and Time Dependent Analysis of Reinforced Concrete Shells with Edge Beams[R]. Department of Civil Engineering, University of California, Berkeley, 1982.

[37]  Mari A R. Nonlinear Geometric, Material and Time-Dependent Analysis of Three Dimensional Reinforced Concrete Frames [R]. Department of Civil Engineering, University of California, Berkeley, 1984.

[38]  Takaynanagi T, Schnobrich W. Nonlinear Analysis of Coupled Wall Systems[J]. Earthquake Engineering and Structural Dynamic, 1992, 25(7): 1-22.

[39]  Filippou F C, Issa A. Nonlinear Analysis of Reinforced Concrete Frames under Cyclic Load Reversals [R]. EERC Report 88-12, Earthquake Engineering Research Center, Berkeley, 1988.

[40]  Hellesland J, Scordelis A. Analysis of RC Bridge Columns under Imposed Deformations[R]. IABSE Colloquium, Delft, Netherlands.

[41]  Menegotto M, Pinto P E. Method of Analysis for Cyclically Loaded Reinforced Concrete Plane Frames Including Changes in Geometry and Non-Elastic Behavior of Elements under Combined Normal Force and Bending[C]. Proceeding IABSE Symposium on Resistance and Ultimate Deformability of Structure Acted on by Well Defined Repeated Loads. Lisbon, 1973.

[42]  Mahasuverachai M, Powell G H. Inelastic Analysis of Piping and Tubular Structures. Report No. EERC Earthquake Engineering Research Center, University of California, Berkeley, California, November 1982.

[43]  Mahasuverachai M. Inelastic Analysis of Piping and Tubular Structures[R]. Earthquake Engineering Research Center, University of California, Berkeley. 1982.

[44]  Kaba S, Mahin S A. Refined Modeling of Reinforced Concrete Columns for Seismic Analysis[R]. Earthquake Engineering Research Center, University of California, Berkeley.

[45]  Zeris C A, and Mahin S A. Behavior of Reinforced Concrete Beam-Columns under Uniaxial Excitation [J]. Jounal of Structural Engineering, ASCE, 1998, 114(4): 804-820.

[46]  Hiraishi H, Kawashima T. Deformation behavior of shear walls after flexural yielding[C]. Proceeding of 9th WorldConference of Earthquake Engineering. [C]. Tokyo, 1998.

[47]  Kabeyasawa T. U. S. -Japan cooperative research on R/R full-scale building test[C]. Proceeding of 8th WorldConference of Earthquake Engineering. San Francisco, 1984.

[48]  VulcanoA, Bertero V V Analytical model for Predicating the lateral response of RC shear Wall: eval-

**13**

uation of the irreliability[R]. Earthquake Engineering Research Center, University of California, Berkeley. 1987.

[49] Linda P, Bachmann H. Dynamic modeling and design of earthquake-resistant walls[J]. EESD, 1994, 23: 1331-1350.

[50] Vulcano A, Bertero V V, Colotti V. Analytical model of R/C structural wall [A]. Proc. of 9th WCEE [C], Tokyo, 1988, (6): 41-46.

[51] 李宏男, 李兵. 钢筋混凝土剪力墙抗震恢复力模型及试验研究[J]. 建筑结构学报, 2004 25(5): 35-42.

[52] 孙景江, 江近仁. 高层建筑抗震墙非线性分析的扩展铁木辛柯分层梁单元[J]. 地震工程与工程振动, 2001, 21(2): 78-83.

[53] Milev J I, Two dimension alanalytical model of reinforced concrete shear walls [A]. Proe. of 11th WCEE[C], 1996.

[54] Vecchio F J, Collins M P. Response of Reinforced Concrete on In Plane Shear and Normal Stresses [R]. University of Toronto, Toronto, Canada, 1982.

[55] Vecchio F J, and Collins M P. The Modified Compression Field Theory for Reinforced Concrete Elements Subjected to Shear[J]. ACI Journal, 1986, 83(2): 219-231.

[56] Kaufmann, Walter, and Marti Peter. Structural Concrete: Cracked Membrane Model[J]. Jounal of Structrual Engineering, 1998, 124(12): 1467-1475.

[57] Vecchio F J, Lai D, Shim W, and Ng J. Disturbed Stress Field Model for Reinforced Concrete: Validation[J]. Journal of Structural Engineering ASCE, 2001, 127(4): 350-358.

[58] Prakash V, Powell G H, Campbell S. Drain-2DX static and dynamic analysis of inelastic plane structures National Information Service for Earthquake Engineering [R]. Earthquake Engineering Research Center, USA, 1993.

[59] R E Valles, A M Reihorn, S K Kunnath. IDARC 2DVersion 4.0: A Program for Inelstic Damage Analysis of Buildings Technical Report. NCEER-96-0010 January 8, 1996.

[60] R E Valles, A M Reihorn, S K Kunnath. IDARC 2DVersion 5.5: July 2002 User's Guide. State University of New York at Buffalo, 2002.

[61] Li KN, Otani S. Multi-spring model for 3-dimensional analysis of RC members [J]. International Journal of Structural Engineering and Mechanics, 1993, 1(1): 17-30.

[62] McKenna F, and Fenves G L. The OpenSEES Command Language Primer[Z]. PEER, University of California, Berkeley, USA. http: //opensees. berkeley. edu.

[63] Powell G H. Componets and Elements for Perform-3d and Perform-Collapse Version 4[Z]. Computers and Structrues Inc. Newyork, USA, 2006.

# 第 2 章　OpenSEES 原理介绍

## 2.1　OpenSEES 研究背景

自 20 世纪 60 年代以来，大量应用于分析模拟梁柱构件材料非线性的分析程序相继被开发。其中包括学者 Clough（1965 年）[1]、Giberson（1967 年）[2]、Hilmy 和 Abel（1985年）[3]、Powell 和 Chen（1986 年）[4] 等提出的考虑集中塑性的塑性铰模型，学者 Ciampi和 Carlesimo（1986 年）[5]、Spacone（1986 年）[6]、Hjelmstad 和 Taciroglu 等（2005年）[7]、Alemdar 和 White（2005 年）[8] 提出分布塑性梁柱单元模型。Crisfield（1991年）[9]、Neuenhofer 和 Filippou（1998 年）[10]、De Souza（2000 年）[11]、Zhou 和 Chan（2004 年）[12] 等研究考虑梁柱构件的几何非线性的理论，并开发相应的有限元程序。除上述学者以外，近年来仍不断有用于分析钢筋混凝土结构的宏观模型被提出。为了嵌入越来越多的新型宏观模型单元，需要建立一个具有可持续开发的基于宏观单元的软件平台。

传统的宏观单元分析程序是基于过程的编程方法编制，也就是说从结构有限元定义，即用户输入信息，生成数据、单元矩阵至总刚度矩阵、形成荷载向量、迭代求解矩阵，生成分析结果等，全部在一个从上至下简单流程当中，如图 2-1 所示。基于过程的传统编程语言有 Fortran、Pascal、Matlab 等。然而基于过程的方法由于变量关系简单，在某一程度上体现较高的计算效率。当在原有的基础上建立新单元和材料本构，就会导致重复代码的编写，程序兼容性较差。同时在初始变量定义，给变量限制了类型、功能及储存空间，在扩展单元功能时存在困难。

面向对象的编程语言，如 Visual C++，Borland C++ + Builder，Borland Delphi 等，对数据进行基于类（Class）的封装及解释，提供多模块组装的编程平台，允许代码重复使用，扩展类的功能及数据变量，尽量减少数据结构的冗余。基于面向对象语言的程序架构如图 2-2 所示。

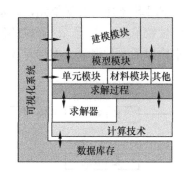

图 2-1　传统基于过程的架构　　　图 2-2　基于面向对象技术的架构

建模模块、模型数据生成模块、单元模块、材料模块都与数据库、可视化模块传递数据，求解过程模块与计算技术（包括带宽处理、迭代方法，收敛判断，刚度矩阵处理等）与数据库传递数据。每一个模块建立输入输出口，从输入口输入信息处理后，从输出口输出信息，每个模块都是独立的，从而增加了其可扩展性，即可以增加宏观单元、材料本构、后处理数据格式等。Fenves（1990 年）[13]提出基于面向对象语言开发结构分析平台的若干优点，同时 Forde（1990 年）[14]、Mackie（1992 年）[15]、Zimmermann（1992 年）[16]，Rucki 和 Miller（1996 年）[17]开发了若干基于面向对象的结构分析软件。

Gamma 等（1995 年）[18]提出基于面向对象结构分析程序的软件设计架构理论，通过若干相互传递信息的主类（main classes）组成系统，系统需考虑可扩展性而主类进行组装，主类需考虑可扩展性而子类（subclasses）进行组装。OpenSEES 程序平台成功地运用了上述软件设计架构理论，不但应用于整体结构的弹塑性分析平台（OpenSEES），也应用于结构分析的并行算法平台（OpenSEES parallel computing）及基于网格多站式的协调计算分析（混合分析）平台（OpenFresco）。

通过面向对象开发的结构分析平台，以及开放源代码或部分源代码，可使研究人员参与二次开发，增加材料本构和单元。可进行二次开发的开放式源代码结构分析程序有 OpenSEES、IDARC-2D、DRAIN-2D、DRAIN-3D 等，只开放部分源代码的结构分析程序有 ABAQUS[19]、ADINA[20]等。

## 2.2 OpenSEES 平台架构

OpenSEES 是由 UCB 与 PEER 共同开发的开源有限元程序，主要用于地震作用下的结构响应计算和基于性能的地震工程研究。程序采用面向对象的架构编写，用户可以对程序进行增加单元、材料本构关系、迭代算法、后处理形式等二次开发。2010 年该程序最新发布的版本为 OpenSEES v2.2.0，其脚本采用 tcl/Tk 语言，用户二次开发可采用 Visual C++编程，也可以在程序运行时使用动态 API 可调用新的模块（DLL 文件形式）及功能。

OpenSEES 适用于静力及动力的非线性分析、特征值分析等问题的求解。同时，OpenSEES 具有强大的非线性处理能力，其非线性算法有 Newton 迭代法，修正 Newton 迭代法、拟 Newton 迭代法（如 BFGS 法和 Broyden 法）、子空间 Newton 迭代法和加速收敛的 Newton 迭代法，根据问题的不同选择算法可以保证计算精度的前提下提高求解效率。此外，OpenSEES 还拥有宏观单元，如基于刚度法的梁柱纤维单元、基于柔度法的梁柱纤维单元及塑性铰单元。由于二次开发的便利性，OpenSEES 具有丰富的材料本构关系库，单轴材料本构包括 6 种混凝土本构及 3 种钢材本构。

OpenSEES 的总体架构如图 2-3 所示。模型模块不但代表初始建模的结构模型，也可以是在分析结果上修改后的结构模型（通过结果改变模型可以考虑结构的损伤）。换言之模型模块是由建模模块生成的，但模型是时刻可以变化的。记录模块是记录下求

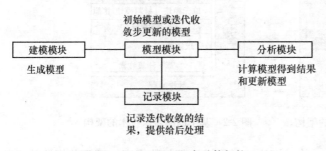

图 2-3 OpenSEES 程序总体架构

解后结构模型的信息，如节点位移、单元内力及纤维应力应变等，用于后处理和可视化。每个模块里面具有大量的信息，如模型模块，信息包括节点、单元、支座条件、荷载等，如图 2-4 所示。分析模块的组成如图 2-5 所示，包括自由度分配、约束罚函数、迭代算法、控制算法、系统方程等。

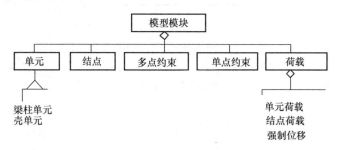

图 2-4　模型模块架构图

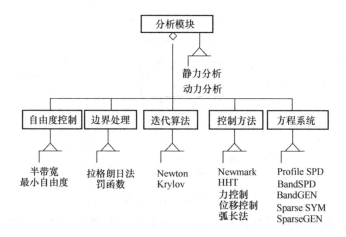

图 2-5　分析模块架构图

　　OpenSEES 整个分析程序当中，单元对象是最关键的一部分。除了单元对象与材料对象，其他模块与传统的基于过程的结构分析程序是一致的，如从单元刚度矩阵集成总刚度矩阵，形成外荷载向量，整体变化转化成单元变形，迭代求解方法等。材料本构关系模块相对简单，输入口为应变及应变增量，输出口为应力、切线刚度（或者割线刚度）、应变历史中间储存变量。单元模块相对而言比较复杂，储存内容较多，以纤维梁柱单元为例，单元模块需要处理纤维应力应变关系至截面力-截面变形关系、处理截面力-截面变形关系与单元力-单元变形关系。单元模块的输入口是单元的变形、输出口是单元的切线刚度（或者割线刚度）及单元的抗力，中间过程需要建立单元到截面至纤维的变形关系，如基于柔度法的梁柱纤维单元，中间甚至用到迭代算法。以纤维梁柱单元为例，整个计算过程示意如图 2-6 所示。

　　OpenSEES 平台体系巨大，具有不断扩展的单元库及材料库，有利于抗震分析及基于性能的抗震设计研究。近年来，由于可靠度分析理论、岩土微观单元及材料理论、倒塌分析理论、并行计算理论等成果的加入，使 OpenSEES 的源代码越来越复杂，可读性难度增大，编译容易出错溢出，使单元与材料的二次开发难度加大。同时，OpenSEES 没有前

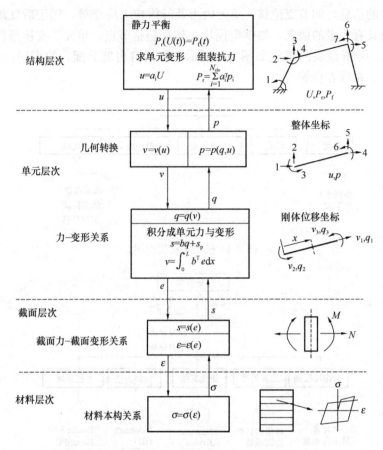

图 2-6　OpenSEES 计算过程示意图

后处理图形界面，后处理数据存在读取限制等问题都使检查模型和提取结果存在困难。由于上述原因，本文提出编制类似于 OpenSEES 架构，内容相对简单（主要用于宏观单元研究）的平台的要求。

　　OpenSEES 常用的求解非线性方法是 Newton-Raphson 法。Newton-Raphson 法在每次迭代中刚度矩阵根据位移而更新，提高收敛速度。Newton-Papshon 求解直到收敛的过程如图 2-7 所示。

　　OpenSEES 采用两种结构荷载施加方法：荷载控制法和位移控制法，其中可以通过位移控制法得到完整的荷载位移曲线，包括上升段、下降段和滞回环。构件或结构的低周往复荷载试验的数值分析对位移控制法与荷载控制法都有采用。先通过荷载控制法将竖向荷载施加给结构，并作为初始状态（即竖向荷载恒定不变），将位移加载法将位移施加给结构，求得荷载系数。位移加载法的求解过程如下：

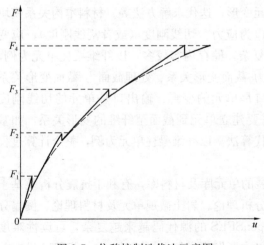

图 2-7　位移控制迭代法示意图

位移增量可划分为两部分：

$$\Delta u = \Delta u_\mathrm{u} + \lambda \Delta u_\mathrm{r} \tag{2-1}$$

其中，$\Delta u_\mathrm{u}$ 为不平衡力产生的位移增量；$\Delta u_\mathrm{r}$ 为参考荷载（单位荷载分布模式）产生的位移增量；$\lambda$ 为荷载系数。

定义操作向量：

$$\Gamma_\mathrm{n} = \{0 \quad \cdots \quad 1 \quad \cdots \quad 0\}^\mathrm{T} \tag{2-2}$$

其中只有第 $n$ 个元素为 1，其余为 0。

一阶估计值 $\Delta u_\mathrm{u}$ 和 $\Delta u_\mathrm{r}$ 可以通过求解线性方程组得到：

$$\Delta u_\mathrm{u} = K_\mathrm{t}^{-1} \Delta P_\mathrm{u} \tag{2-3}$$

$$\Delta u_\mathrm{r} = K_\mathrm{t}^{-1} \Delta P_\mathrm{r} \tag{2-4}$$

其中，$K_\mathrm{t}$ 为切线总刚度矩阵；$\Delta P_\mathrm{u}$ 为不平衡力；$\Delta P_\mathrm{r} = p_\mathrm{r} \Gamma_\mathrm{n}$；$p_\mathrm{r}$ 为参考荷载。

第 $n$ 个元素的荷载增量可表示为：

$$\Gamma_\mathrm{n} \Delta u = \Gamma_\mathrm{n} \Delta u_\mathrm{u} + \lambda \Gamma_\mathrm{n} \Delta u_\mathrm{r} \tag{2-5}$$

对于施加在第 $n$ 个自由度上的指定位移增量为 $\delta$，迭代计算步骤为：

（1）第一次迭代从式（2-5）可得：

$$\lambda = \frac{\delta - \Gamma_\mathrm{n} \Delta u_\mathrm{u}}{\Gamma_\mathrm{n} \Delta u_\mathrm{r}} \tag{2-6}$$

（2）往下迭代第 $n$ 个自由度必须保持位移不变，即：

$$\Gamma_\mathrm{n} \Delta u = \Gamma_\mathrm{n} \Delta u_\mathrm{u} + \Delta \lambda \Gamma_\mathrm{n} \Delta u_\mathrm{r} = 0 \tag{2-7}$$

那么，荷载系数增量为：

$$\Delta \lambda = \frac{\Gamma_\mathrm{n} \Delta u_\mathrm{u}}{\Gamma_\mathrm{n} \Delta u_\mathrm{r}} \tag{2-8}$$

求解荷载系数全量：

$$\lambda = \lambda + \Delta \lambda \tag{2-9}$$

（3）收敛满足后，可以得到产生指定荷载增量的真实荷载 $P$：

$$P = \lambda P_\mathrm{r} \tag{2-10}$$

位移控制法迭代计算采用 Newton-Raphson 法。

## 2.3　OpenSEES 宏观单元及算例

本文以梁柱宏观单元为例，阐述在 OpenSEES 平台梁柱单元模型理论，最后通过 OpenSEES 制作算例讨论单元的适用性。三种梁柱单元为 OpenSEES 平台主要的梁柱宏观单元模型。

### 2.3.1　梁柱宏观单元理论

**（1）基于刚度法的梁柱单元理论**

基于刚度法的梁柱单元提出较早，Mari 与 Scordelis[40] 提出了基于刚度的梁柱单元模

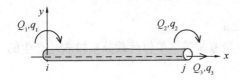

图 2-8　刚体位移向量规定

型，单元的刚体位移规定如图 2-8 所示。

基于刚度法的梁柱单元模型把单元划分为若干个积分区段，积分点处截面的位移通过 3 次 Hermit 多项式插值得到，对插值函数进行求导可以得到截面处对应的截面变形，如式（2-11）、式（2-12）所示。

$$d(x) = \left\{ \begin{matrix} v''(x) \\ u'(x) \end{matrix} \right\} = \bar{a}(x)\,\bar{q} \tag{2-11}$$

$$\bar{a}(x) = \begin{bmatrix} \phi_1''(x) & \phi_2''(x) & 0 & \phi_3''(x) & \phi_4''(x) & 0 \\ 0 & 0 & \psi_1'(x) & 0 & 0 & \psi_2'(x) \end{bmatrix} \tag{2-12}$$

式中

$$\psi_1(x) = 1 - \frac{x}{L} \qquad \psi_2(x) = \frac{x}{L}$$

$$\phi_1(x) = 2\frac{x^3}{L^3} - 3\frac{x^2}{L^2} + 1 \quad \phi_2(x) = \frac{x^3}{L^2} - 2\frac{x^2}{L} + x$$

$$\phi_3(x) = -2\frac{x^3}{L^3} + 3\frac{x^2}{L^2} \qquad \phi_4(x) = \frac{x^3}{L^2} - \frac{x}{L}$$

通过截面变形与截面的力-位移关系得到截面抗力向量与切线刚度矩阵。截面的刚度矩阵沿长度进行积分得到单元刚度矩阵，如式（2-13）所示。

$$\overline{K} = \int_0^L \bar{a}^{\mathrm{T}}(x)k(x)\,\bar{a}(x)\mathrm{d}x \tag{2-13}$$

截面的抗力向量沿长度进行积分得到单元抗力向量，如式（2-14）所示。

$$\overline{Q}_{\mathrm{R}} = \int_0^L \bar{a}^{\mathrm{T}}(x)D_{\mathrm{R}}(x)\mathrm{d}x \tag{2-14}$$

基于刚度法的单元主要缺点是 3 次的 Hermit 插值函数不能很好地描述端部屈服后单元的曲率分布，而且单元层次没有迭代计算因此收敛速度慢。为减少 Hermit 函数造成的误差，采用多细分单元的方法进行建模，可以得到较好的效果。

**（2）基于柔度法的梁柱单元理论**

基于柔度法的梁柱单元是由 Filippou[10] 提出了基于柔度的梁柱单元模型，这一模型同样把单元划分为若干个积分区段，积分点处的截面力通过线性插值得到，线性插值函数如式（2-15）所示。

$$b(x) = \begin{bmatrix} (x/L-1) & (x/L) & 0 \\ 0 & 0 & 1 \end{bmatrix} \tag{2-15}$$

通过插值函数把单元力转化为截面力。根据上一迭代步截面柔度矩阵，将截面力变成截面变形，通过截面的力与变形关系得到截面的抗力与切线刚度。截面的柔度矩阵沿长度进行积分得到单元柔度矩阵，如式（2-16）所示。

$$\overline{F} = \int_0^L b^{\mathrm{T}}(x)f(x)b(x)\mathrm{d}x \tag{2-16}$$

截面的不平衡力向量转化为残余变形，并沿长度进行积分得到单元下一步迭代的变形增量，如式（2-17）所示。

$$\Delta q^{j+1} = -s^j = \int_0^L b^{\mathrm{T}}(x) r(x) \mathrm{d}x \tag{2-17}$$

当截面抗力与截面力不相等时，将截面不平衡力转化为截面残余变形重新赋给单元进行迭代计算直至截面不平衡力为零。这个过程称为单元内部迭代，由于对单元进行内部迭代计算，使整体结构计算时迭代收敛速度提高。截面的力-变形关系可以通过弯矩-曲率关系表述，如式（2-18）所示。

也可以采用纤维截面，纤维截面的截面刚度矩阵如式（2-19）所示。

$$k(x) = \begin{bmatrix} K(v'') & 0 \\ 0 & EA \end{bmatrix} \tag{2-18}$$

$$k(x) = \begin{bmatrix} \sum_i^n E_i A_i y_i^2 & \sum_i^n E_i A_i y_i \\ -\sum_i^n E_i A_i y_i & \sum_i^n E_i A_i \end{bmatrix} \tag{2-19}$$

刚度法与柔度法的梁柱单元积分多采用 Gauss-Lobatto 积分方法，将式（2-16）改写成积分式（2-20）。

$$\overline{F} = \sum_{i=1}^{N_p} b^{\mathrm{T}}(x_i) f(x_i) b(x_i) \omega_i \tag{2-20}$$

积分点位置与积分点的权系数如图 2-9 所示。

基于柔度法的单元主要优点是在模拟弯曲型梁柱构件时，可以得到很好的效果且收敛速度快，但是大量的试验表明梁柱塑性区多发生

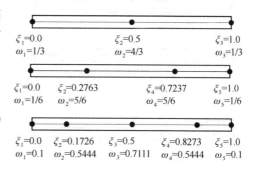

图 2-9　Gauss-Lobatto 积分点与权系数示意图

在端部，其中部基本处于弹性状态，因此 Scott 与 Fenves[23] 提出了基于柔度法的塑性铰单元。

### （3）基于柔度法的塑性铰梁柱单元理论

基于柔度法的塑性铰单元与基于柔度法的梁柱单元的计算过程是一样的，同样具有单元内迭代步骤，不同之处在于，塑性铰单元的中部积分截面采用弹性本构，不需要进行求解切线刚度与截面抗力的步骤，单元内部迭代的收敛标准是只要塑性区截面收敛即可，这样就提高了求解速度。塑性铰单元的柔度矩阵求解如式（2-21）所示。

$$\overline{F} = \sum_{i=1}^{N_p} b^{\mathrm{T}}(x_i) f(x_i) b(x_i) \omega_i + f_{\text{int}}^{\text{e}} \tag{2-21}$$

其中 $f_{\text{int}}^{\text{e}}$ 为弹性部分的柔度矩阵，其计算公式如式（2-22）和式（2-23）所示。

$$f_{\text{int}}^{\text{e}} = \int_{L_{pi}}^{L-L_{pj}} b^{\mathrm{T}} f_s b \mathrm{d}x \tag{2-22}$$

$$f_s = \begin{bmatrix} 1/EI & 0 \\ 0 & 1/EA \end{bmatrix} \tag{2-23}$$

文献［23］提出塑性铰单元常用四种积分方式，分别为两端中点积分法、两端边点积分法、两端 Gauss-Radau 积分法及修正 Gauss-Radau 积分法，积分法示意图如图 2-10 所示。

其中修正 Gauss-Radau 积分法的第 2 个与第 3 个积分点属于弹性部分，虽然是四点积分，但是需要进行截面分析的只有两个积分点，因此其弹性部分柔度矩阵应改写。两端 Gauss-Radau 积分法计算成本最高，因为需要进行四个积分点处的截面分析。

在 OpenSEES 平台的单元架构如图 2-11 所示。

基于柔度法纤维单元、基于刚度法纤维单元及基于柔度法的塑性铰单元都加入 OpenSEES 的单元库，基于柔度法的单元内迭代过程如图 2-12 所示。

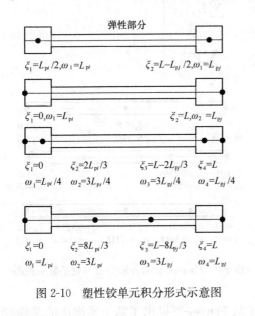

图 2-10　塑性铰单元积分形式示意图

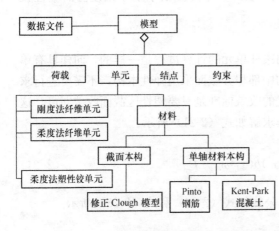

图 2-11　OpenSEES 类之间的关系图

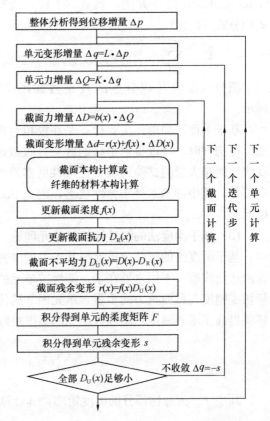

图 2-12　基于柔度法的单元内迭代流程图

OpenSEES 的材料库具有多种材料模型，包括 Kent-Park 混凝土本构[21]模型 Concrete01 和 Concrete02、Pinto 钢筋本构模型[22]Steel02，其滞回曲线如图 2-13 所示。

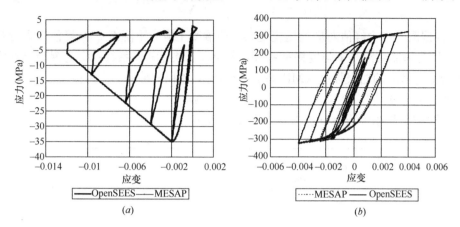

图 2-13　材料模型滞回曲线

(*a*) Kent-Park 混凝土本构；(*b*) Pinto 钢筋本构

**修正 Kent-Park 混凝土本构**

修正 Kent-Park 混凝土本构是常用混凝土的单轴本构，骨架曲线是由 Park 和 Priestley（1982 年）在原来的 Kent-Park 模型（1971 年）上进行修改，以考虑箍筋约束作用对混凝土强度与延性的影响。第一种滞回法则由 Karsan 与 Jirsa（1969 年）[24]提出，滞回准则是基于 Sinha（1964 年）[25]的钢筋混凝土的材料滞回性能试验数据提出，滞回法则通过卸载段直线的斜率的衰减来考虑混凝土的损伤，最大的特点就是卸载与再加载段是同一直线。

修正 Kent-Park 本构受压区曲线如图 2-14 所示，分为三个区段，分别为上升段、下降段及平台段，骨架表达式如式（2-24）～式（2-26）所示。

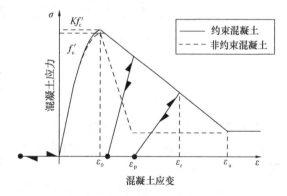

图 2-14　Kent-Park 混凝土本构

上升段：$\varepsilon_c \leqslant \varepsilon_0$　　　　$\sigma_c = Kf'_c \left[ 2\left( \dfrac{\varepsilon_c}{\varepsilon_0} \right) - \left( \dfrac{\varepsilon_c}{\varepsilon_0} \right)^2 \right]$　　　　（2-24）

下降段：$\varepsilon_0 \leqslant \varepsilon_c \leqslant \varepsilon_{20}$　　　　$\sigma_c = Kf'_c \left[ 1 - Z(\varepsilon_c - \varepsilon_0) \right]$　　　　（2-25）

上升段：$\varepsilon_c > \varepsilon_{20}$　　　　　　$\sigma_c = 0.2Kf'_c$　　　　（2-26）

其中：

$$\varepsilon_0 = 0.002K$$

$$K = 1 + \frac{\rho_s f_{yh}}{f'_c}$$

$$Z = \frac{0.5}{\dfrac{3 + 0.29 f_c'}{145 f_c' - 1000} + 0.75 \rho_s \sqrt{\dfrac{h'}{s_h}} - 0.002K}$$

式中，$\varepsilon_0$ 为混凝土应力峰值对应的压应变；$\varepsilon_{20}$ 为混凝土应力下降至 20％峰值应力时对应的压应变；$K$ 为箍筋对混凝土强度提高系数；$Z$ 为应变软化斜率系数；$f_c'$ 为混凝土圆柱体抗压强度；$f_{yh}$ 为箍筋的屈服强度（MPa）；$\rho_s$ 为箍筋的体积配箍率；$h'$ 为箍筋肢距（mm）；$s_h$ 为箍筋间距（mm）。

第二种滞回法则由 Yassin 提出，如图 2-15 所示。

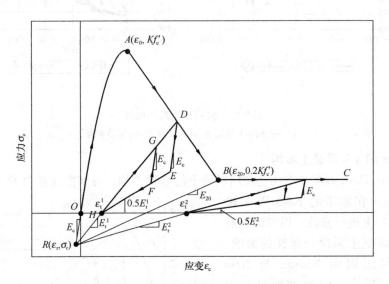

图 2-15　Kent-Park 模型滞回法则

该法则规定混凝土的再加载曲线都相交于同一公共点 $R(\varepsilon_r, \sigma_r)$，根据该原则即可求得对应单调受压加载曲线上每一点的再加载刚度，而公共点 $R(\varepsilon_r, \sigma_r)$ 为原点切线与残余水平段起点 B（即应力下降到峰值应力的 20％对应的应变）的再加载曲线的交点，再假定该点的再加载刚度 $E_{20}$ 为已知则可求得公共点 $R(\varepsilon_r, \sigma_r)$ 的应变 $\varepsilon_r$ 和应力 $\sigma_r$：

$$\varepsilon_r = \frac{0.2K f_c' - E_{20}\varepsilon_{20}}{E_c - E_{20}} \tag{2-27}$$

$$\sigma_r = E_c \varepsilon_r \tag{2-28}$$

式中，$E_c$ 为原点切线刚度，对于 Kent-Park 骨架曲线 $E_c$ 取值为 $2K f_c' / \varepsilon_0$；$E_{20}$ 为水平段起点 B 对应的再加载刚度，取值需通过试验测得，在无试验数据时，Yassin[26] 建议取值为 $0.1E_c$。

公共点 $R(\varepsilon_r, \sigma_r)$ 确定之后，受压混凝土卸载及再加载曲线的确定仅取决于当前卸载点（$\varepsilon_m, \sigma_m$）。随着历史最大压应变的增大，混凝土的卸载刚度和再加载刚度也随之退化。卸载曲线由初始卸载刚度为 $E_c$ 和后续卸载刚度 $0.5E_r$ 两条线段组成，而再加载曲线则通过连接公共点 $R(\varepsilon_r, \sigma_r)$ 与当前点（$\varepsilon_m, \sigma_m$）确定，其卸载曲线初始段、卸载段、再加载段曲线的表达式分别为：

$$f_c = E_c(\varepsilon_c - \varepsilon_m) + \sigma_m \tag{2-29}$$

$$f_c = 0.5 E_r (\varepsilon_c - \varepsilon_t) \tag{2-30}$$

$$f_c = E_r (\varepsilon_c - \varepsilon_t) \tag{2-31}$$

式中，$E_r$ 为再加载刚度；$\varepsilon_t$ 为混凝土塑性应变，分别按以下公式计算：

$$E_r = \frac{\sigma_m - \sigma_r}{\varepsilon_m - \varepsilon_r} \tag{2-32}$$

$$\varepsilon_t = \varepsilon_m - \frac{\sigma_m}{E_r} \tag{2-33}$$

受拉混凝土在开裂前通常被认为服从线弹性假设，而在开裂后混凝土由于粘结作用使得在相邻两条裂缝之间的一部分混凝土仍然能承受一定的拉应力，即混凝土受拉刚化效应。故混凝土骨架曲线采用线性上升段和线性下降段分别描述混凝土开裂前的线弹性行为和开裂后的受拉刚化行为。

该模型计算公式简单，数值稳定性高，并且反映了往复荷载作用下刚度退化和滞回耗能特性，能较好地反映混凝土实际受力特征，现已广泛应用于宏观单元的程序当中，如美国的 OpenSEES 和 Zeuls 程序，意大利的 Seismicsoft 程序等。

**Pinto 钢筋本构**

常用的钢筋本构为双折线（Bilinear）模型、Pinto 钢筋模型由 Menegotto 与 Pinto（1973 年）提出，该模型计算公式简洁、与钢筋材料试验结果吻合、具有很好的数值稳定性。该本构模型的应力—应变关系基本表达式为一条过渡曲线，如图 2-16 所示。

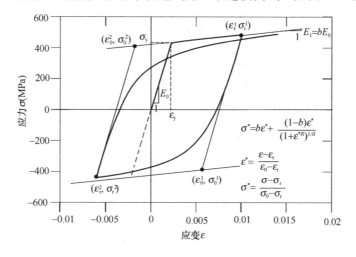

图 2-16　Pinto 钢筋本构

曲线由斜率 $E_0$ 的初始渐近线转向斜率为 $E_1$ 的屈服渐近线，其中 $E_0$ 为钢筋弹性模量，$E_1 = b E_0$，$b$ 为钢筋的硬化系数。在任意应变历史下，应力-应变关系表达式的确定仅取决于当前受力状态下的反向加载点 $(\varepsilon_r, \sigma_r)$ 和参数 $R$。过渡曲线的数学表达式为：

$$\sigma^* = b \varepsilon^* + \frac{(1-b)\varepsilon^*}{(1+\varepsilon^{*R})^{1/R}} \tag{2-34}$$

式中 $\sigma^*$ 和 $\varepsilon^*$ 分别为归一化的应力和应变，参数 $R$ 为过渡曲线曲率系数。曲线的转动半径随着参数 $R$ 减少而增大。通过此参数可以调整钢筋的包辛格效应（Bauschinger）体现。分别按以下公式计算为：

$$\sigma^* = \frac{\sigma - \sigma_\mathrm{r}}{\sigma_0 - \sigma_\mathrm{r}} \tag{2-35}$$

$$\varepsilon^* = \frac{\varepsilon - \varepsilon_\mathrm{r}}{\varepsilon_0 - \varepsilon_\mathrm{r}} \tag{2-36}$$

$$R = R_0 - \frac{a_1 \xi}{a_2 + \xi} \tag{2-37}$$

其中，$R_0$ 为初始加载时曲线的曲率系数；$a_1$ 和 $a_2$ 为往复加载时曲率的退化系数；$\xi$ 为应变历史上最大应变的参数，按式（3-21）计算：

$$\xi = \left| \frac{\varepsilon_\mathrm{m} - \varepsilon_0}{\varepsilon_\mathrm{y}} \right| \tag{2-38}$$

其中，$\varepsilon_\mathrm{m}$ 为应变历史上最大应变；$\varepsilon_\mathrm{y}$ 为钢筋屈服应变。$R_0$、$a_1$ 和 $a_2$ 的取值须通过材料试验测得。Menegotto 和 Pinto 通过材料试验给出 $R_0$、$a_1$ 和 $a_2$ 的建议取值分别为 20、18.5、0.15 和 20、18.5、0.0015。往复加载下曲率参数对应力-应变关系的影响如图 2-17 所示。

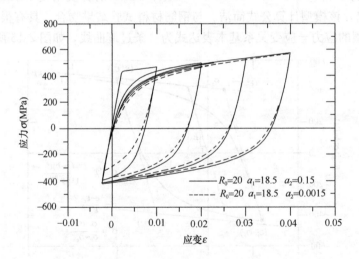

图 2-17　Pinto 钢筋模型的参数影响

### 2.3.2　框架柱构件算例分析

Tanaka 与 Park[27]（1990 年）为研究不同配箍形式及不同轴压比下矩形柱的抗震性能，对 8 组矩形柱进行低周往复荷载试验分析，本文采用 OpenSEES 软件对该试验进行数值分析，研究基于柔度法塑性铰单元的适用性。本文选取与中国规范的配箍形式接近的柱子：试件 1、试件 5 及试件 7。三个试件的截面配筋图如图 2-18 所示。试件的材料、箍筋及轴压比如表 2-1 所示。试件底端固定，上端自由。试验加载制度为先进行竖向加载，加载至设定的轴力以后进行力控制加载，随后进行位移加载，每级位移约为 20mm、40mm、60mm、80mm。

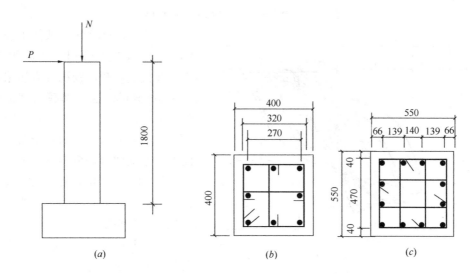

图 2-18　试件配筋示意图

(a) 试件立面；(b) 试件 1；(c) 试件 5 与试件 7

**试件材料指标、箍筋与轴压比**　　　　　　　　　　　　　　　　表 2-1

| 试件 | 混凝土 | 钢筋（直径 20mm） | | 箍筋（直径 12mm） | | 箍筋间距（mm） | 轴压比 |
|---|---|---|---|---|---|---|---|
| | 抗压强度（MPa） | 屈服强度（MPa） | 极限强度（MPa） | 屈服强度（MPa） | 极限强度（MPa） | | |
| 试件 1 | 25.6 | 474 | 721 | 333 | 481 | 80 | 0.2 |
| 试件 5 | 32 | 511 | 675 | 325 | 429 | 110 | 0.1 |
| 试件 7 | 32.1 | 511 | 675 | 325 | 429 | 90 | 0.3 |

以试件 1 及为例，试件 1 高度为 1.8m，混凝土抗压强度 $f'_c = 25.6$MPa，为考虑箍筋的约束效应，采用 Mander 公式对约束区的混凝土抗压强度进行计算，体积配筋率 $\rho_h = 0.84\%$，约束力 $f_l = 2.51$MPa，得到约束区抗压强度 $f'_{cc} = 36.23$MPa，对应应变 $\varepsilon_{cc} = 0.0062$，根据 Kent-Park 混凝土模型规定，取压碎时混凝土应变 $\varepsilon_{20} = 0.0165$。纵筋的弹性模量取 200000MPa，强化系数取 0.01。采用 XTRACT 程序对试件 1 进行截面分析，施加竖向力为 819kN，分析得到

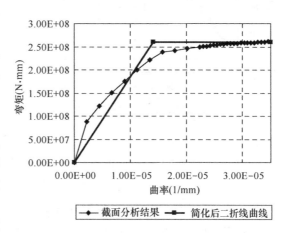

图 2-19　试件 1 截面弯矩-曲率曲线

弯矩曲率曲线如图 2-19 所示。根据能量相等原理对弯矩曲率曲线进行二折线简化得到塑性铰骨架曲线，软化系数 α 取 0，抗弯刚度 $K_0 = 1.86 \times 10^{13}$ Nmm$^2$，屈服强度取 $M_y = 260$kN·m。塑性铰长度 $L_p$ 采用 Paulay 与 Priestley（1992 年）[28]提出的经验公式计算，如式（2-39）所示，得到 $L_p = 352$mm。

$$L_p = 0.08L + 0.022f_y d_b (\text{N,mm}) \tag{2-39}$$

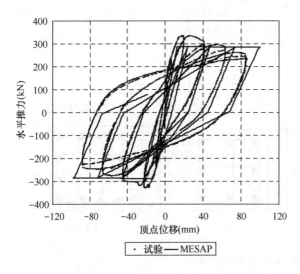

图 2-20 试件 1 滞回分析曲线对比

采用 OpenSEES 对试件 1 进行建模，塑性铰的滞回模型采用修正 Clough 模型，塑性铰积分方法采用修正 Gauss-Radau 法，卸载刚度退化系数 $\gamma$ 取 0.5，分析结果与试验结果对比如图 2-20 所示，表明基于截面弯矩-曲率关系的塑性铰模型基本能够描述柱的滞回特性，由于采用二折线简化滞回曲线偏向简单，总体耗能情况与卸载路径基本吻合。

以试件 1 为例，将塑性铰骨架曲线的软化系数取为 0.03 与 -0.03 两种情况。采用 OpenSEES 对试件 1 进行单调推覆分析，考察四种不同的塑性铰积分方法对转化或强化效应的影响。分析结果如图 2-21 所示，图 2-21 中♯1～♯4 分别代表两端中点积分法、两端边点积分法、两端 Gauss-Radau 积分法及修正 Gauss-Radau 积分法。

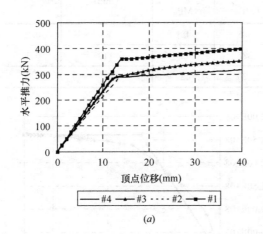

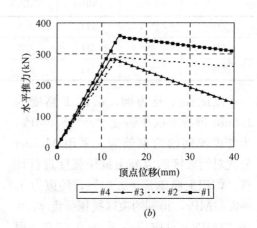

(a)　　　　　　　　　　　　　(b)

图 2-21　不同塑性铰积分法的对比
(a) 强化情况 (b) 软化情况

图 2-21 表明在强化与软化行为中两端中点积分法高估了屈服强度，由于假定塑性铰曲率代表值为塑性区的中点而不是端点，不符合实际情况，而两端中点积分法使刚度偏小。两端 Gauss-Radau 积分法在强化段比修正 Gauss-Radau 稍高，软化段非常吻合。综上所述，两端 Guass-Radau 积分法与修正 Guass-Radau 积分法的精度高，而修正 Guass-Radau 积分法的计算成本较低。

基于截面弯矩-曲率关系的塑性铰模型，其滞回分析的精度与截面本构的曲线相关，截面本构多采用多折线模型，与试验分析结果较难吻合，而采用纤维截面的塑性铰可以采用带曲线的混凝土与钢筋本构，能较好地与试验的滞回曲线吻合。基于弯矩-曲率关系的塑性铰需要在截面分析时考虑恒定的轴力影响，对于变化轴力情况难以分析，而纤维截面能够考虑压弯耦合。本文通过 OpenSEES 对试件 1、试件 5、试件 7 进行纤维截面塑性铰模型的建模，进行低周往复试验模拟。

试件 5 与试件 7 截面与纵筋配置相同，箍筋间距不同。根据 mander 约束混凝土计算公式可得：

试件 5：$\rho_h = 0.64\%$，$f_l = 1.80$MPa，$f'_{cc} = 41.35$MPa，$\varepsilon_{cc} = 0.0049$，$\varepsilon_{20} = 0.0146$；

试件 7：$\rho_h = 0.78\%$，$f_l = 2.28$MPa，$f'_{cc} = 42.80$MPa，$\varepsilon_{cc} = 0.0053$，$\varepsilon_{20} = 0.0182$。

纤维截面中混凝土采用 Kent-Park 模型本构，钢筋采用 Pinto 钢筋本构，塑性铰长度按式（2-24）计算，塑性铰积分方法采用修正 Gauss-Radau 法，纤维单元积分点取 4 个，得到塑性铰长度为 356mm。为对比不同的梁柱单元的精度，以试件 5 为例建立三种梁柱单元进行对比。试件的分析结果如图 2-22 所示。

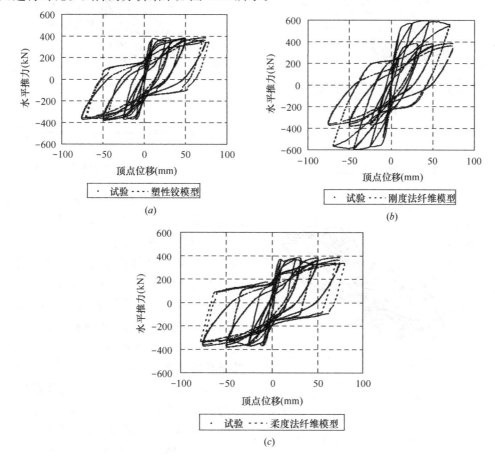

图 2-22　试件 5 滞回曲线图对比
(a) 塑性铰模型；(b) 刚度法纤维模型；(c) 柔度法纤维模型

图 2-22（b）中表明基于刚度法的纤维单元精度差，高估了承载力，证明了以上论述的观点。基于柔度法的纤维单元与塑性铰单元都与试验结果基本吻合，在卸载曲线上塑性铰单元吻合程度较高。采用塑性铰单元对试件 1 的模拟结果如图 2-23 所示，在不调整任

何参数的情况下与试验结果吻合。塑性铰单元与柔度法纤维单元对试件7的模拟结果如图2-24所示，表明分析结果中提前进入下降段，混凝土本构计算公式低估了混凝土材料的延性，应提高混凝土的压碎应变值，将 $\varepsilon_{20}$ 改为 0.036 时分析结果如图2-25所示，调整应变以后，塑性铰模型基本与试验结果吻合，而且在最后一个加载循环中才出现陡下降段，与试验情况一致。而纤维单元模型仍过早出现下降段，与试验结果不吻合。纤维单元的塑性变形一般发生在端部，而端部的积分长度由 Gauss-Lobotto 积分点确定，其长度与实际的塑性铰长度可能有偏差，而塑性铰单元通过经验公式先划分塑性区段有利于集中在塑性变形截面处计算刚度退化，这样可以准确地反映整个单元的刚度退化情况。

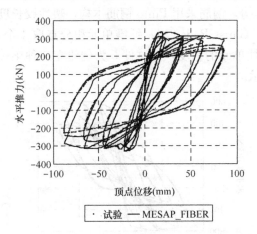

图 2-23　试件 1 滞回曲线图

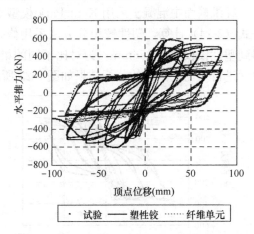

图 2-24　未调整试件 7 滞回曲线图

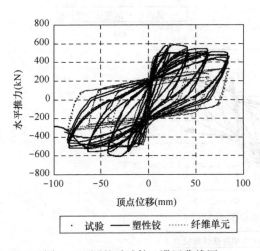

图 2-25　调整后试件 7 滞回曲线图

　　本文对三种非线性梁柱单元：基于柔度法梁柱单元、基于刚度法梁柱单元及基于柔度法的塑性铰单元进行分析，运用 OpenSEES 程序对一系列钢筋混凝土柱低周往复试验进行数值模拟。分析三种梁柱单元的区别，塑性铰单元的积分方法的区别。分析结果对比表明，塑性铰的四种积分方法中，修正 Gauss-Radau 积分法速度快且精度高。基于纤维截面的塑性铰模型优于基于截面弯矩-曲率关系的塑性铰，滞回曲线较饱满且接近试验结果，不需要进行截面分析，可以考虑压弯耦合。对试件 5 进行多种模型分析发现，基于刚度法的纤维单元精度稍差，基

于柔度法的纤维单元与塑性铰较为吻合，表明 3 次的 Hermit 插值函数不能很好地描述端部截面的变形。最后对试件 7 的分析表明塑性铰模型因为先定义了塑性铰长度，集中在塑性区截面上计算刚度退化，其分析的结果比固定积分点的纤维单元更加准确。综上所述，基于柔度法的纤维单元是一种精度高且计算成本低的宏观单元。该单元需要进行塑性计算的积分点只有两个，提高了计算效率，在整体结构的非线性分析之中，具有实际工程应用

意义。

### 2.3.3　框架结构算例分析

Vecchio 与 Guner[29]（1992 年）为研究剪切型框架结构的 Pushover 分析模型，进行了二层平面框架单调推覆试验，此试验为框架结构分析模型验算的经典试验算例。框架结构立面图与主要截面如图 2-26 所示。

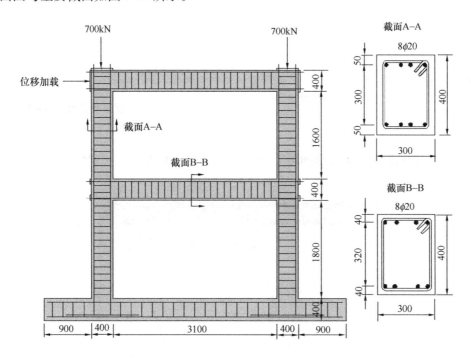

图 2-26　试件立面图与截面配筋图

平面框架梁截面为 300mm×400mm，柱截面为 300mm×400mm，全截面纵筋为 8φ20。推覆试验前对框架两柱顶施加 700kN 的恒定竖向荷载，再从二层柱顶施加水平位移。本文采用 OpenSEES 软件对该结构试验进行数值分析，分别采用基于柔度法的纤维单元及基于刚度法的纤维单元进行分析，验证 OpenSEES 的整体结构分析功能及单元的适用性。

试件主要材料属性如下：钢筋 φ20 面积为 300mm²，屈服强度为 418MPa，弹性模量为 192500MPa，混凝土轴心抗压强度为 30MPa，峰值强度对应应变为 $1.85×10^{-3}$，弹性模量为 23674MPa。OpenSEES 分析模型中钢筋采用 Steel02 本构，混凝土采用 Concrete01 本构。结构的单元划分采用两种形式，基于柔度法的纤维单元模型与基于柔度法的塑性铰模型，对单元划分要求不高，梁柱构件不细分单元，其中塑性铰长度取为截面高度即 400mm，积分方式采用修正 Gauss-Radau 积分法；基于刚度法的纤维单元，对单元长度要求小于塑性铰长度，于是梁柱构件划分 3 段单元，端部两段单元长度取为截面高度即 400mm，梁柱相交部位采用刚度足够大的弹性梁模拟节点的刚域，基于刚度法纤维模型的单元划分如图 2-27 所示。基于柔度法纤维模型单元划分与塑性铰模型的单元划分如图 2-28 所示。

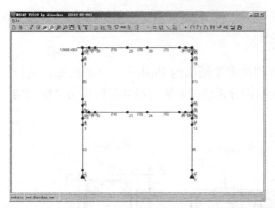

图 2-27　基于刚度法纤维模型
的单元划分

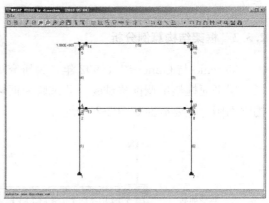

图 2-28　基于柔度法纤维模型单元划分与
塑性铰模型的单元划分

推覆分析得到结构最大变形如图 2-29 所示，推覆分析结果与试验结果的对比如图 2-30 所示。

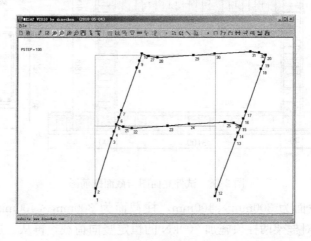

图 2-29　结构变形图

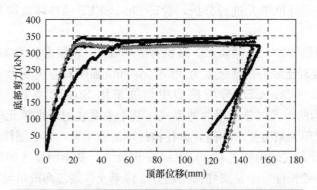

图 2-30　不同分析模型的分析结果与试验结果的对比图

图 2-30 中表明，分析所得承载力（底部剪力）约为 325kN，与试验结果吻合，基于刚度法的纤维模型分析结果偏大，约为 350kN。屈服变形分析结果比试验所测结果偏小，分析结果约在 25mm，试验所得结果为 50mm。文献［29］采用 SAP2000（默认刚塑性铰模型）及 RUAUMOKO 程序（纤维模型）分析所得屈服位移也为 25mm，如图 2-31、图 2-32 所示。

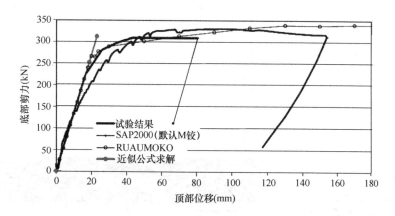

图 2-31　其他程序分析结果对比

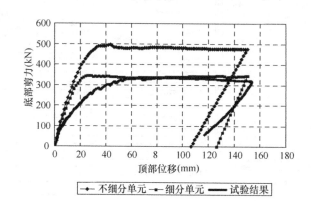

图 2-32　细分单元与不细分单元的分析结果与试验结果对比

上述分析表明基于柔度法的纤维单元具有较高的精度模拟梁柱构件的非线性力学行为。本文采用 OpenSEES 程序对某 4 层 2 跨框架结构进行低周往复荷载模拟分析，将计算结果与商业结构弹塑性分析程序 Perform-3D 的分析结果进行对比。

算例模型如图 2-33 所示。模型为 4 层 2 跨框架结构，层高为 3m，跨长为 4m。在 4 层三个柱顶施加 700kN 轴力，水平荷载分布为倒三角分布模式，楼层力比例为 20：15：10：5。柱截面采用 400mm×400mm，梁截面采用 200mm×500mm。钢筋弹性模量 $E_s$ 为 215000MPa，屈服强度 $f_y$ 为 350MPa，硬化系数 $b$ 为 0.02。混凝土本构关系取值如下：

$f_c' = 35$MPa，$f_{cu} = 6$MPa，$\varepsilon_0 = 0.003$，$\varepsilon_{20} = 0.008$。

分别在 OpenSEES 及 Perform-3D 进行建模，其中 OpenSEES 纤维单元采用 Gauss-Lobatto 积分方法，不需要定义积分长度，而 Perform-3D 的纤维单元需要指定端部积分长度，积分长度取 0.5$h$，构件积分长度定义如图 2-34 所示。

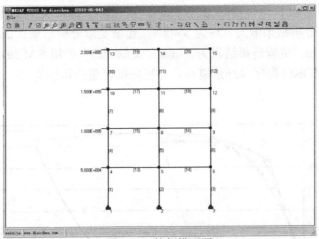

图 2-33　算例模型图

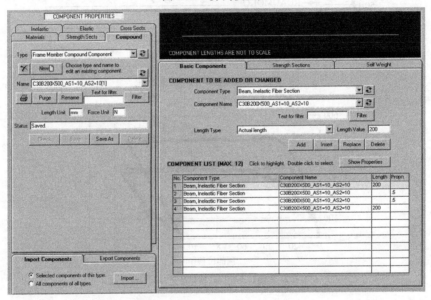

图 2-34　构件积分长度定义对话框

框架滞回分析结果对比如图 2-35 所示。Perform-3D 的分析结果略大于 OpenSEES 的

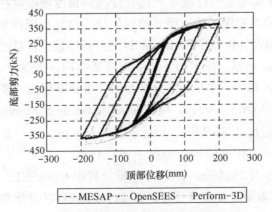

图 2-35　不同程序分析结果对比图

结果，由于采用的混凝土本构模型的差异，OpenSEES 的 Concrete01 材料本构采用函数表达式骨架曲线，而 Perform-3D 采用 YULRX 多折线骨架曲线。

上述分析表明，基于 OpenSEES 的梁柱纤维单元能够完成框架结构及梁柱构件的弹塑性滞回分析，可用于研究框架结构和梁柱构件的非线性力学性能。

## 参考文献

[1]　Clough R W, Benuska K L, and Wilson E L. Inelastic earthquake response of tall buildings [C]. Proceeding 3rd World Conference on Earthquake Engineering, 1965, Wellington, New Zealand.

[2]　Giberson M F. The response of nonlinear multistory structures subjected to earthquake excitation [D]. California Institute of Technology, Pasadena, 1967, California.

[3]　Hilmy S I, and Abel J F. A strain-hardening concentrated plasticity model for nonlinear dynamic analysis of steel buildings[C]. Proceeding of NUMETA85, Numerical Methods in Engineering, Theory and Applications, 1985, Boston, 305 - 314.

[4]　Powell G H, and Chen P F. 3D beam-column element with generalized plastic hinges[J]. Journal of Engineering and Mechanics, 1986, 112(7): 627 - 641.

[5]　Ciampi V, and Carlesimo L. A nonlinear beam element for seismic analysis of structures[C]. Proceeding of 8th European Conference on Earthquake Engineering, 1986, Lisbon, Portugal.

[6]　Spacone E, Ciampi V, and Filippou F C. Mixed formulation of nonlinear beam finite element[J]. Computer and Structures, 1996, 58(1): 71 - 83.

[7]　Hjelmstad K D, and Taciroglu E. Variational basis of nonlinear flexibility methods for structural analysis of frames[J]. Journal of Engineering and Mechanics, 2005, 131(11): 1157 - 1169.

[8]　Alemdar B N, and White D W. Displacement, flexibility, and mixed beam-column finite element formulations for distributed plasticity analysis[J]. Journal of Structural Engineering, 2005, 131(12): 1811 - 1819.

[9]　Crisfield M A. Nonlinear finite element analysis of solids and structures [M]. 1991, Wiley Press, New York, USA.

[10]　Neuenhofer A, and Filippou F C. Evaluation of nonlinear frame finite-element models[J]. Journal of Structural Engineering, 1997, 123(7): 958 - 966.

[11]　De Souza R M. Force-based finite element for large displacement inelastic analysis of frames[D], 2000, Univ. of California, Berkeley, California, USA.

[12]　Zhou Z, and Chan S. Elastoplastic and large deflection analysis of steel frame by one element per member. I: One hinge along member[J]. Journal of Structural Engineering, 2004, 130(4): 538-544.

[13]　Fenves G L. Object-oriented programming for engineering software development[J]. Engineering Computation, 1990, 6(1): 1 - 15.

[14]　Forde B W R, Foschi R O, and Stiemer S F. Object oriented finite element analysis. Computer and Structures, 1990, 34(3): 355 - 374.

[15]　Mackie R I. Object-oriented programming of the finite element method[J]. International Jouranl of Numerical Methods of Engineering, 1992, 35(2): 425 - 436.

[16]　Zimmermann T, Dubois-Pelerin Y, and Bomme P. Object oriented finite element programming: I. governing principles[J]. Computation Methods and Applied Mechanic Engineering, 1992, 98(2): 291-303.

［17］ Rucki M D, and Miller G R. An algorithmic framework for flexible finite element-based structural modeling[J]. Computation Methods and Applied Mechanic Engineering, 1996, 136(1): 363 - 384.

［18］ Gamma E, Helm R, Johnson R, and Vlissides J. Design patterns: Elements of reusable object-oriented software[M]. Addison-Wesley Press, Reading, Mass. USA, 1995.

［19］ ABAQUS Version 6.3 User and Theory Manual ［Z］. Habbitt, Karlsson and Sorensen Inc, USA, 2005.

［20］ ADINA Version 8.0 User's Manual ［Z］. ADINA R&D Inc, USA, 2009.

［21］ Kent D C. Inelastic Behavior of Reinforced Concrete Members with Cyclic Loading[D]. University of Canterbury, Christchurch, New Zealand, 1969.

［22］ Menegotto M, and Pinto P E. Method of analysis for cyclically loaded R. C. plane frames including changes in geometry and nonelastic behavior of elements under combined normal force and bending[C]. Proceeding, Symposium on the Resistance and Ultimate Deformability of Structures Acted on by Well Defined Repeated Loads, International Association for Bridge and Structural Engineering, 1973, Zurich, Switzerland: 15 - 22.

［23］ Michael H Scott, Gregory L Fenves. Plastic Hinge Integration Methods for Force-Based Beam-Column Elements[J]. Journal of Structural Engineering, 2006, 132(2): 244-252.

［24］ Karsan I D, and J O Jirsa. Behavior of concrete under compressive loadings[J]. ASCE Journal of the Structural Division, 1969, 95(12): 2543-2563.

［25］ Sinha B P, K H Gerstle, and L G Tulin. Stress-strain relations for concrete under cyclic loading[J]. Journal of the American Concrete Institute, 1964, 61(2): 195-211.

［26］ Yassin M H M. Nonlinear analysis of prestressed concrete structure under monotonic and cyclic loads [D]. University of California. Berkeley, California, USA, 1994.

［27］ Tanaka H, Park R. Effect of Lateral Confining Reinforcement on the Ductile Behavior of Reinforced Concrete Columns[R]. Report No 90-2, Department of Civil Engineering. University of Canterbury, Canterbury, U. K.

［28］ Paulay T. Priestley M J N. Sesmic Design of Reinforced Concrete and Masonry Buildings[M]. Wiley, New York. 1992.

［29］ Serhan Guner, and Frank J Vecchio. Pushover analysis of shear-critical frames: verification and application[J]. ACI Structural Journal, 2010, 107(8): 72-81.

# 第 3 章　OpenSEES 的前后处理

## 3.1　OpenSEES 的建模方法

### OpenSEES 程序的安装方法

OpenSEES 程序是一个只需要输入命令流的窗口程序，如图 3-1 所示，本身不需要安装。但是如果要运行 OpenSEES 程序，必须安装 ActiveTCL 程序，该程序也是免费的，至于哪个版本的 OpenSEES 对应哪个版本的 ActiveTCL，需要查看 OpenSEES 的版本说明。如 OpenSEES v2.2.2 对应 Active TCL 8.5.11，具体的安装文件可以在 http：//opensees. berkeley. edu/ 下载。

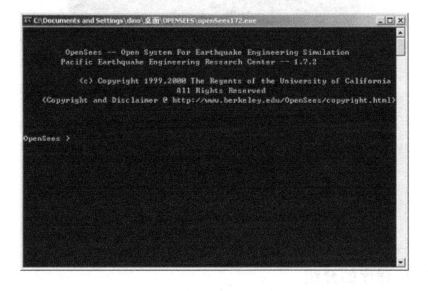

图 3-1　OpenSEES 命令流窗口

OpenSEES 的建模可以通过直接编写 Tcl 脚本完成，也可以采用一些研究人员编写的前处理程序，如 OpenSEES 官方网站推荐的 BuildingTcl、OpenSEES Navigator 和 ETO（http：//opensees. berkeley. edu/OpenSees/user/tools. php）。

### 人工编写 tcl 脚本

脚本语言 tcl/Tk 包含了"If Then Else"、"Foreach"、"Break And Continue"等控制流命令，给了用户足够的自由去建立模型。人工编写 tcl 脚本，可以方便地修改材料参数、单元类型和分析方法，辅以带语法高亮功能的文本编辑器，能较好地检查脚本文件的语法错误。

### Buildingtcl

Buildingtcl 和 BuildingtclViewer 是 Silvia Mazzoni 开发的 OpenSEES 前后处理程序。

其中 BuildingTcl 是一个 Tcl 程序用于建立数值模拟的数据库，用户可以在这个数据库中创建材料、截面、单元、模型、分析、荷载和荷载组合。BuildingTclViewer 是一个 Tcl 插件，提供图形用户截面用于交互地创建 BuildingTcl 数据库、运行 OpenSEES 进行数值模拟和查看分析结果。BuildingTcl 支持 Windows 和 Mac 平台，其安装程序可以在以下网址下载：

http：//opensees. berkeley. edu/wiki/index. php/Buildingtcl。

**OpenSEES Navigator**

OpenSEES Navigator 是 Andreas Schellenberg 和 Tony Yang 采用 Matlab 开发的带图形界面的 OpenSEES 前处理程序。如图 3-2 所示，该程序可以快速创建模型、提交分析、查看结果。Navigator 支持 Windows 和 Mac 平台，其安装程序可以在以下网址下载：

http：//peer. berkeley. edu/OpenSeesNavigator/index. htm。

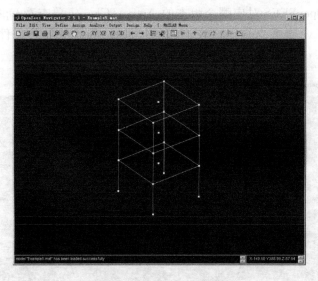

图 3-2  OpenSEES Navigator 窗口

## 3.2  ETO 程序的介绍

### (1) 软件介绍

ETO（ETABS TO OpenSEES）是由笔者开发的 OpenSEES 前后处理程序。该程序界面友好，操作方便，与其他 OpenSEES 前处理程序最大的不同之处在于：ETO 拥有与 ETABS（在研究领域和工程领域广泛使用）交互的接口，能读入 ETABS 导出的 s2k 文件，使用者无需重新学习新的建模操作方法，只需要将建好的 ETABS 模型导出 s2k 文件，在 ETO 中进行适当的设置，即可生成 OpenSEES 的 tcl 脚本文件，节省了大量时间。

### (2) 集成化用户界面

ETO 具有集成化的用户界面。如图 3-3 所示。模型的建立、运行和分析结果的显示都在一个界面下运行。ETO 的操作界面是完全的三维环境，可以显示平面、立面和三维视图。下面介绍集成化图形用户界面的各个组成部分及其功能、使用方法。

OpenSEES Prep Soft by Dino Chen(1208)
File View Define Generate Help
OpenSEES Prep
by Dino Chen
Operatio Pan
Num of Node
Num of Frame

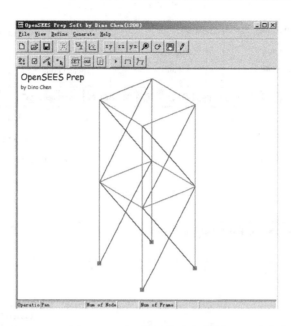

图 3-3　ETO 集成化用户界面

**集成化用户界面组成**

主标题条位于界面的顶部，显示了程序名称、作者及版本号。菜单条位于主标题条下方，包括 File、View、Define、Generate、Help 菜单。菜单条下面的工具栏提供了菜单命令的快捷按钮。界面底部状态栏显示了当前进行的操作、节点数、框架数等信息。如图 3-4 所示。

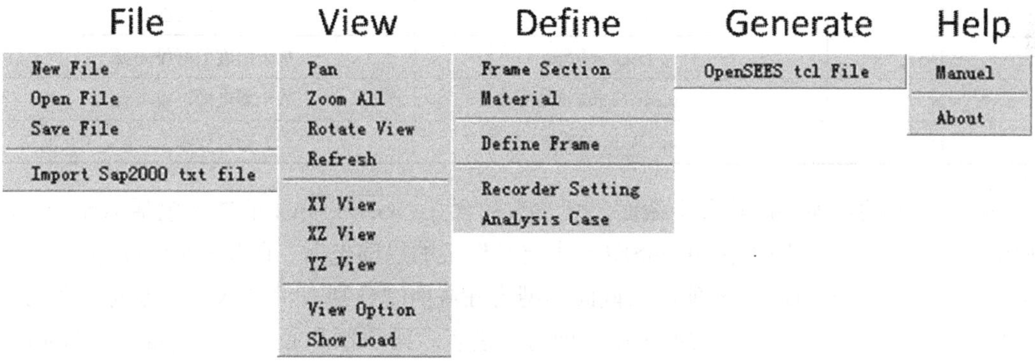

File
New File
Open File
Save File
Import Sap2000 txt file
View
Pan
Zoom All
Rotate View
Refresh
XY View
XZ View
YZ View
View Option
Show Load
Define
Frame Section
Material
Define Frame
Recorder Setting
Analysis Case
Generate
OpenSEES tcl File
Help
Manuel
About

图 3-4　各菜单项操作命令

**工具栏快捷按钮功能介绍（图 3-5）**

 Import Sap2000 txt file：导入 ETABS 导出的 s2k 格式文件（而非 Sap2000 导出的，否则会出现图 3-6 错误提示）。尽量精简 s2k 文件中的模型信息，否则也有可能出现图 3-6 错误提示。

 Frame Section：设置框架截面的信息。Frame Type 下拉菜单中包括 Elastic BeamColumn、Nonlinear BeamColumn、Disp BeamColumn、Beam with Hinge、Truss、

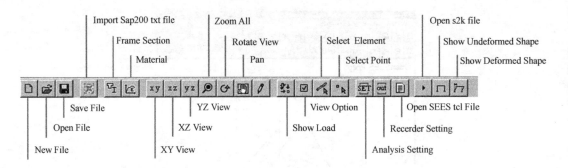

图 3-5　工具栏快捷按钮功能介绍

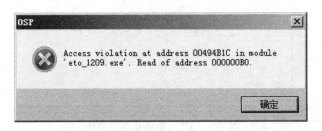

图 3-6　导入 s2k 文件时产生的错误提示

corotTruss 等选项，用于定义选中截面在 OpenSEES 中采用的单元类型；需要注意的是，在 ETABS 中定义框架截面时，必须符合以下命名规则：

| 截面名称首字母 | OpenSEES 对应单元 | 单元类型 |
| --- | --- | --- |
| T | Truss | 桁架单元 |
| E | Elastic | 弹性单元 |
| D | Disp Beamcolumn | 基于刚度的纤维单元 |
| N | Nonlinear Beamcolumn | 基于柔度的纤维单元 |
| H | Beam With Hinge | 塑性铰单元 |

Section Shape 的选项将影响各个截面尺寸参数的含义。GeoTransf 的选项包括 Linear、P-Delta、Corotational，用于在 OpenSEES 中定义框架的局部坐标。Rebar Setting 包括了 X-Bar（Top）、Y-Bar（Bot）两项，当截面类型为柱截面时分别表示沿 X、Y 方向分布的钢筋总面积（一边的），当截面类型为梁截面时分别表示梁顶部和底部钢筋的面积。Nonlinear Setting 用于设置截面纤维划分的参数；Section Type 下拉菜单中包括 Beam Section 和 Column Section 选项，影响 Rebar Setting 的定义；当 Section Shape 为矩形时，Divide FX 表示截面沿 X 方向划分的纤维数，Divide FY 表示截面沿 Y 方向划分的纤维数；当 Section Shape 为工字形时，Divide FX 表示 H 型钢翼缘沿 X 方向划分的纤维数，Divide FY 表示 H 型钢腹板沿 Y 方向划分的纤维数；Import 按钮和 Export 按钮可以导入和导出截面文件，OK 按钮用于确定对截面所作的修改，Close 按钮用于关闭框架截面定义窗口。如图 3-7 所示。

　　Material：定义弹性材料和弹塑性材料的属性。如图 3-8 所示。

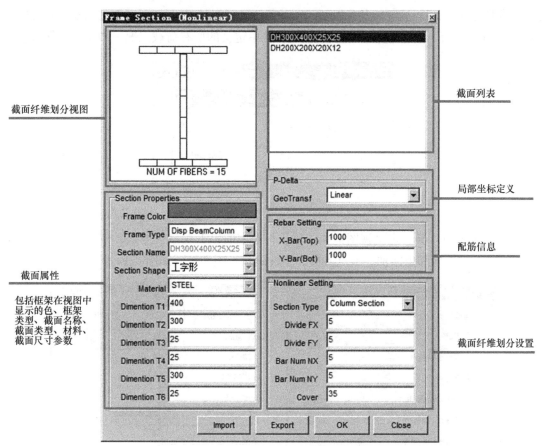

图 3-7　Frame Section 窗口功能介绍

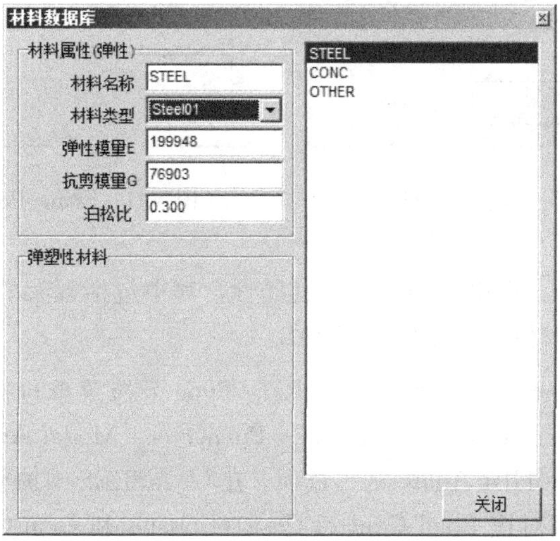

图 3-8　材料定义窗口功能介绍

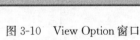 Show Load：显示荷载。Load Type 下拉菜单包括 Point Force 和 Element Load 选项，Load Case 下拉菜单包括了之前在 ETABS 中定义的所有荷载工况。如图 3-9 所示。

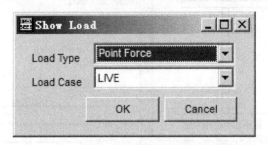

图 3-9　Show Load 窗口

☑ View Option：定义视图选项。显示勾选中的以下对象：节点、节点标签、框架、框架标签、框架局部坐标轴、节点支撑、刚性隔板、塑性铰。如图 3-10 所示。

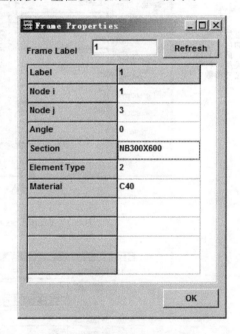

图 3-10　View Option 窗口　　　　图 3-11　Frame Properties 窗口

Select Element：选中框架，显示其属性，其中包括框架的标签、节点编号、角度、截面、单元类型和材料。如图 3-11 所示。

Analysis Setting：分析设置。Analysis Type 下拉菜单包括了 Single Load Control、Single Displacement Control、Gravity＋PushOver、Modal Analysis、Time History Analysis、D＋L＋Time Hist Analysis 等选项。在 OpenSEES 中加载可以采用力控制模式和位移控制模式，分别对应 Load Control Case（Const）和 Disp Control Case（Linear）下的选项。若采用力控制模式，在 Load Case 下拉菜单选择加载工况，在 Load Steps 输入加载步数，在 Load Factor 输入加载因子。若采用位移控制模式，则在 Load Vector 下拉

菜单中选择 OpenSEES 的分析工况，在 Control Node 中输入控制位移节点的节点编号，在 Control Disp 中输入每步的控制位移，在 Control Dof 中输入控制位移的方向，在 Analysis Step 中输入荷载总步数。在 Nonlinear Setting 中，可以设置基于力或基于位移的梁柱单元的积分点数量和钢筋的材料序号。进行模态分析时，可以在 Modal Number 中设置需要的模态数量。在 Section Aggregator 中，若勾选 Torsional Constant and Shear Area，则会自动考虑非线性梁柱单元的弹性抗剪和抗扭刚度。如图 3-12 所示。

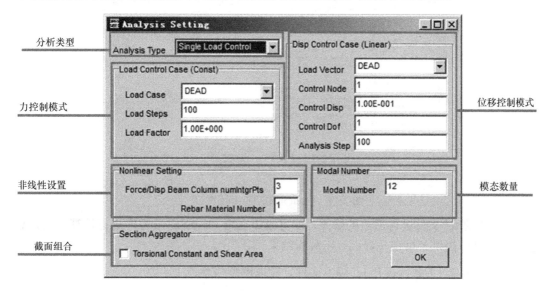

图 3-12　Analysis Setting 窗口

out Recorder Setting：设置需要记录的计算结果。包括 Displacement of All Nodes、Element Force of All Frames、Force/Disp Beam Column Section Deformation、Force/Disp Beam Column Section Stress-Strain 和 Modal Shape，会自动记录勾选的内容。如图 3-13 所示。

OpenSEES tcl File：生成 tcl 脚本文件。点击【Generate】按钮会在文本框中自动生成 tcl 脚本文件，点击【Save】可以保存该 tcl 文件，点击【Close】关闭当前窗口。如

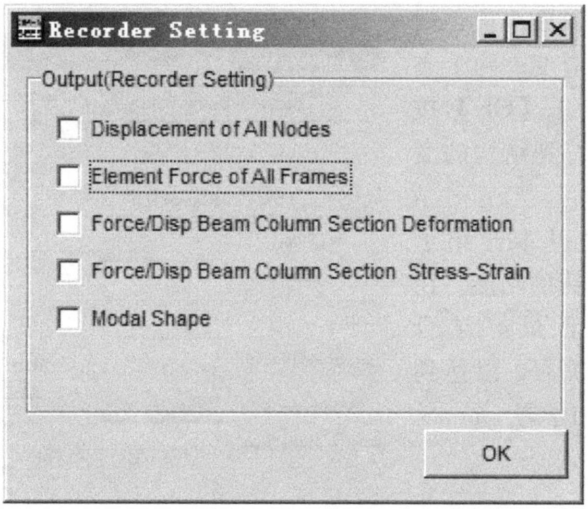

图 3-13　Recorder Setting 窗口

图 3-14 所示。

图 3-14　OpenSEES Tcl File 窗口

对生成的 tcl 文件进行适当的修改，就可以提交给 OpenSEES 程序进行计算。当计算完成后，ETO 提供了可视化界面显示分析结果。

　　Open Tcl File：打开 tcl 脚本文件，获取模型信息。

　　Show Undeformed Shape：显示未变形的结构。

　　Show Deformed Shape：显示变形后的结构。针对不同分析类型的需要，可以加载节点变形信息（点击【Load Node Deform Data】）、截面变形信息（点击【Load Sec Deform Data】）或模态信息（点击【Load Model Shape】）。点击相应的按钮，然后选择相应的 out 文件，设置相应的加载步，输入位移放大因子（或模态数）；或在 Section Deformation 中，选择 Deformation 下拉菜单中 Axial Strain、Curvature $K_z$ 或 Curvature $K_y$ 中的其中一项，设置最大值和最小值，就可以显示截面的轴向应变、两个方向的曲率。最后，点击【OK】按钮，保存设置，即可看到结构的变形图。如图 3-15 所示。

到此为止，已经基本介绍了 ETO 工具栏中快捷按钮的功能。在后续的学习中，读者最好结合 OpenSEES 实例教程练习，以达到掌握 ETO 这个工具和学习 OpenSEES 的目的。

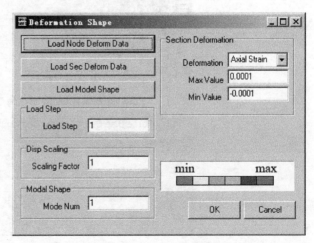

图 3-15　变形后处理窗口

# 第 4 章　OpenSEES 的实例教程

## 4.1　实例 1　桁架桥结构静力分析

### 1）问题描述

本题是一个传统的桁架桥结构受重力荷载（节点荷载）作用的静力分析，如图 4-1-1 所示。主要演示 OpenSEES 桁架单元在结构分析中的应用。结构模型尺寸如图 4-1-1 所示，上弦杆与下弦杆采用 H300×500×20×20 型钢，所有的腹杆（斜杆）采用 H300×300×15×15 型钢，在顶部作用 4 个 100kN 的集中力（不考虑自重影响）。钢材弹性模量 $E$ 为 200000MPa。弹性分析，求解跨中变形值。

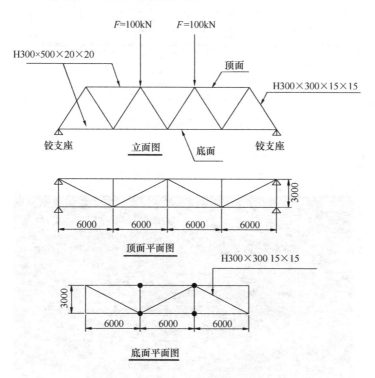

图 4-1-1　钢桁架实例示意图

注意：本题开始就采用 3D 分析系统，不再采用 2D 分析系统，主要因为 3D 分析系统已包括 2D 的分析内容，用户可以举一反三掌握 2D 问题的分析。本书主要探讨 OpenSEES 的分析功能及操作使用，不拘泥于建模的细节，如节点坐标的计算，单元连接的编排。由于本书主要的建模会通过 ETABS 程序及笔者开发的 ETO 程序（ETABS TO OpenSEES）实现，因此本书会涉及部分 ETABS 简单操作的内容。先采用 ETABS 建模，再用 ETO 生成 OpenSEES 的命令流，结合命令流介绍 OpenSEES 实例，这是本书编写的一个基本流程。

### 2）ETABS 模型建模

（1）采用 ETABS 的可视化界面进行 OpenSEES 的建模。打开 ETABS 程序，根据结构模型输入轴网的数据。如图 4-1-2 所示。选择 Grid Only 进行轴网建模，输入参数后得到系统的轴网即可（图 4-1-3）。

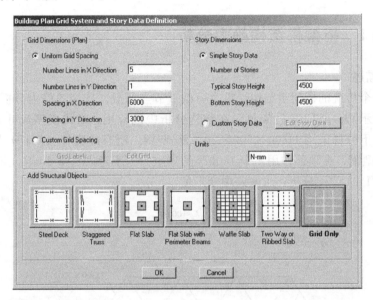

图 4-1-2　轴网输入界面

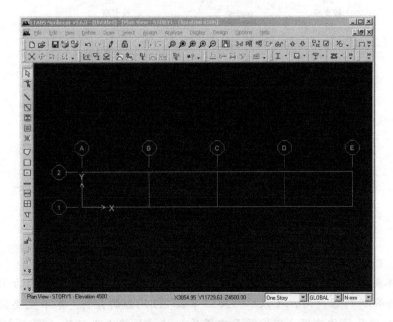

图 4-1-3　ETABS 显示的轴网系统

（2）点击菜单【Define】→【Material Properties】输入材料参数，点击材料 STEEL，将其参数弹性模量（Modulus of Elasticity）改为 200000MPa 即可。如图 4-1-4 所示。

注意：弹性材料的参数比较简单，一般只需要输入弹性模量 $E$ 与泊松比 $\mu$，而剪变模量通过弹性模量与泊松比计算得到。非线性（弹塑性）材料的参数就比较复杂，后面的章节会介绍。

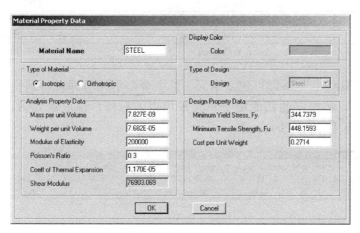

图 4-1-4　ETABS 材料定义

（3）点击菜单【Define】→【Frame Sections】输入截面参数。为了能够较好地将 ETABS 的模型导入 OpenSEES 模型中，尽可能地减少截面的数量，删除所有不相关或没有用上的截面，仅保留单元采用的截面。建立以下两个截面，H300×500×20×20 及 H300×300×15×15，以 H300×500×20×20 为例，截面参数与输入的界面如图 4-1-5 所示。建立工字型截面采用【Add I/Wide Flange】。

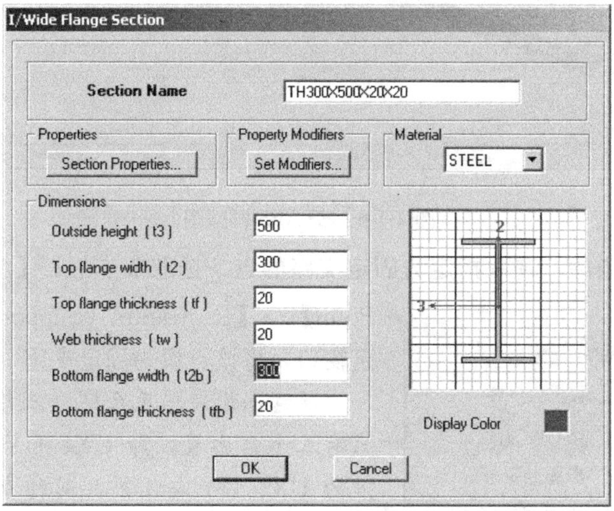

图 4-1-5　ETABS 截面定义

注意：ETO 能识别截面名称的首字母并将其转换为 OpenSEES 中对应的单元，例如本例中：将截面命名为 "TH300×500×20×20"，ETO 将指定为该截面的所有单元转化为 OpenSEES 中的桁架单元，"T" 代表桁架单元 Truss。截面首字母与单元类型的关系如表 4-1-1 所示。

截面首字母与单元类型的关系 表 4-1-1

| 截面名称首字母 | OpenSEES 对应单元 | 单元类型 |
|---|---|---|
| T | Truss | 桁架单元 |
| E | Elastic | 弹性单元 |
| D | Disp Beamcolumn | 基于刚度的纤维单元 |
| N | Nonlinear Beamcolumn | 基于柔度的纤维单元 |
| H | Beam With Hinge | 塑性铰单元 |

（4）点击工具栏工具＼即可建立单元。建立全部单元后即可得到模型如图 4-1-6 所示。建模过程中，将指定的截面赋予单元采用以下操作：选取单元后，【Assign】→【Frame/Line】→【Frame Section】。

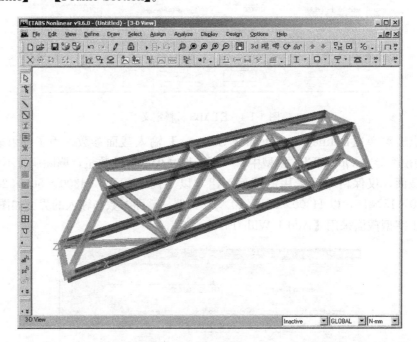

图 4-1-6 ETABS 模型图

（5）定义约束条件，选取指定为固定支座的点。选取节点后，【Assign】→【Joint/Point】→【Restraints（Supports）】，打开支座指定窗口，将该点设为固定支座，如图 4-1-7 所示。

注意：桁架单元系统（三维系统），每个单元只有三个自由度，即 UX、UY 和 UZ。其固定支座为 UX、UY 与 UZ 共同约束。对于框架结构，每个单元有六个自由度，即 UX、UY、UZ、RX、RY、RZ，其固定支座则为六个自由度全部约束。

图 4-1-7 约束（支座）定义窗口

（6）定义荷载工况，点击【Define】→【Static Load Case】。打开窗口，将 DEAD 的工况作为此次加荷载的工况，将【Self Weight Multiplier】改为 0 值。因为本分析施加的外荷载不考虑自重的影响。如图 4-1-8 所示。

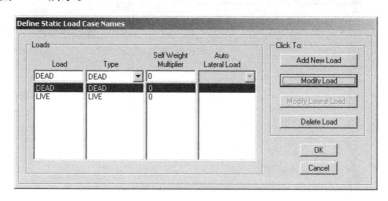

图 4-1-8　荷载工况定义窗口

注意：ETABS 提供自重计算功能，ETBAS 通过用户输入的构件的尺寸（长度、面积、厚度与截面等），再加上输入的截面采用材料相关的容重（单位为 N/mm³），然后计算得到每个线单元或面单元的自重，作用均布荷载或面荷载施加给单元。Self Weight Multiplier 为自重系数 N，代表该工况的荷载需要加上 N 倍的结构自重。

（7）定义荷载，选择需要加载的节点，点击【Assign】→【Joint/Point Loads】→【Force】，弹出荷载输入窗口，输入以下数据，如图 4-1-9 所示。荷载工况为 DEAD，荷载大小为－100kN，即－100000N。

注意：本书 ETABS 及 OpenSEES 主要计算采用的单位体制为 N，mm。在 ETABS 建模时，必须时刻注意输入数据时采用的单位体制。

（8）通过材料定义、截面定义、单元建模、约束定义、荷载工况、点荷载

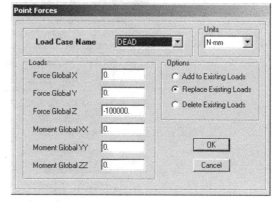

图 4-1-9　点荷载定义窗口

（集中力）定义后，模型基本完成，模型如图 4-1-10 所示。

注意：实例的 ETABS 模型存放在光盘 "/EXAM01/ETABS/" 目录。

（9）由于本实例属于三维桁架分析类型，即全部单元均为桁架单元，因此，分析之前需要设置系统的自由度规定，打开【Analyze】→【Set Analysis Option】，弹出分析属性设置窗口（图 4-1-11），将系统 UX、UY、UZ 勾选，即只保留结构的 3 个平动自由度，以代表系统为三维桁架系统。

**3）ETABS 静力分析**

采用 ETABS 对该模型进行静力分析，目的是为了与 OpenSEES 进行比较。分析点击【Analyze】→【Run Analysis】，分析所得结构变形如图 4-1-12 所示。其中，跨中节点（节点 5）的竖向变形为－1.65mm。

注意：三维桁架体系在静力分析之前，往往需要判断是否存在机构体系，也就是说存

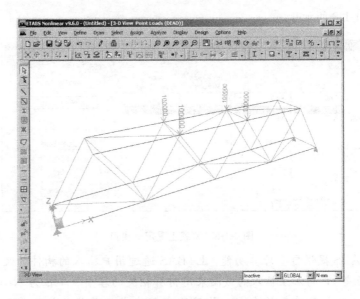

图 4-1-10　ETABS 模型图

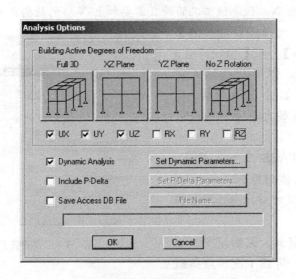

图 4-1-11　分析设置窗口

在刚体运动自由度，一般可以通过周期分析得到，如果能进行周期分析且得到合理的周期值，那么证明结构不存在机构。本实例中，弦杆之间形成的四边形都加上了对角斜杆，保证结构不出现机构，因此静力分析可以完成。如果结构存在机构，在 OpenSEES 是不能完成计算的。

**4）OpenSEES 建模**

（1）打开 ETABS 模型，点击【File】→【Export】→【Save Model as SAP2000 . s2k Text File】，将 ETABS 的结构模型输出为 s2k 文本。

（2）打开 ETO（ETABS TO OpenSEES）程序，点击工具栏的按钮 导入 s2k 文件，文件导入后，得到结构模型如图 4-1-13 所示。

（3）点击 按钮，可以旋转模型视图，点击 可以拖动视图，点击 可以全屏

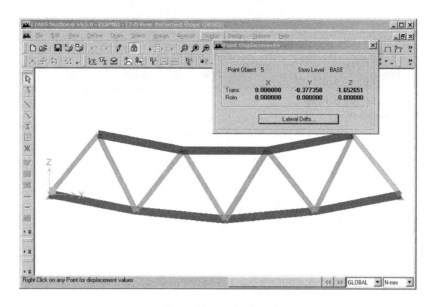

图 4-1-12　ETABS 静力分析结果

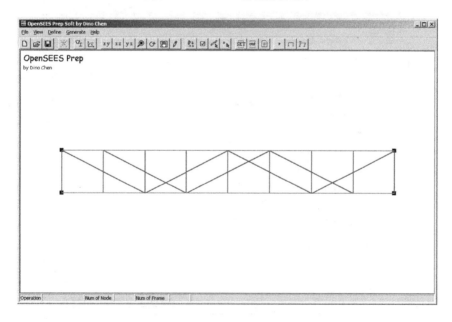

图 4-1-13　ETO 程序导入模型后界面

查看模型。点击按钮 ▦ 可显示输入荷载，荷载显示后如图 4-1-14 所示。

（4）点击按钮 ▤ 可生成 OpenSEES 模型，即 OpenSEES 的 tcl 命令，打开后弹出窗口（图 4-1-15）。点击【Generate】即生成 OpenSEES 的命令流，点击【Save】可保存TCL 代码。

注意：OpenSEES 代码是根据 ETABS 模型的 s2k 数据生成。包括材料属性（弹性部分），截面属性，单元属性，几何模型，荷载与约束等。实例的 OpenSEES 存放在光盘"/EXAM01/OpenSEES/"目录中。

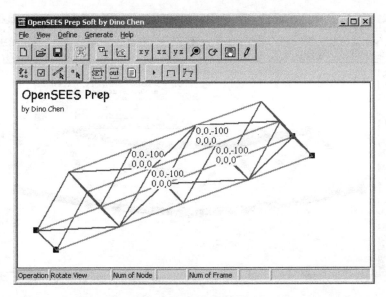

图 4-1-14　ETO 模型图

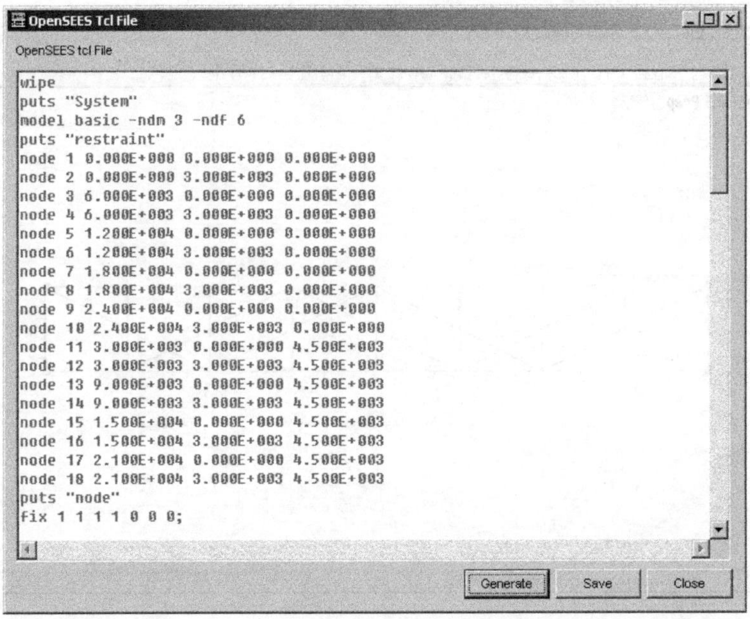

```
wipe
puts "System"
model basic -ndm 3 -ndf 6
puts "restraint"
node 1 0.000E+000 0.000E+000 0.000E+000
node 2 0.000E+000 3.000E+003 0.000E+000
node 3 6.000E+003 0.000E+000 0.000E+000
node 4 6.000E+003 3.000E+003 0.000E+000
node 5 1.200E+004 0.000E+000 0.000E+000
node 6 1.200E+004 3.000E+003 0.000E+000
node 7 1.800E+004 0.000E+000 0.000E+000
node 8 1.800E+004 3.000E+003 0.000E+000
node 9 2.400E+004 0.000E+000 0.000E+000
node 10 2.400E+004 3.000E+003 0.000E+000
node 11 3.000E+003 0.000E+000 4.500E+003
node 12 3.000E+003 3.000E+003 4.500E+003
node 13 9.000E+003 0.000E+000 4.500E+003
node 14 9.000E+003 3.000E+003 4.500E+003
node 15 1.500E+004 0.000E+000 4.500E+003
node 16 1.500E+004 3.000E+003 4.500E+003
node 17 2.100E+004 0.000E+000 4.500E+003
node 18 2.100E+004 3.000E+003 4.500E+003
puts "node"
fix 1 1 1 1 0 0 0;
```

图 4-1-15　ETO 生成命令流

**5）OpenSEES 命令流解读**

（1）ETO 程序生成的 OpenSEES 命令流如下所示。

**wipe**

**puts "System"**

**model basic -ndm 3 -ndf 6**

**puts "restraint"**

**node 1 0.000E+000 0.000E+000 0.000E+000**

```
node 2 0.000E+000 3.000E+003 0.000E+000
…………
node 17 2.100E+004 0.000E+000 4.500E+003
node 18 2.100E+004 3.000E+003 4.500E+003
puts "node"
fix 1 1 1 1 0 0 0;
fix 2 1 1 1 0 0 0;
fix 9 1 1 1 0 0 0;
fix 10 1 1 1 0 0 0;
puts "material"
uniaxialMaterial Elastic 1 1.999E+005
uniaxialMaterial Elastic 2 2.482E+004
uniaxialMaterial Elastic 3 1.999E+005
puts "transformation"
puts "element"
element truss 1 11 12 1.305E+004 1
element truss 2 13 14 1.305E+004 1
…………
element truss 46 7 10 1.305E+004 1
puts "recorder"
recorder Node -file node0.out -time -nodeRange 1 18 -dof 1 2 3 disp
recorder Element -file ele0.out -time -eleRange 1 46 localForce
puts "loading"
## Load Case = DEAD
pattern Plain 1 Linear {
load 13 0.000E+000 0.000E+000 -1.000E+005 0.000E+000 0.000E+000 0.000E+000
load 14 0.000E+000 0.000E+000 -1.000E+005 0.000E+000 0.000E+000 0.000E+000
load 15 0.000E+000 0.000E+000 -1.000E+005 0.000E+000 0.000E+000 0.000E+000
load 16 0.000E+000 0.000E+000 -1.000E+005 0.000E+000 0.000E+000 0.000E+000
}
puts "analysis"
constraints Plain
numberer Plain
system BandGeneral
test EnergyIncr 1.0e-6 200
algorithm Newton
integrator LoadControl 1.000E-002
analysis Static
analyze 100
```

（2）OpenSEES 的命令流一般可以划分为以下几个部分（按序划分）：

- 结构模型定义
- 结果输出定义
- 荷载定义
- 分析定义

其中，结构模型定义包括了节点定义、约束定义、材料定义、截面定义、坐标轴定义及单元定义，是代码的主体部分。结果输出，主要是定义 OpenSEES 里面记录数据的命令【Recorder】。荷载定义，包括了力控制工况静力荷载，位移控制工况的静力荷载分布，地震波的时程等。分析定义主要是一些迭代算法与收敛参数的选取。以下将逐行解释命令流并提示注意的地方。

（3）OpenSEES 的第一句命令就是：**wipe**，即清除程序之前输入的数据，清空数据。

（4）建立分析模型之前，需要确立结构自由度规定，命令 **model basic -ndm 3 -ndf 6**，为普通的框架结构的自由度规定，由于本实例采用三维桁架自由度体系，因此命令应改为：**model basic-ndm 3 -ndf 3**，其中，**-ndm 3** 表示三维，**-ndf 3** 表示每个节点有3个自由度。

（5）节点定义的命令流为：**node $nodeTag $posx $posy $posz**，其中 **$nodeTag** 代表节点编号，**$posx $posy $posz** 代表节点的三轴坐标。

注意：OpenSEES 中所有的编号，包括节点编号、单元编号、材料编号等等，都不可以重复，否则会引起 OpenSEES 出错。

（6）弹性材料定义命令流为：**uniaxialMaterial Elastic $matTag $E**，其中，**$matTag** 为材料编号，**$E** 为弹性模量值。弹性材料没有开裂、屈服及破坏等过程，因此参数最为简单。

注意：uniaxialMaterial，意思为单轴材料，OpenSEES 中材料分为单轴材料（单分量材料）及多轴材料。单轴材料一般用于宏观单元，如塑性铰、弹塑性桁架、纤维单元中的纤维束等。

（7）桁架单元定义的命令流：**element truss $eleTag $iNode $jNode $A $matTag**，其中，**$eleTag** 为单元编号，**$iNode** 为开始节点，**$jNode** 为结束节点，**$A** 为桁架单元的面积，**$matTag** 为桁架采用的材料编号。至这一步，分析模型基本建立。

注意：桁架单元，也称为二力杆，只存在轴力向量。而杆件的刚度 $k = EA/L$，因此只需要提供截面面积 $A$ 与切线模量 $E$。也是因为这个原因，桁架单元（Truss）不需要定义构件的局部坐标。

（8）命令流的第二部分就是结构的分析结果的输出设置，即 Recorder（记录器）。记录节点的变形的命令为：

**recorder Node <-file $fileName> <-xml $fileName> <-time> <-node ($node1 $node2 ...)>**
**<-nodeRange $startNode $endNode> <-node all> -dof ($dof1 $dof2 ...) $respType**

其中，**<-file $fileName><-xml $fileName>**，表示输出结果的文件格式，可以是文本文件（file），也可以是网页数据格式（xml），也可以是二进制文件（binary），这关键看后处理方式采用什么方法读取。

**<-time>**表示第一列输出荷载倍数或时程的时间值。

**<-node ($node1 $node2 ...)>**，表示输出的节点号，可以每个节点号输入。**-nodeRange$startNode $endNode>**，表示输出一系列节点号，如从1至55节点。**<-node all>**，表示输出全部节点。这三个命令都是定义输出的节点。

**-dof ($dof1 $dof2 ...)**表示输出节点的自由度，从 $1 \sim 6$ 可设置。如全部自由度输出为：**-dof 1 23 4 5 6**。

**$respType**，表示输出节点的内容，包括位移(disp)、速度(vel)、加速度(accel)、位移增量(incrDisp)、振型值("eigen i")、节点反力(reaction)等。本实例输出节点位移为主。

注意:-time 参数，在力控制的荷载加载过程分析中，time 表示力的倍数，如控制分析每步荷载为 0.01，分析 100 步，则输出的值为:0.01,0.02,……,1.00。如采用指定力分布{P}作用下的位移加载控制分析，time 表示力的倍数，如达到第一步位移 $d_1$ 需要荷载为 0.23{P}，则输出第一个 time 值为 0.23。如果是时程分析，即输入地震波时程，time 就是每个时间值，如时间间距为 0.02s，输出值为 0.02,0.04,……,20.00。

$respType 中，disp 表示节点位移，即位移全量。Incrdisp 表示位移增量；速度，加速度，为时程分析输出才有意义，而振型计算需要定义质量源(mass)。

实例中:**recorder Node -file node0.out -time -nodeRange 1 18 -dof 1 2 3 disp**，表示输出第1至 18 号节点的1、2、3 三个平动自由度的位移值到文件 node0. out。

(9) 输出单元内力命令流:**recorder Element <-file $fileName> <-time> <-ele ($ele1 $ele2 ...)><-eleRange $startEle $endEle> <-ele all> $eleInfo**

其中，**<-file $fileName>**定义与节点的定义一样，表示文件存储格式。**<-time>**与上述致，不详述。**<-ele ($ele1 $ele2 ...)> <-eleRange $startEle $endEle><-ele all>**，以上述类似，表示记录的单元号，可以从第1个至第 N 个单元，也可以记录全部单元的信息。

$eleInfo 表示单元输出结果的内容，包括:globalForce(整体坐标下的单元力向量),localForce(局部坐标下的单元力向量)。一般结构计算、设计会采用局部坐标下的单元力向量，即(F1,F2,F3,M1,M2,M3,F 为剪力与轴力,M 为弯矩与扭矩)。

实例中，命令流为:**recorder Element -file ele0.out -time -eleRange 1 46 localForce**，表示记录单元1~46的单元内力，内力值为局部坐标内力，存于文件 ele0. out 中。

注意:对于桁架单元,localForce 只能输出轴力(Axial Force),即每个单元只输出一个值,对于框架单元,一般输出 6 个值。

(10)命令流的第三部分为:荷载定义。荷载定义必须在分析之前，因为分析设置中包括对荷载工况的选择。集中力(点荷载)的荷载定义的命令流如下所示:

```
pattern Plain 1 Linear {
load 13 0.000E+000 0.000E+000 -1.000E+005 0.000E+000 0.000E+000 0.000E+000
load 14 0.000E+000 0.000E+000 -1.000E+005 0.000E+000 0.000E+000 0.000E+000
load 15 0.000E+000 0.000E+000 -1.000E+005 0.000E+000 0.000E+000 0.000E+000
load 16 0.000E+000 0.000E+000 -1.000E+005 0.000E+000 0.000E+000 0.000E+000
}
```

首先，**pattern Plain 1**代表静力荷载工况，工况编号 1，Linear 代表线性荷载（默认设置，具体意见不大）。

**load 13 0.000E+000 0.000E+000 -1.000E+005 0.000E+000 0.000E+000 0.000E+000**，表示点荷载，节点编号 13，其荷载为 FX=0，FY=0，FZ=-10000N，MX=0，MY=0，MZ=0。

注意：OpenSEES 的命令行，如有出现子命令，如荷载工况下的点荷载设置，纤维截面中的纤维束设置，都是从命令进入子命令再进行定义，那么就要使用括号 {}。注意在使用"{"的时候，一定不要在子命令的结束部分漏掉右括号"}"。

（11）命令流的第四部分，也就是最后一部分就是分析设置，分析设置内容用到的弹塑性分析的基本知识较多，将会在以后的实例讲解中提到并进行详述。本实例中涉及的命令流常用于结构在力控制下的静力分析。命令流解释如下：

**integrator LoadControl 0.01**

意思：荷载采用力控制模式，荷载的分布取决于该命令以上设置的荷载工况 {P}，每级增加荷载的倍数为 0.01，即每级增加荷载实际为输入 0.01 {P}。

**system BandGeneral**

意思：矩阵带宽处理采用一般（General）处理方法。

**test EnergyIncr 1e-10 200**

意思：收敛准则采用能量准则，容差为 1e-10，最大迭代步为 200 步。

**numberer Plain**

意思：节点自由度编号采用输入节点的顺序，为一般结构使用。（如果采用优化后的节点排序，方便带宽处理，提高计算效率）。

**constraints Plain**

意思：约束边界处理，采用一般处理，即致小数或大数法。（约束也可以采用罚函数或拉格朗日处理方法）。

**algorithm Linear**

意思：迭代算法采用线性法，一般用于处理弹性结果。

**analysis Static**

意思：结构计算为静力分析，即非时程（动力）分析。

**analyze 1**

意思：分析荷载总步数为 100 步，即结合原来的每步荷载倍数 0.01，总共输入荷载为 0.01×100=1.0 {P}。

**6）OpenSEES 分析及分析结果**

（1）ETO 生成的命令流，作两处修改：

体系改为三维桁架体系：

**model basic -ndm 3 -ndf 3**

增加记录节点 5 的位移，保存于 node5.out 文件中：

**recorder Node -file node5.out -time -node 5 -dof 1 2 3 disp**

（2）将上述的命令流保存为文件"Exam01. tcl"，或打开光盘目录"/EXAM01/OpenSEES/"，找到"Exam01. tcl"文件。

（3）打开 OpenSEES 程序，如图 4-1-16 所示，输入命令：

**source Exam01.tcl**

能够保证上述命令运行成功的前提是，OpenSEES. exe 执行程序与 Exam01. tcl 在同一个目录下，如果不是，需要输入 Exam01. tcl 所在的全目录，如：

**source D:\OPENSEES_EXAMPLE\Exam01\Exam01.tcl**

运行后，OpenSEES 界面如图 4-1-16 所示。

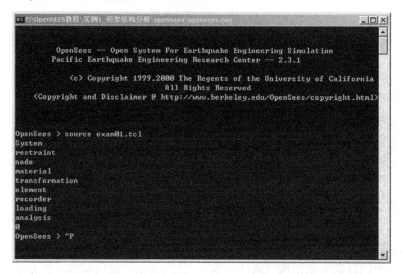

图 4-1-16　OpenSEES 运行界面图

（4）OpenSEES 得到分析结果有节点位移及单元内力。打开 node5. out 可以查看 5 号节点的平动位移值，从最后一行，如下，可知 5 号节点的竖向位移为−1. 63mm，与 ETABS 的分析结果一致。

**1 6.52256e-018 -0.377547 -1.65348**

（5）采用 ETO 显示结构变形：打开 OpenSEES 的前后处理程序 ETO，导入 Exam01. s2k 文件。点击按钮 ，显示结构变形。弹出窗口如图 4-1-17 所示。

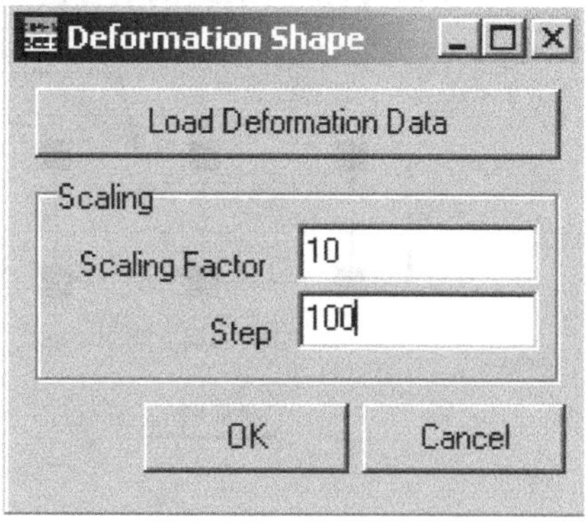

输入显示第 100 步的变形结果，输入变形显示

图 4-1-17　位移显示窗口

放大倍数为 10，点击【Load Deformation Data】，选取 Exam01. tcl 文件，程序自动读取全部节点位移文件，输出变形形状，如图 4-1-18 所示。变形形状与 ETABS 弹性分析结果一致。

注意：本书会常采用不同软件、不同算法或不同模型对一个结构进行分析，这是一种 APPLE TO APPLE 的对比方法，这样可以更好地理解程序或模型。

**7）知识点回顾**

（1）应用 ETO 程序，先在 ETABS 建模，再导成 OpenSEES 命令流；

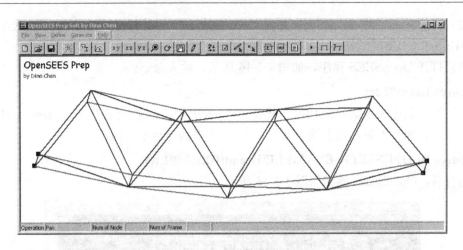

图 4-1-18　ETO 显示结构变形图

（2）了解 OpenSEES 常用命令流的格式；

（3）节点建模、节点约束、弹性材料、桁架单元、节点单元输出设置、点荷载设置及分析工况设置等基本命令；

（4）学习查看输出结果，并与 ETABS 进行对比，采用 ETO 程序后处理，显示结构变形。

## 4.2　实例 2　多层框架结构静力分析

### 1）问题描述

本例是一个四层的框架结构（梁柱结构），受风荷载（楼层荷载）的作用的静力分析，如图 4-2-1 所示。本例主要演示 OpenSEES 弹性梁柱单元的建模与分析过程。结构模型尺

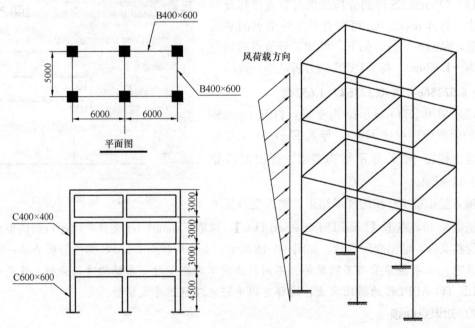

图 4-2-1　实例示意图

寸如图 4-2-1 所示。梁截面为 200mm×600mm 及 400mm×600mm。柱截面为 400mm×400mm 和 600mm×600mm，梁柱均采用 C40。风荷载信息：B 类场地，基本风压为 0.50kN/m²，风荷载为 Y 方向。附加恒载为 1.5kN/m²，活载为 2.0kN/m²，楼板厚度为 100mm。求风荷载作用下结构的变形。

注意：本题仍然采用弹性材料，即弹性分析。介绍框架单元（梁柱单元）的建模方法。

**2）ETABS 模型建模**

（1）采用 ETABS 的进行几何模型建模，与上述章节类似，不再展开介绍。建立模型如图 4-2-2 所示。

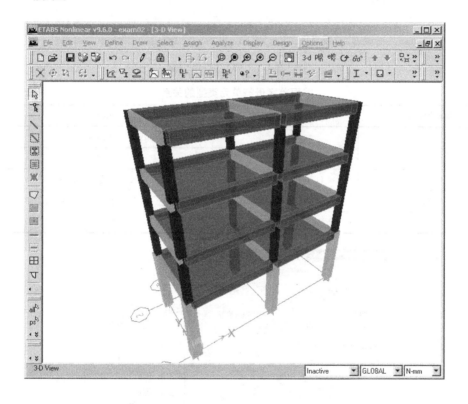

图 4-2-2  ETABS 建立框架的几何模型

（2）点击菜单【Define】→【Material Properties】输入材料参数，点击材料 C40，将其参数弹性模量（Modulus of Elasticity）改为 32500MPa 即可。输入混凝土正确的重度与密度。如图 4-2-3 所示。

注意：重度与密度在 ETABS 里面是不同的，重度用于生成自重荷载，密度用于生成自重产生的质量源，如果质量源采用荷载相关，则不需要考虑密度的影响。本实例输入重度，主要是为了生成质量，用于计算周期，周期用于计算风荷载。

点击菜单【Define】→【Frame Sections】输入截面参数。本实例输入的是矩形混凝土截面，在 OpenSEES 中实现弹性杆系单元，所以首字母为 "E"。如表 4-2-1 所示。截面定义如图 4-2-4 所示。

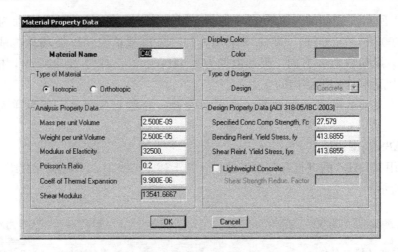

图 4-2-3　ETABS 材料定义

**截面首字母与单元类型的关系**　　　　　　　　　　　　　　　　　　　表 4-2-1

| 截面名称首字母 | OpenSEES 对应单元 | 单元类型 |
| :---: | :---: | :---: |
| T | Truss | 桁架单元 |
| E | Elastic | 弹性单元 |
| D | Disp Beamcolumn | 基于刚度的纤维单元 |
| N | Nonlinear Beamcolumn | 基于柔度的纤维单元 |
| H | Beam With Hinge | 塑性铰单元 |

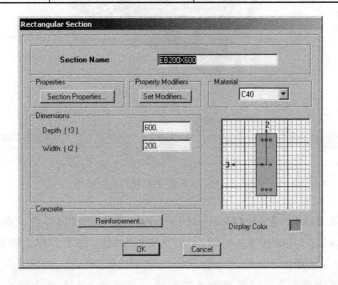

图 4-2-4　ETABS 截面定义

（3）定义约束条件，选取指定为固定支座的点。选取节点后，【Assign】→【Joint/Point】→【Restraints（Supports）】，打开支座指定窗口，将该点设为固定支座。

注意：杆系（Beam Column Element or Frame Element）单元的固定支座为 6 个自由度都约束。

（4）定义刚性隔板。高层建筑结构分析，由于混凝土楼板的作用，一般结构会存在刚性楼板假定，即楼层中的所有节点与刚心有一定的位移关系，如所有节点的平动位移 UX、UY 可以通过刚心的平动 UX、UY 及扭转 RZ，加上节点与刚心距离的几何关系求出。如图 4-2-5 所示。ETABS 程序，选择一楼层的所有节点，点击【Assign】→【Joint/Point】→【Diaphragms】，弹出定义刚性隔板窗口，将楼层的刚性楼板指定为"D1"，每个楼层定义后如图 4-2-6 所示，可见楼板中每个节点与刚心接连。

注意：刚性隔板假定的有限元模型中，刚心称为主节点（Master Node），其他与这个刚心节点相连的为从节点（Slave Node）。

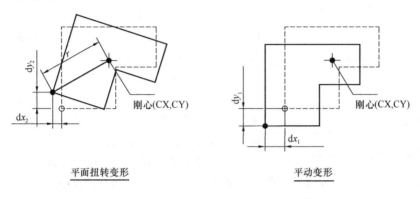

平面扭转变形　　　　　　　　　　　平动变形

结点总变形 $\begin{cases} dx = dx_1 + dx_2 \\ dy = dy_1 + dy_2 \end{cases}$

图 4-2-5　刚性隔板假定位移关系

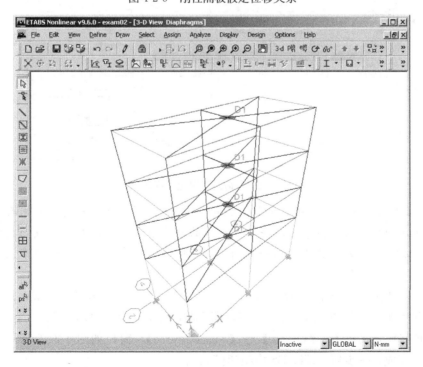

图 4-2-6　ETABS 刚性隔板

图 4-2-7　面截面定义窗口

（5）ETABS 建立楼板单元，楼板采用膜单元，定义面截面窗口在点击【Define】→【Wall/Slab/Deck Sections】打开，如图 4-2-7 所示。定义 100mm 厚的 C40 楼板。

（6）定义重力荷载工况，定义三个工况，恒载工况"DEAD"，活载工况"LIVE"，风荷载工况"WINDY"。如图 4-2-8 所示。恒载与活载向楼板输入面荷载。选择所有楼层楼板，输入面荷载值。由于恒载的自重部分自动计算，只需输入恒载附加值，即 $1.5kN/m^2$。定义楼板荷载点击【Assign】→【Shell/Area Load】→【Uniform】。

注意：本实例主要计算风荷载响应，在 ETABS 中输入楼板、楼面荷载，只是为了生成准确的楼层质量，用于计算周期，而周期用于风荷载的计算。楼板荷载输入时注意单位为 $kN/m^2$。

（7）定义风荷载工况。打开荷载工况窗品，【Define】→【Static Load Cases】，风荷载计算采用 Chinese 2002 规范，弹出窗口如图 4-2-9 所示。按图中参数输入风荷载。

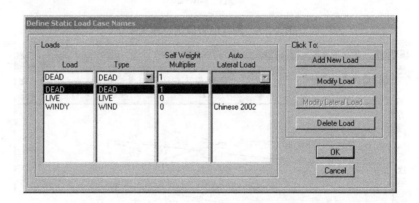

图 4-2-8　荷载工况定义窗口

注意：ETABS 中风荷载有两种输入方法，一个是用面输入，一种是采用刚性隔板输入，本文采用刚性隔板，实现的方法就是在风的合力中心施加等效风荷载的集中力，即 FX、FY、MZ。风荷载合力中心不一定为形心或刚性，因此出现一个新的节点，即风荷载合力点。

（8）定义质量源。根据中国规范，结构的质量源一般由恒载与活载组成，即重力荷载代表值转化为质量，假如活载系数为 0.5，那么质量源 m＝（1.0D＋0.5L）/g，g 为重力加速度。质量源定义点击：【Define】→【Mass Source】，窗口如图 4-2-10 所示。按图中参数设置。完成这一步后，ETABS 模型建模完成。

注意：实例的 ETABS 模型存放在光盘"/EXAM02/ETABS/"目录。

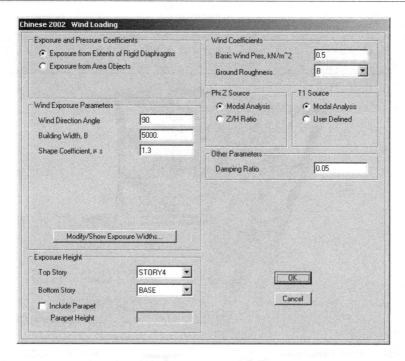

图 4-2-9 风荷载定义窗口

**3）ETABS 周期分析及静力分析**

（1）完成 ETABS 模型后，运行分析。分析完成后，点击按钮 ![], 可显示结构的周期与振型，如图 4-2-11 所示。可知结构第一周期为 0.4923s。点击 ![] 查看风荷载作用下的变形，可知结构顶点位移为 3.98mm。

（2）提取 ETABS 数据，采用【Display】→【Show Tables】，如图 4-2-12 所示。输出【Analysis Result】→【Displacement】→【Story Drifts】。提取数据后绘制图表可得层间位移角曲线如图 4-2-13 所示。

**4）OpenSEES 建模**

（1）与上章节一样，打开 ETABS 模型，导出 s2k 文件。打开 ETO 程序，导入 s2k 文件，得到转化的 OpenSEES 模型，如图 4-2-14 所示。

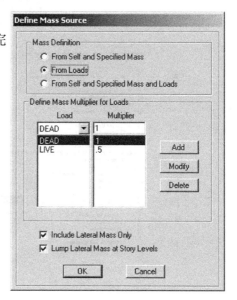

图 4-2-10 质量源定义窗口

再打开转化 tcl 按钮，将模型转化成 OpenSEES 代码，如图 4-2-14 所示。将代码另存为 "Exam02.tcl"。

（2）在 ETO 程序中，点击按钮 ![SET], 可以设置结构分析工况，选择 WINDY 荷载工况作为这次 OpenSEES 的分析工况（图 4-2-15）。点击按钮 ![] 生成 OpenSEES 命令流，如图 4-2-16 所示。

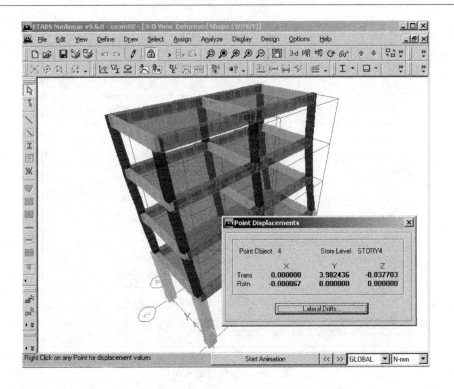

图 4-2-11　ETABS 位移计算结果

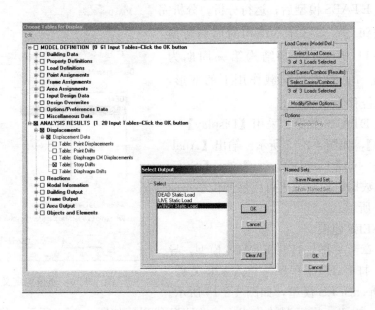

图 4-2-12　ETABS 显示表格功能

（3）以下将对 OpenSEES 命令流进行解释并修改，最后提交运算。

**5）OpenSEES 命令流解读**

（1）ETO 程序生成的 OpenSEES 的命令流如下所示。

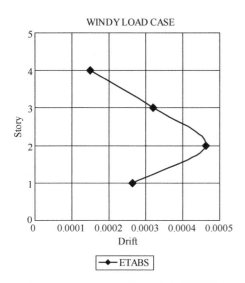

图 4-2-13　ETABS 层间位移角分析结果

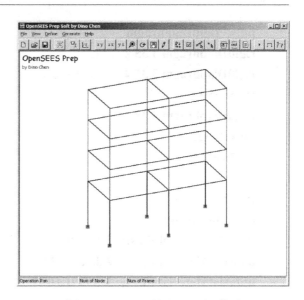

图 4-2-14　ETO 导入 ETABS 模型

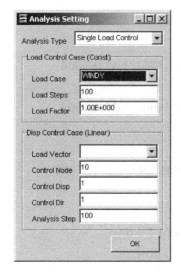

图 4-2-15　ETO 设置分析工况

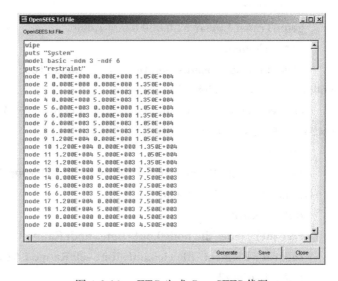

图 4-2-16　ETO 生成 OpenSEES 代码

```
wipe
puts "System"
model basic -ndm 3 -ndf 6
puts "restraint"
node 1 0.000E+000 0.000E+000 1.050E+004
node 2 0.000E+000 0.000E+000 1.350E+004
…………
node 38 6.000E+003 2.500E+003 4.500E+003
```

```
puts "rigidDiaphragm"
rigidDiaphragm 3 35 2
rigidDiaphragm 3 35 4
…………
rigidDiaphragm 3 38 34
puts "node"
fix 35 0 0 1 1 1 0
…………
fix 30 1 1 1 1 1 1;
puts "material"
uniaxialMaterial Elastic 1 1.999E+005
uniaxialMaterial Elastic 2 3.250E+004
uniaxialMaterial Elastic 3 1.999E+005
puts "transformation"
geomTransf Linear 1 1.000 0.000 0.000
…………
geomTransf Linear 52 0.000 0.000 1.000
puts "element"
element  elasticBeamColumn  1  1  2  1.600E+005  3.250E+004  1.354E+004
3.605E+009 2.133E+009 2.133E+009 1
element  elasticBeamColumn  2  3  4  1.600E+005  3.250E+004  1.354E+004
3.605E+009 2.133E+009  2.133E+009 2
…………
element elasticBeamColumn  52  23  24  1.200E+005  3.250E+004  1.354E+004
1.264E+009 3.600E+009  4.000E+008 52
puts "recorder"
recorder Node -file node0.out -time -nodeRange 1 38 -dof 1 2 3 disp
recorder Element -file ele0.out -time -eleRange 1 52 localForce
puts "loading"
## Load Case = WINDY
pattern Plain 3 Linear {
load 31 1.197E-012 1.955E+004 0.000E+000 0.000E+000 0.000E+000 0.000E+000
load 32 2.237E-012 3.653E+004 0.000E+000 0.000E+000 0.000E+000 0.000E+000
load 33 1.991E-012 3.252E+004 0.000E+000 0.000E+000 0.000E+000 0.000E+000
load 34 2.107E-012 3.442E+004 0.000E+000 0.000E+000 0.000E+000 0.000E+000
}
puts "analysis"
constraints Plain
numberer Plain
```

**system BandGeneral**

**test EnergyIncr 1.0e-6 200**

**algorithm Newton**

**integrator LoadControl 1.000E-002**

**analysis Static**

**analyze 100**

模型节点编号如图 4-2-17 所示。

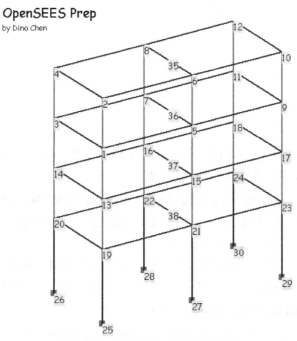

图 4-2-17　ETO 程序显示节点编号

（2）OpenSEES 的基本建模命令在实例 1 已经提到，以下介绍与实例 1 不同的命令流，用于框架结构分析的。首先，系统为 6 自由度系统。即命令流为：

**model basic -ndm 3 -ndf 6**

柱底为固定支座，约束节点为 25～30，命令流为：

**fix 30 1 1 1 1 1 1;**

（3）实例 2 增加一个内容为刚性隔板假定，OpenSEES 的刚性隔板假定命令流格式为：

**rigidDiaphragm $perpDirn $masterNodeTag $slaveNodeTag1 $slaveNodeTag2 ...**

其中，**$perpDirn** 表示刚性隔板的方法，如实例中楼板的刚性隔板的平移方向为 U1（X方向）与 U2（Y 方向），即 1-2 平面，该值应为 3。**$masterNodeTag** 为主节点，**$slaveNodeTag1** 为从节点。主节点一般为刚性隔板刚心。实例中：

**rigidDiaphragm 3 35 2**，表示刚性隔板平动方向为 1-2 平面，刚心主节点为 35 点，2号节点为从节点。

注意：实例中，命令流只有一个主节点与一个从节点，只是为了编程方便，用户可以定义一个主节点、多个从节点在一段命令流里面。

（4）刚性隔板的主节点（模型中的 35～38 号节点），还有一个属性，即它一般只能平动与扭转，即具有 U1、U2、R3 三个自由度，那么其他自由度必须约束，即 U3、R1、R2。同样，作用风荷载合力点（模型中的 31～34 号节点）也需要这样约束自由度。如以下命令流：

**fix 31 0 0 1 1 1 0**
**fix 32 0 0 1 1 1 0**
**fix 33 0 0 1 1 1 0**
**fix 34 0 0 1 1 1 0**
**fix 35 0 0 1 1 1 0**
**fix 36 0 0 1 1 1 0**
**fix 37 0 0 1 1 1 0**
**fix 38 0 0 1 1 1 0**

（5）实例 2 采用的单元为弹性的梁柱单元（Elastic Beam Column Element），需要输入的信息较多，以下是弹性梁柱单元的命令流：

**element elasticBeamColumn $eleTag $iNode $jNode $A $E $G $J $Iy $Iz $transfTag**

从命令流看，单元没有考虑剪切变形，属于欧拉梁元。因为考虑剪切变形，需要提供主次轴的剪切面积，如矩形截面抗剪面积：Ax＝（5/6）×A。单元需要提供截面的截面积 A、截面 Y 轴惯性矩 Iy，截面 Z 轴惯性矩 Iz，截面扭转矩 J，截面材料的弹性模量 E 及剪变模量 G。其中，EA 用于计算拉压刚度项，EIz 与 EIy 用于计算抗弯刚度项，JG 用于计算扭转项。**$transfTag** 为局部坐标轴（下述内容介绍）。

注意：程序生成的命令流中 $transfTag 与 $eleTag 是一致的，表示一个单元有自己特定的坐标轴向量，为了编程的方便，下面有详细讨论。

这些截面参数均可根据截面形状与尺寸进行计算。

ETABS 的截面定义也提供相应的计算参数，如图 4-2-18 所示。

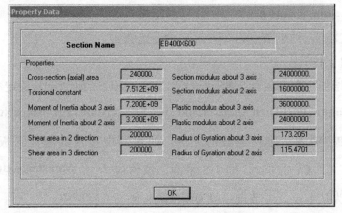

图 4-2-18　ETABS 截面参数计算

（6）梁柱单元与桁架单元另一不同之处，就是需要输入局部坐标轴，即截面的主轴方向，在实际的三维空间中指向的方向。从 ETABS 的模型中，可以知道每个杆件都有坐标轴，坐标轴的方向通过截面的两个节点与截面夹角确定。如图 4-2-19 所示。红色轴代表单元方向，白色轴代表截面的 2 轴方向，蓝色代表截面的 3 轴方向。

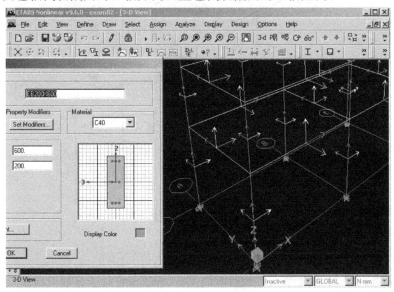

图 4-2-19　ETABS 局部坐标

在 OpenSEES 中，梁柱单元的局部坐标轴不采用截面夹色表示，而采用轴向量表示。所谓轴向量，即如图 4-2-19 所示，2 轴的轴线相对于正交坐标系的方向矢量。矢量归一化后矢径为 1。举个例子，如图 4-2-19 梁的 2 轴，2 轴是竖直向上，即 Z 正方向，矢量值为：

$\vec{p} = 0.00\vec{x} + 0.00\vec{y} + 1.00\vec{z}$，即输入矢量坐标（0,0,1）

对于框架柱，其 2 轴与平面 X 轴的夹角为 $30°$，如图 4-2-20 所示。那么柱的 2 轴的轴矢量为：$\vec{p} = 0.886\vec{x} + 0.500\vec{y} + 0.000\vec{z}$，即输入矢量坐标（0.886,0.500,0.000）

定义梁柱单元局部坐标轴的命令流为：

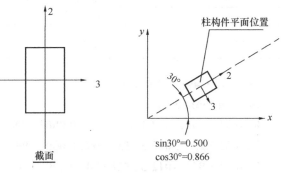

图 4-2-20　局部坐标计算示意

**geomTransf Linear $transfTag $vecxzX $vecxzY $vecxzZ**

其中，**$transfTag** 代表局部坐标轴矢量的编号，**$vecxzX $vecxzY $vecxzZ** 表示局部坐标轴的方向矢量值。为了编程便利，ETO 程序根据 ETABS 的 2 轴自动生成全部构件的局部坐标轴矢量，一个单元一个矢量轴编号，如单元 32 的矢量轴的编号为 32。

ETO 程序中，可点击 ☑【View Option】显示设置，勾选【Frame Axis】可以查看梁柱单元的局部坐标轴方向，如图 4-2-21 所示。

（7）风荷载定义：风荷载采用 ETABS 自动计算的风荷载值，如表 4-2-2 所示。作用

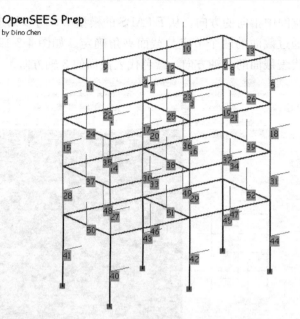

图 4-2-21　ETO 程序显示单元局部坐标轴

于风荷载合力点，即 31～34 节点。相对应的 OpenSEES 的命令流如下所示，楼层力的施加与普通节点力的施加内容类似。

风荷载　　　　　　　　　　　　　　　　　　　　　　　　　　表 4-2-2

| 节点 | 楼层力 | | |
| --- | --- | --- | --- |
| | FX（N） | FY（N） | MZ（N·mm） |
| 31 | 1.20E−12 | 1.96E+04 | 0.00E+00 |
| 32 | 2.24E−12 | 3.65E+04 | 0.00E+00 |
| 33 | 1.99E−12 | 3.25E+04 | 0.00E+00 |
| 34 | 2.11E−12 | 3.44E+04 | 0.00E+00 |

**## Load Case = WINDY**

**pattern Plain 3 Linear {**

**load 31 1.197E-012 1.955E+004 0.000E+000 0.000E+000 0.000E+000 0.000E+000**

**load 32 2.237E-012 3.653E+004 0.000E+000 0.000E+000 0.000E+000 0.000E+000**

**load 33 1.991E-012 3.252E+004 0.000E+000 0.000E+000 0.000E+000 0.000E+000**

**load 34 2.107E-012 3.442E+004 0.000E+000 0.000E+000 0.000E+000 0.000E+000**

**}**

（8）分析设置与实例 1 的基本相同，均可用于静力弹性分析，但是由于采用了刚性隔板假定，需要改动约束边界处理的设置，即 constraints 的设置，采用拉格朗日法处理边界约束。命令流改动如下。

**constraints Lagrange**

注意：采用刚性隔板的模型，需要与 constraints Lagrange 配合使用，不然程序将出错无法完成计算。

（9）实例 2 需要计算结构层间变形，需要提取楼层位移，那么增加以下命令流，可记录楼层刚心（节点 35~38）的位移。

**recorder Node -file story_disp.out -time -nodeRange 35 38 -dof 2 disp**

（10）综上所述，完成命令流修改后，可以提交进行分析，修改后的文件可查看"Exam02 \ OpenSEES \ Exam02. tcl"。

**6）OpenSEES 分析及分析结果**

（1）ETO 生成的命令流，作三处修改：

增加风荷载合力中心的约束条件：

**fix 31 0 0 1 1 1 0**

**fix 32 0 0 1 1 1 0**

**fix 33 0 0 1 1 1 0**

**fix 34 0 0 1 1 1 0**

约束处理改为拉格朗日法：

**constraints Lagrange**

增加记录楼层的位移，保存于 story _ disp. out 文件中：

**recorder Node -file story_disp.out -time -nodeRange 35 38 -dof 2 disp**

（2）将上述的命令流保存为文件"Exam02. tcl"，或打开光盘目录"/EXAM02/OpenSEES/"，找到"Exam02. tcl"文件。

（3）打开 OpenSEES 程序，输入命令：

**source Exam02.tcl**

能够保证上述命令运行成功的前提是，OpenSEES. exe 执行程序与 Exam02. tcl 在同一个目录下，如果不是，需要输入 Exam02. tcl 所在的全目录，如：

**source D:\OPENSEES_EXAMPLE\Exam02\Exam02.tcl**

（4）OpenSEES 得到分析结果有节点位移及单元内力。打开 story _ disp. out 可以查看 4 层刚性隔板刚心节点的平动位移值，从最后一行，如下，可知顶点最大水平位移为 3.83mm，与 ETABS 的分析结果一致。

**1　3.83434　3.40337　2.48092　1.14414**

（5）采用 ETO 显示结构变形：打开 OpenSEES 的前后处理程序 ETO，导入 Exam02. s2k 文件。点击按钮 ，显示结构变形。弹出窗口如图 4-2-22 所示。

输入显示第 100 步的变形结果，输入变形显示放大倍数为 1000，点击【Load Deformation Data】，选取 Exam01. tcl 文件，程序自动读取全部节点位移文件，输出变形形状，如图 4-2-22 所示。变形形状、层间位移角与 ETABS 弹性分析结果一致。

**7）知识点回顾**

（1）ETABS 自动风荷载计算介绍；

（2）弹性框架单元的定义及弹性截面参数的计算；

（3）刚性隔板的定义方法及刚心节点的约束处理；

（4）梁柱单元的局部坐标轴的定义方法与解释；

（5）了解拉格朗日处理约束方法与刚性隔板定义的关系。

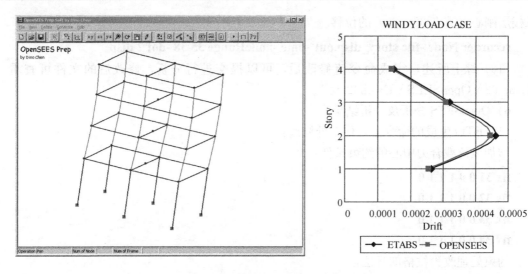

图 4-2-22　ETO 显示结构变形图

## 4.3　实例 3　简支梁弹塑性分析

### 1）问题描述

本例是第一个弹塑性分析的例子，OpenSEES 的其中一个强项就是采用宏观单元对结构进行弹塑性分析。简支梁结构模型如图 4-3-1 所示，简支梁长度为 3000mm，划分成 6 段。截面为矩形混凝土截面，截面与配筋如图 4-3-1 所示，混凝土与钢材的材料本构如图 4-3-1 所示。求解在均布荷载作用下，采用位移控制，查看结构的整个位移-荷载曲线。

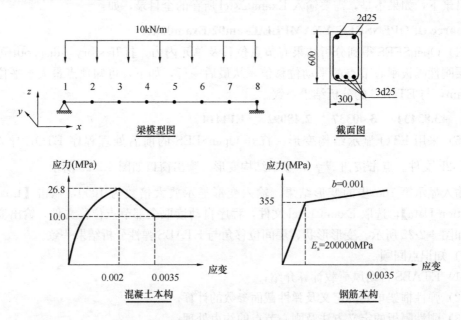

图 4-3-1　实例示意图

注意：本题采用弹塑性材料，进行弹塑性分析。介绍纤维单元的建模方法。

72

**2）ETABS 模型建模**

（1）采用 ETABS 进行几何模型建模，与上述章节类似，不再展开介绍。建立模型如图 4-3-2 所示。简支梁的局部坐标竖直向上，如图 4-3-3 所示。

注意：ETABS 中，白色轴代表截面的 2 轴。

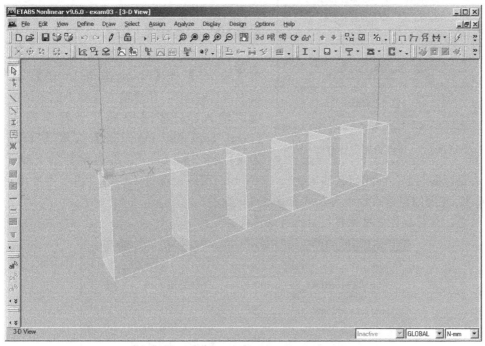

图 4-3-2　ETABS 建立框架的几何模型

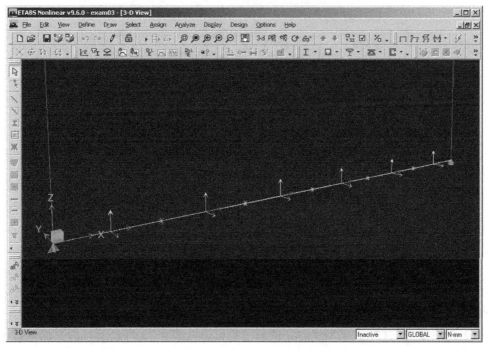

图 4-3-3　简支梁局部坐标

图 4-3-4　节点约束设置窗口

（2）本实例结构分析为 2D 分析，需要约束节点的平面外自由度，所有节点如图 4-3-4 所示窗口设置。分析平面为 X-Z 平面，即普通节点需要约束 UY、RX、RZ 三个自由度。左端铰支座为约束 UX、UY、UZ、RX、RZ，右端的约束为 UY、UZ、RX、RZ。

（3）选择全部简支梁的杆系单元，点击菜单【Assign】→【Frame/Line Loads】，施加荷载为－10kN/m，注意输入荷载不能采用整体坐标系输入，只能采用局部坐标系输入，即【Load Type and Direction】选取【Direction】为【Local-2】，Local-2 即为梁柱的 2 轴坐标，实例中是竖向向上，因此荷载输入为－10kN/m。荷载工况选 DEAD（由于不考虑自重，将 DEAD 工况的自重系数改为 0）。如图 4-3-5 所示。

注意：该荷载将采用位移控制的荷载模式。

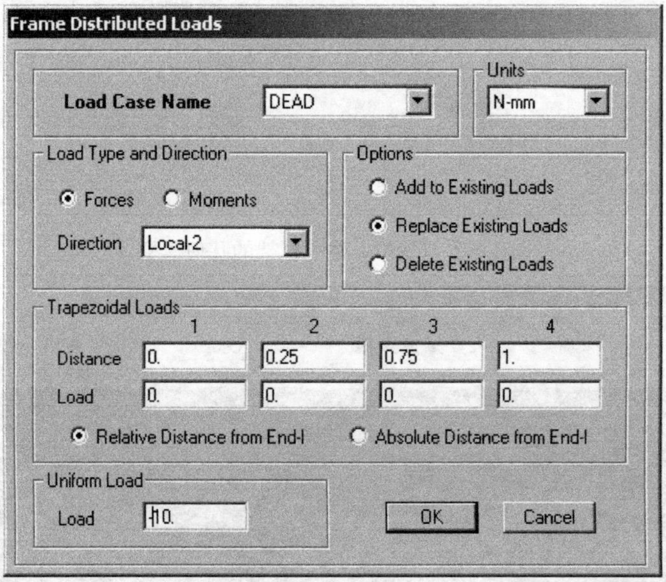

图 4-3-5　ETABS 荷载定义

（4）点击菜单【Define】→【Frame Sections】输入截面参数。本实例输入的是矩形混凝土截面，在 OpenSEES 中实现非线性纤维单元（Nonlinear Beam Column Element），所以首字母为"N"。截面定义如图 4-3-6 所示。

注意：在 ETABS 定义的钢筋信息并不能转化成 OpenSEES 的弹塑性截面，需要在 ETO 程序定义，或 OpenSEES 定义。材料采用弹性材料定义，在 OpenSEES 代码中再修改为弹塑性材料。

（5）简支梁的 ETABS 模型建立完成。注意以下几点：① 修改节点的平面外自由度约束；②截面采用矩形截面，且首字母为"N"，表示非线性纤维单元。

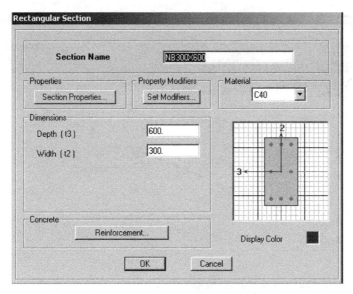

图 4-3-6　ETABS 截面定义

注意：实例的 ETABS 模型存放在光盘"/EXAM03/ETABS/"目录。

### 3) ETABS 弹性静力分析

完成 ETABS 模型后，运行分析。静力分析完成后，点击 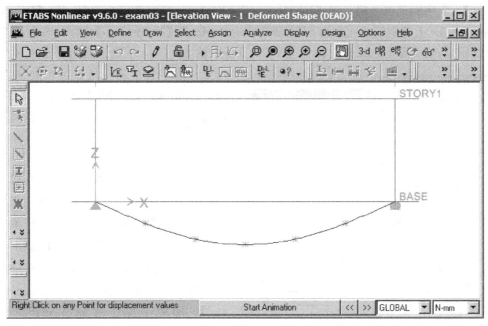 查看重力荷载作用下的变形（图 4-3-7），可知（当荷载为 10kN/m 时）结构跨中竖向位移为 $-0.0728$mm。

图 4-3-7　结构变形图

### 4) OpenSEES 建模

（1）打开 ETABS 模型，导出 s2k 文件。打开 ETO 程序，导入 s2k 文件，得到转化的 OpenSEES 模型，如图 4-3-8 所示。再打开转化 tcl 按钮，将模型转化成 OpenSEES 代码，将代码另存为"Exam03.tcl"。

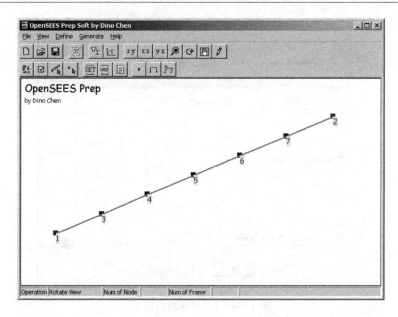

图 4-3-8　ETO 导入 ETABS 模型

（2）点击 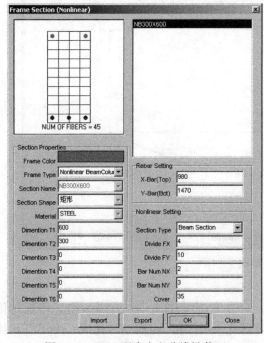 按钮修改构件的截面信息（包括非线性截面信息）。弹出图 4-3-9 窗口。由于采用了非线性纤维单元，需要输入钢筋信息及截面的划分信息，如图 4-3-9 所示输入。

本实例采用的钢筋是梁式布置，即分顶筋与底筋，在【Section Type】中选取【Beam Section】，上部钢筋为 2 根，即【Bar Num NX】输入 2；下部钢筋为 3 根，即【Bar Num NY】输入 3；上部钢筋总面积为 $2\phi25$ 即 $980mm^2$，即在【X-Bar Top】输入 980；下部钢筋总面积为 $3\phi25$ 即 $1470mm^2$，即在【Y-Bar Top】输入 1470。混凝土截面划分如图 4-3-9 所示。水平划分成 4 块，竖直划分为 10 块，即在【Divide FX】为 4；【Divide FY】为 10。Cover（即钢筋至边距离）输入 35。完成纤维截面定义，共划分纤维数量为 45 个。

注意：梁的纤维截面主轴需要划分较多纤维，因为该轴先进入弹塑性。纤维总数量不宜太多，这样会影响计算的速度。

（3）在 ETO 程序中，点击按钮 SET，可以设置结构分析工况。选择 OpenSEES 的分析类型为【Single Displacement Control】，即单工况位移加载分析。选择 DEAD 荷载工况作为这次 OpenSEES 的分析工况；【Control Node】控制位移节点为 5，【Control Disp】每步控制位移为 0.1mm，【Control Dof】位移的方向为 U3 方向，即竖向 Z 轴方向。【Analysis

图 4-3-9　ETO 程序定义非线性截面

【Step】荷载总步数为 100 步，即最终到达的位移为 $0.1 \times 100 = 10$mm。如图 4-3-10 所示。

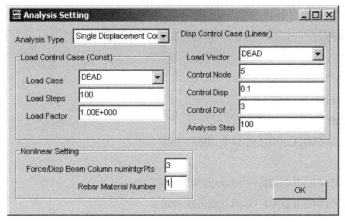

图 4-3-10　位移控制加载设置窗口

（4）点击按钮 ![out]，可设置 OpenSEES 的输出命令（Recorder），由于采用了纤维单元，可监测单元的弹塑性变形，本实例查看纤维单元内部截面的变形，即轴向应变 $\varepsilon$，绕截面 3 轴的曲率 $\varphi3$，绕截面 2 轴的曲率 $\varphi2$。在【Force/Disp Beam Column Section Deformation】勾选。如图 4-3-11 所示。

（5）点击按钮 ![] 生成 OpenSEES 命令流，如图 4-3-12 所示。

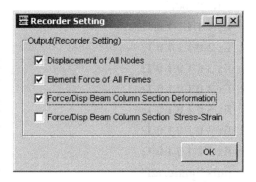

图 4-3-11　ETO 结果输出定义窗口

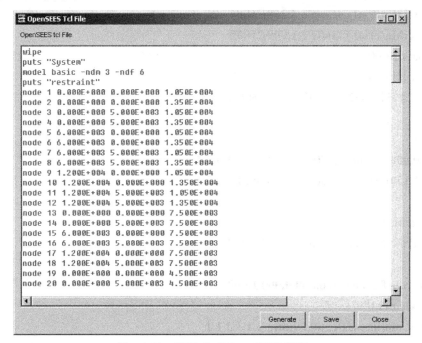

图 4-3-12　ETO 生成 OpenSEES 代码

（6）以下将对 OpenSEES 命令流进行解释并修改，最后提交运算。

**5）OpenSEES 命令流解读**

（1）从 ETO 程序中生成的 OpenSEES 命令流如下所示。

```
wipe
puts "System"
model basic -ndm 3 -ndf 6
puts "restraint"
node 1 0.000E+000 0.000E+000 0.000E+000
………
node 6 2.000E+003 0.000E+000 0.000E+000
node 7 2.500E+003 0.000E+000 0.000E+000
puts "rigidDiaphragm"
puts "node"
fix 1 1 1 1 1 0 1;
fix 2 0 1 1 1 0 1;
fix 3 0 1 0 1 0 1;
fix 4 0 1 0 1 0 1;
fix 5 0 1 0 1 0 1;
fix 6 0 1 0 1 0 1;
fix 7 0 1 0 1 0 1;
puts "material"
uniaxialMaterial Elastic 1 1.999E+005
uniaxialMaterial Elastic 2 3.250E+004
uniaxialMaterial Elastic 3 1.999E+005
##NB300X600
section Fiber 1 {
fiber -1.125E+002 -2.700E+002 4.500E+003 2
………
………
fiber 0.000E+000 -2.650E+002 4.900E+002 1
fiber 1.150E+002 -2.650E+002 4.900E+002 1
}
puts "transformation"
geomTransf Linear 1 0.000 0.000 1.000
………
geomTransf Linear 6 0.000 0.000 1.000
puts "element"
element nonlinearBeamColumn 1 1 3 3 1 1
………
```

```
element nonlinearBeamColumn 6 7 2 3 1 6
puts "recorder"
recorder Node -file node0.out -time -nodeRange 1 7 -dof 1 2 3 disp
recorder Element -file ele0_secn.out -time -eleRange 1 6 localForce
recorder Element -file ele0.out -time -eleRange 1 6 section 1 deformation
recorder Element -file ele0.out -time -eleRange 1 6 section 3 deformation
puts "loading"
## Load Case = DEAD
pattern Plain 1 Linear {
eleLoad -ele 1 -type -beamUniform 0 -1.000E+001 0
………
eleLoad -ele 6 -type -beamUniform 0 -1.000E+001 0
}
puts "analysis"
constraints Plain
numberer Plain
system BandGeneral
test EnergyIncr 1.0e-6 200
algorithm Newton
integrator DisplacementControl 1 1 1.000E-001
analysis Static
analyze 100
```

模型节点及单元编号如图 4-3-13 所示。

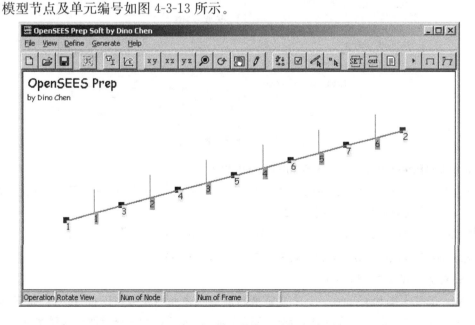

图 4-3-13　模型节点及单元编号

（2）OpenSEES 的基本建模命令在上述实例已经提到，以下提出与上述实例不同的命令流，用于框架结构分析的。首先，系统为 6 自由度系统。即命令流为：

**model basic -ndm 3 -ndf 6**

各节点的约束命令流为：

**fix 1 1 1 1 1 0 1;**
**fix 2 0 1 1 1 0 1;**
**fix 3 0 1 0 1 0 1;**
**fix 4 0 1 0 1 0 1;**
**fix 5 0 1 0 1 0 1;**
**fix 6 0 1 0 1 0 1;**
**fix 7 0 1 0 1 0 1;**

（3）实例 3 增加了非线性材料模型的定义，实例中混凝土材料采用 2 号材料 C40，钢筋材料采用 1 号材料 STEEL，ETO 中定义钢筋材料在图 4-3-14 所示窗口设置，即【Rebar Material Number】设置，设置完成后，全部构件的纤维截面的钢筋都是采用这个材料编号。将钢筋材料 STEEL 的弹性属性命令流去掉，改为非线性钢筋材料【Steel01】。命令流如下：

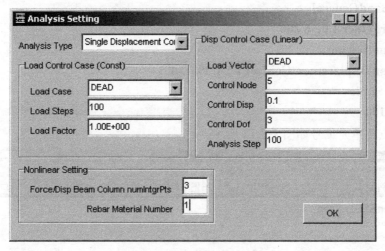

图 4-3-14　分析参数设置

**uniaxialMaterial Steel01 1 335 200000 0.00001**

以上命令流表示，钢筋的屈服强度为 335MPa，弹性模量为 200000MPa，硬化系数为0.00001，即屈服平台基本上为水平段。

将混凝土材料本构 C40 改为非线性混凝土本构【Concrete01】，命令流如下：

**uniaxialMaterial Concrete01 2 -26.8 -0.002 -10 -0.0033**

材料参数意见参考图 4-3-14。

注意：混凝土本构 Concrete01 是最简单的混凝土本构（图 4-3-15），注意数值是负数，即表示受压段。该本构没有受拉段，即受拉强度为 0，表示结构一分析即进入弹塑性。

（4）实例采用了纤维单元，即需要定义纤维截面，纤维截面的定义如下面代码所示：

```
section Fiber 1 {
fiber -1.250E+002 -2.500E+002 5.000E+003 2
………
………
fiber 0.000E+000 -2.650E+002 4.900E+002 1
fiber 1.150E+002 -2.650E+002 4.900E+002 1
}
```

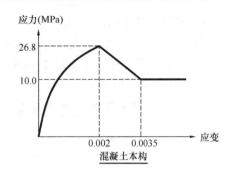

图 4-3-15　混凝土本构示意图

以上命令流表示，纤维截面编号为 1，{} 内部为子命令流，表示每一个纤维的信息，每一个纤维的定义格式如下：

**fiber $Y　$Z　$Area　$Mat**

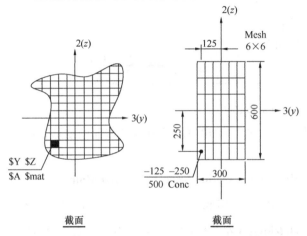

图 4-3-16　纤维坐标与轴的关系图

命令中，**$Y** 表示每个纤维的截面 Y 坐标（截面中心为原点 0）；**$Z** 表示每个纤维的截面 Z 坐标（截面中心为原点 0）；**$Area** 表示每个纤维的贡献面积；**$Mat** 表示每个纤维使用的非线性材料本构的编号。实例中 1 号为钢筋材料，2 号为混凝土材料。纤维的坐标定义与轴的关系如图 4-3-16 所示。

注意：纤维的坐标与材料切线模量可以组装成截面的刚度，而纤维的坐标与材料的应力可以组装成截面的内力（抗力），那么每个纤维的应变可以通过截面的变形与坐标求出。采用纤维截面的单元，根据平截面假定，通过截面变形可求解得到纤维的应变。

（5）实例 3 采用的单元为非线性梁柱单元，即基于柔度法的纤维单元（Nonlinear Beam Column Element or Force Beam Column Element），需要输入命令流如下：

**element nonlinear BeamColumn $eleTag $iNode $jNode $numIntgrPts $secTag $transfTag**

从命令流看，**$eleTag** 为单元编号；**$iNode** 为开始节点；**$jNode** 为结束节点；**$numIntgrPts** 为积分点数量；**$secTag** 为纤维截面编号，**$transfTag** 为局部坐标轴编号（上述章节已讲述）。积分点数量，也就纤维单元的计算截面数量，纤维单元的刚度与抗力是由截面刚度与抗力沿杆件长度积分所得，显然，不能将全部截面积分，只能采用离散积分，OpenSEES 默认的积分方法是高斯-洛贝塔积分（Guass-Lobotto），各阶积分点分布及权函数如图 4-3-17 所示。

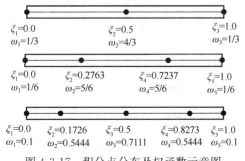

图 4-3-17　积分点分布及权函数示意图

（OpenSEES 后期版本可提供其他积分方法：Legendre，Radau，NewtonCotes，Trapezoidal）。梁柱单元的局部坐标的计算与编号在前面章节已描述。

注意：ETO 程序可在图 4-3-18 所示窗口设置单元的积分点数量，如果设置为 N 个积分点。所有单元均采用 N 个积分点，主要为了输出截面变形的方便。

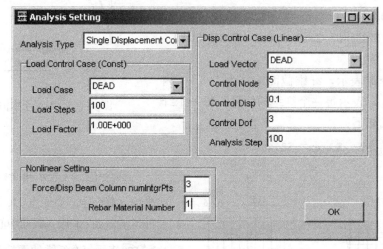

图 4-3-18　分析参数设置

（6）截面变形记录：本实例采用纤维单元，即可输出每段积分点处截面的变形，记录截面变形的命令如下：

**recorder Element -file $File -time -eleRange 1 6 section $SecPos deformation**

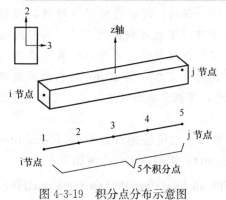

图 4-3-19　积分点分布示意图

其中，**$File** 为记录的文本文件名；**-eleRange 1 6**，表示记录单元为 1～6 号；**$SecPos** 为输出积分点号，如图 4-3-19 所示，开始节点为 1 号，如果积分点数为 N，结束节点的截面编号为 N，**deformation** 表示记录内容为截面变形。截面变形输出结果中，输出三个数值分别是轴向应变、绕 z 轴弯曲曲率、绕 y 轴弯曲曲率。

注意：ETO 程序生成的命令只记录开始节点与结束节点的截面变形。

（7）均布荷载的定义。本实例采用均布线荷载，即施加于单元的均布荷载，OpenSEES 的线性荷载有两种，一种是均布荷载，另一种是线上点荷载。以均布荷载为例，命令流格式如下：

**eleLoad -ele $eleTag1 <$eleTag2 ....> -type -beamUniform $Wy $Wz <$Wx>**

其中，**$eleTag1** 为施加荷载的单元编号，**-type –beamUniform** 表示均布线荷载，**$Wy $Wz <$Wx>** 为三个轴方向的均布荷载值。**$Wy** 表示截面局部坐标轴垂直方向的均布荷载，**$Wz** 表示截面局部坐标轴方向的均布荷载，**$Wx** 表示沿单无长度方向的均布荷载，如图 4-3-20 所示。

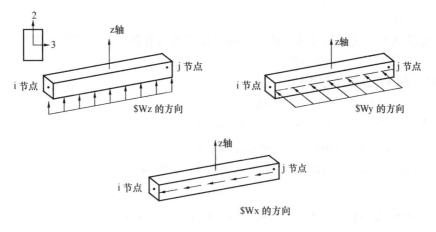

图 4-3-20　梁荷载向量示意图

（8）基于位移控制的加载方法的分析设置。本实例采用位移控制加载方法。位移控制需要定义监测位移及荷载模式，求解过程如下，施加单位荷载模式，求得监测节点的位移，检查监测节点的位移是否达到目标位移，如果没有达到，增大荷载倍数，监测节点的位移增大至目标位移时，加载终止，最终达到加载的全过程。应注意的是，监测节点位移，只有一个节点一个方向的位移，不能出来多个值监测，因为在一定荷载分布下位移的模式（分布）也是未知数，如果强制一个点或多个点达到目标位移且没有荷载模型，那是支座变形求解而非位移控制加载，两者是不同的，如图 4-3-21 所示。

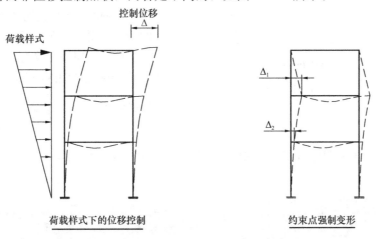

图 4-3-21　位移控制与约束点强制变形的区别

位移控制的加载方法的定义命令流如下：

**integrator DisplacementControl 5 3 -0.1**

**analysis Static**

**analyze 100**

命令流**integrator DisplacementControl 5 3 -0.1** 是监测（控制）节点为 5 号节点，3 自由度变形（竖向 Z 轴平动），每步位移为－0.1mm，即向下移动 0.1mm。**analysis Static** 表示分析类型为静力分析，**analyze 100** 表示总荷载步为 100 步，即最终控制的目标位移为

$0.1×100＝10mm$。

（9）综上所述，完成命令流修改后，可以提交进行分析，修改后的文件可查看"Exam03 \ OpenSEES \ Exam03. tcl"。

**6）OpenSEES 分析及分析结果**

（1）ETO 生成的命令流，作两处修改：

将混凝土与钢筋的弹性材料改为弹塑性材料：

**uniaxialMaterial Steel01 1 335 200000 0.00001**

**uniaxialMaterial Concrete01 2 -26.8 -0.002 -10 -0.0033**

增加记录跨中 5 号节点的位移，保存于 node5. out 文件中：

**recorder Node -file node5.out -time -node 5 -dof 1 2 3 disp**

注意：基于位移加载的控制加载分析中，记录的结果文件中，－time 不是表示时间，也不是表示荷载步，而是表示达到每一步加载变形的荷载模式的倍数。荷载模式乘以荷载倍数等于求出的达到每一步变形的外荷载。

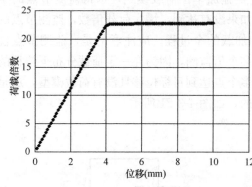

图 4-3-22　荷载倍数-位移曲线

（2）将上述的命令流保存为文件"Exam03. tcl"，或打开光盘目录"/EXAM03/OpenSEES/"，找到"Exam03. tcl"文件。

（3）打开 OpenSEES 程序，输入命令：

**source Exam03.tcl**

（4）OpenSEES 得到跨中节点位移及每一步的荷载倍数。绘制成 EXCEL 图表，如图 4-3-22 所示，屈服位移为 4mm，荷载倍数为 22.5。即施加 225kN/m 时，结构屈服。

屈服弯矩：$M_y = \dfrac{1}{8}ql^2 = \dfrac{1}{8}×22.5×3^2$

$= 253.12kN \cdot m$。

采用 XTRACT 程序（截面弹塑性分析程序）计算结果如图 4-3-23 所示。屈服弯矩为 250kNm。

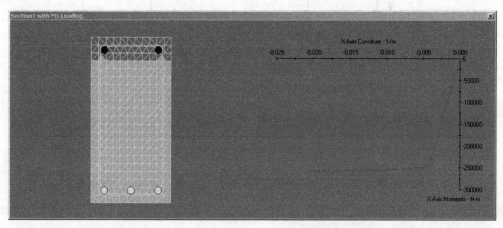

图 4-3-23　OpenSEES 与 XTRACT 计算结果对比

（5）采用 ETO 显示结构变形，包括整体变形与截面变形。为显示截面变形，打开按钮 ☑，弹出【View Option】窗口，勾选【Hinge Circle】，用于显示杆件第一个积分点截面与最后一个积分点截面的截面变形。如图 4-3-24 所示。

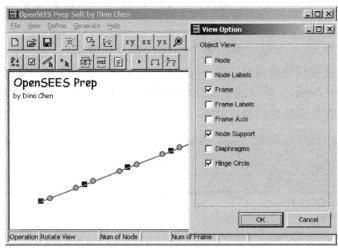

图 4-3-24　截面变形图

（6）点击按钮 ⚏，显示结构变形。弹出窗口如图 4-3-25 所示。

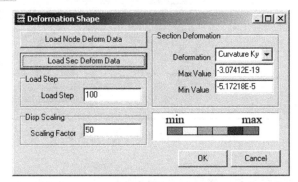

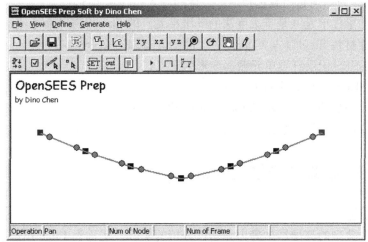

图 4-3-25　ETO 显示结构变形图

85

输入显示第 100 步的变形结果，输入变形显示放大倍数为 50，点击【Load Deformation Data】，选取 Exam03.tcl 文件。截面变形，选取显示绕 Y 轴的弯曲曲率显示，在【Deformation】勾选【Curvature Ky】，再点击【Load Sec Deformation Data】，程序自动提取出曲率的范围，即从 0 至 $-5.17e-5$（单位 1/mm）。点击【OK】显示结构整体变形与曲率变形，如图 4-3-25 所示。

（7）根据 FEMA356 规范（美国基于性能抗震设计规范），梁的屈服转角 $\theta$ 一般为 0.002，塑性铰长度近似可取梁高一半，即 $Lp=300mm$，屈服曲率简化计算可以用 $\theta/Lp$，即为 $6e-6$（单位 1/mm），将梁的截面变形（曲率）的颜色的 max 设置为 0，而 min 设置为 $-6e-6$，可以查看梁截面的塑性状态，如图 4-3-26 所示，只有跨中进入塑性状态。

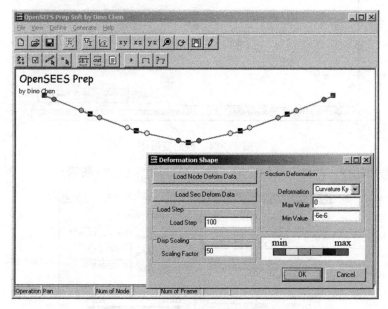

图 4-3-26　梁截面塑性状态示意图

**7）知识点回顾**

（1）ETABS 施加均布荷载选择局部坐标轴输入；

（2）非线性梁柱单元（基于柔度法的纤维单元）的 OpenSEES 命令流；

（3）非线性材料 Steel01 与 Concrete01 的 OpenSEES 命令流；

（4）OpenSEES 记录纤维单元截面变形的定义；

（5）OpenSEES 均布荷载的定义方法；

（6）位移控制加载分析方法的 OpenSEES 命令流；

（7）查看结构弹塑性分析结果（力-位移曲线）及截面变形查看。

# 4.4　实例 4　框架结构推覆分析

**1）问题描述**

本例是一个典型的高层结构静力弹塑性分析的实例，也称为 Push-over 实例，即结构施加恒定的重力荷载后，施加一定分布模式（如倒三角形模式）的侧向力，实现位移控制加载，使结构达到目标位移的分析过程。实体为四层混凝土框架结构，梁柱截面如图 4-4-1所示，梁截面为 B300×600、B300×500，柱截面为 C400×400、C400×600。混凝土本构及钢筋本构如图 4-4-1 所示。混凝土楼板厚度均为 120mm，附加恒荷载 DEAD 为 1.5kN/m²，活载 LIVE 为 6.0kN/m²，重力荷载代表值组合为 1.0×DEAD＋0.5×LIVE。求 Push-over 曲线的全过程。

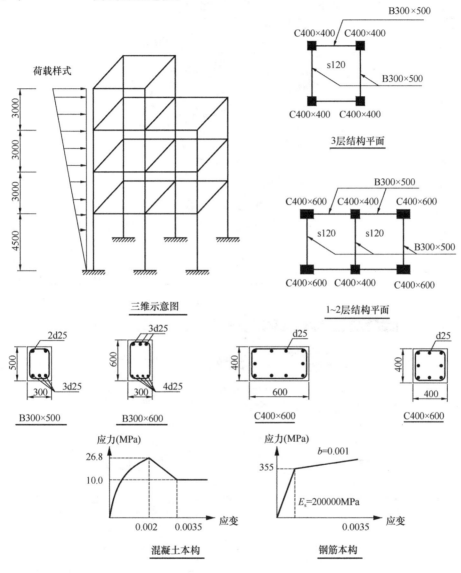

图 4-4-1　实例示意图

**2）ETABS 模型建模**

（1）建立 ETABS 模型，建立梁柱混凝土截面及建立几何模型，如图 4-4-2 所示。梁柱截面定义时，名字的首字母应为"N"（图 4-4-3），本实例采用非线性梁柱单元模拟。

（2）定义混凝土楼板，材料采用 C40，120mm 厚，采用膜单元，即【Membrane】单元。该单元可以将楼板上的均布荷载转化为梁上的线荷载，原理如图 4-4-4 所示，采用双向板塑性铰线导荷，将楼板的均布荷载转化了三角形荷载或梯形荷载施加梁构件，因此，

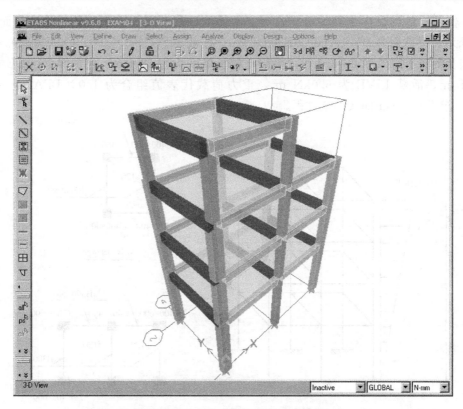

图 4-4-2　ETABS 建立框架的几何模型

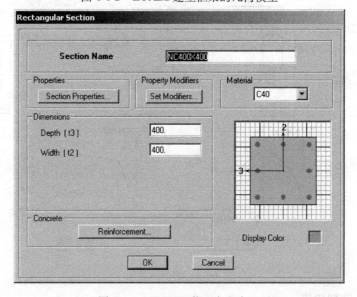

图 4-4-3　ETABS 截面定义窗口

在 OpenSEES 模型中，可以不建立楼板单元。

注意：OpenSEES 只支持输入均布荷载，对于三角形荷载或梯形荷载可以通过等效合力（剪力）计算转化为均布荷载，如图 4-4-5 所示。

（3）选取全部楼板单元，点击菜单【Assign】→【Shell/Area Loads】→【Uniform】。

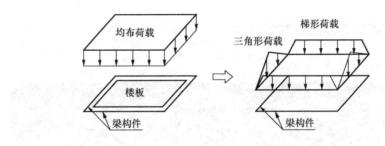

图 4-4-4　膜单元导荷示意图

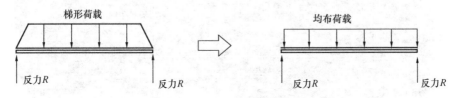

图 4-4-5　梯形荷载转化为均布荷载

混凝土楼板自重：

$$g = 25 \times 0.12 = 3 \text{ kN/m}^2$$

施加荷载 $p$ 为：

$$p = 1.0 \times (1.5 + g) + 0.5 \times 6.0$$
$$= 7.5 \text{ kN/m}^2$$

荷载工况选 DEAD（图 4-4-6）。由于考虑自重，将 DEAD 工况的自重系数改为 1。

注意：荷载工况 DEAD 不代表是恒

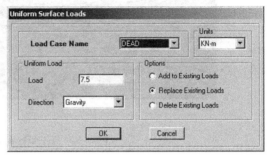

图 4-4-6　ETABS 荷载定义

荷载，而是 1.0D+0.5L 的组合，是重力荷载代表值。

（4）施加侧向力分布模式：增加荷载工况 "PUSH"，自重系数为 0。选择结构右侧节点，输入以下荷载。4 层为 13500N，3 层为 10500N，2 层为 7500N，1 层为 4500N（图 4-4-7）。荷载值与楼层相对地面标高成正比，荷载分布为倒三角形式。

（5）完成上述步骤后建立完 ETABS 模型。

注意：实例的 ETABS 模型存放在光盘 "/EXAM04/ETABS/" 目录。

**3) OpenSEES 建模**

（1）打开 ETABS 模型，导出 S2K 文件。打开 ETO 程序，导入 S2K 文件，得到转化的 OpenSEES 模型，如图 4-4-8 所示。再打开转化 TCL 按钮，将模型转化成 OpenSEES 代码，将代码另存为 "Exam04. tcl"。

（2）在 ETO 程序输入纤维截面信息，上述章节介绍了梁截面的输入，本章再详述一遍参数的纤维截面信息。以下面柱截面 C400×600 为例。纤维设置窗口如图 4-4-9 所示。（点击 ⛶，即弹出截面定义窗口）。

【Section Type】选择【Column Section】即钢筋采用柱的形式划分，分 XY 方向。

【Divide FX】与【Divide FY】即混凝土沿 X 与 Y 方向划分的纤维数；

【Bar Num NX】表示 X 方向的钢筋数，图中为 3 根，包括角筋，总面积 Ax 为

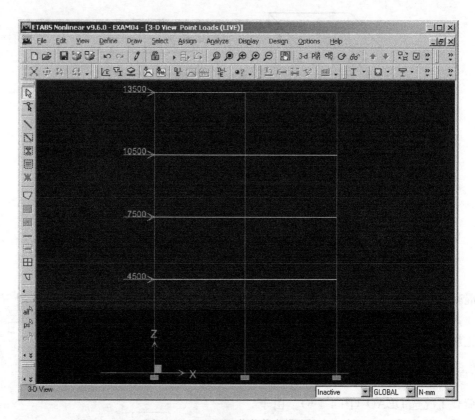

图 4-4-7 ETABS 荷载分布模式输入

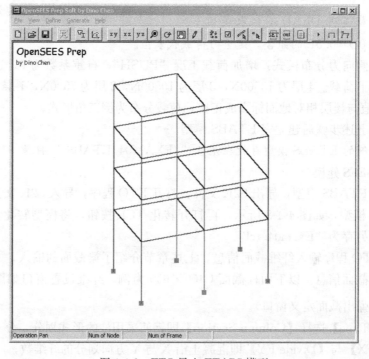

图 4-4-8 ETO 导入 ETABS 模型

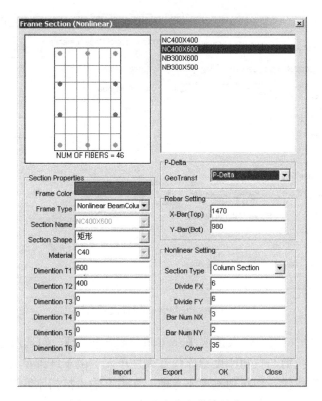

图 4-4-9　ETO 程序定义非线性截面

$Ax = 3\phi25 = 3 \times 490 = 1470mm^2$

【Bar Num NY】表示 Y 方向的钢筋数，图中为 2 根，不包括角筋，总面积 Ay 为

$Ay = 2\phi25 = 2 \times 490 = 980mm^2$

【Cover】为纵筋至边缘距离，取 35mm。

【Geo Transf】为局部坐标轴类型，一般常用为【Linear】，现在改为【P-Delta】，因为本实例柱子考虑 P-Delta 效应。上述操作后，基本完成了截面的定义，梁截面定义参数见上一个实例。

（3）在 ETO 程序中，点击按钮 ，可以设置结构分析工况。本实例选择 OpenSEES 的分析类型为【Gravity+PushOver】，即重力荷载再运行推覆分析。与上述实例不同的是，这次分析包括两个部分：

① 施加恒定的重力荷载（可以是非线性分析）；

② 在重力荷载恒定的情况上，进行位移控制的推覆分析。

以本实例为例，参数如图 4-4-10 所示设置。

【Load Control Case（Const）】为重力荷载设置，选用 DEAD 工况为重力荷载，分 10 步加载，总荷载为输入荷载的 1.0 倍。

【Disp Control Case（Linear）】为位移加载设置，选用 PUSH 工况为水平力荷载分布模式，分 100 步加载，控制节点为 8 号节点，每步位移为 0.2，自由度方向为 1，即 X 方向。

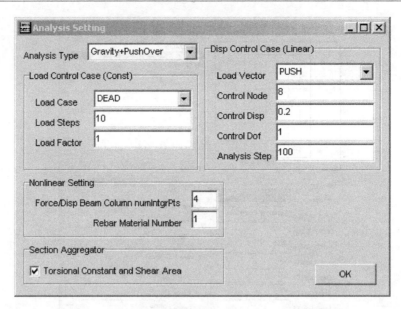

图 4-4-10　Push-over 加载设置窗口

（4）在分析设置窗口，有输入选项【Section Aggregator】，勾选该选项，即程序自动增加单元的（弹性）抗剪与抗扭刚度给非线性梁柱单元。由于纤维单元中，其轴压与弯曲刚度由纤维自动计算提供，而抗剪刚度不考虑，在没有输入抗扭刚度时，OpenSEES 会自动采用大值赋予纤维单元。勾选了【Torsional Constant and Shear Area】以后，ETO 程序自动生成截面的抗剪与抗扭刚度。

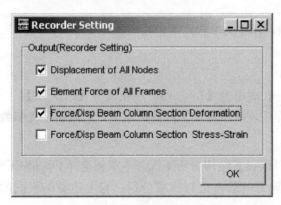

图 4-4-11　ETO 结果输出定义窗口

（5）点击按钮 ⎡out⎤，可设置 OpenS-EES 的输出命令（Recorder）（图 4-4-11），由于采用了纤维单元，可监测单元的弹塑性变形，本实例查看纤维单元内部截面的变形，即轴向应变 $\varepsilon$，绕截面 3 轴的曲率 $\varphi 3$，绕截面 2 轴的曲率 $\varphi 2$。在【Force/Disp Beam Column Section Deformation】勾选。

（6）点击按钮 ⎡≣⎤生成 OpenSEES 命令流。

（7）以下将对 OpenSEES 命令流进行解释并修改，最后提交运算。

**4）OpenSEES 命令流解读**

（1）从 ETO 程序中生成的 OpenSEES 的命令流如下所示。

```
wipe
puts "System"
model basic -ndm 3 -ndf 6
puts "restraint"
```

```
node 1 4.500E+003 5.000E+003 1.050E+004
…………
node 28 9.000E+003 5.000E+003 0.000E+000
puts "rigidDiaphragm"
puts "node"
fix 23 1 1 1 1 1 1;
…………
fix 28 1 1 1 1 1 1;
puts "material"
uniaxialMaterial Elastic 1 1.999E+005
uniaxialMaterial Elastic 2 2.680E+004
uniaxialMaterial Elastic 3 1.999E+005
uniaxialMaterial Elastic 201 1.489E+009
uniaxialMaterial Elastic 301 1.489E+009
uniaxialMaterial Elastic 401 4.026E+013
…………
uniaxialMaterial Elastic 204 1.396E+009
uniaxialMaterial Elastic 304 1.396E+009
uniaxialMaterial Elastic 404 3.146E+013
##NC400X400
section Fiber 1 {
fiber -1.667E+002 -1.667E+002 4.444E+003 2
…………
fiber 1.650E+002 0.000E+000 4.900E+002 1
}
##NC400X600
section Fiber 2 {
fiber -1.667E+002 -2.500E+002 6.667E+003 2
…………
fiber 1.650E+002 8.833E+001 4.900E+002 1
}
##NB300X600
section Fiber 3 {
fiber -1.125E+002 -2.700E+002 4.500E+003 2
…………
fiber 1.150E+002 -2.650E+002 4.900E+002 1
}
##NB300X500
section Fiber 4 {
```

```
fiber -1.125E+002 -2.250E+002 3.750E+003 2
…………
fiber 1.150E+002 -2.150E+002 4.900E+002 1
}
section Aggregator 1001 201 Vy 301 Vz 401 T -section 1
section Aggregator 1002 202 Vy 302 Vz 402 T -section 2
section Aggregator 1003 203 Vy 303 Vz 403 T -section 3
section Aggregator 1004 204 Vy 304 Vz 404 T -section 4
puts "transformation"
geomTransf PDelta 1 1.000 0.000 0.000
…………
geomTransf Linear 47 0.000 0.000 1.000
puts "element"
element nonlinearBeamColumn 1 1 2 4 1001 1
…………
element nonlinearBeamColumn 47 19 20 4 1003 47
puts "recorder"
recorder Node -file node0.out -time -nodeRange 1 28 -dof 1 2 3 disp
recorder Element -file ele0.out -time -eleRange 1 47 localForce
puts "gravity"
## Load Case = DEAD
pattern Plain 1 Linear {
eleLoad -ele 5 -type -beamUniform 0 -3.797E+000 0
…………
eleLoad -ele 46 -type -beamUniform 0 -3.797E+000 0
}
puts "analysis"
constraints Plain
numberer Plain
system BandGeneral
test EnergyIncr 1.0e-6 200
algorithm Newton
integrator LoadControl 1.000E-001
analysis Static
analyze 10
loadConst 0.0
puts "pushover"
## Load Case = PUSH
pattern Plain 2 Linear {
```

```
load 6 1.350E+004 0.000E+000 0.000E+000 0.000E+000 0.000E+000 0.000E+000
…………
load 20 4.500E+003 0.000E+000 0.000E+000 0.000E+000 0.000E+000 0.000E+000
}
puts "analysis"
constraints Plain
numberer Plain
system BandGeneral
test EnergyIncr 1.0e-6 200
algorithm Newton
integrator DisplacementControl 8 1 2.000E-001
analysis Static
analyze 100
```

模型节点及单元编号如图 4-4-12 所示。

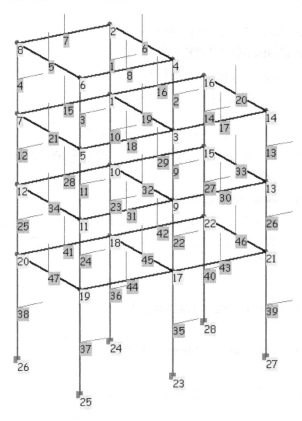

图 4-4-12　模型节点及单元编号

（2）实例 4 修改非线性材料模型的定义，原来的命令流为：

```
uniaxialMaterial Elastic 1 1.999E+005
uniaxialMaterial Elastic 2 2.680E+004
```

改为以下命令流，增加混凝土与钢筋的非线性材料：

**uniaxialMaterial Steel01 1 335 200000 0.01**

**uniaxialMaterial Concrete01 2 -26.8 -0.002 -10 -0.0033**

（3）剪切本构与抗扭本构的定义。上一个实例中，采用的纤维单元是没有指定抗剪与抗扭的刚度的，所以程序为了完成计算，给抗扭刚度置了大值。本实例对纤维截面进行抗剪与抗扭的刚度进行补充定义，主要用到的是"截面组装"（Section Aggregator），参与组装的各分量是不相关的，即不互相影响，采用了纤维单元，压弯已经是耦合的，但它们与双向剪切与扭转是不耦合的。

在进行截面组装之前，先进行抗剪与抗扭本构的定义，其定义与其他单轴本构一致，本实例采用弹性本构。其中抗剪本构为剪力与剪切变形之间的关系，抗扭本构为扭矩与扭转变形的关系。以矩形混凝土截面的 Y 轴剪切本构为例，只需要定义刚度，其（柱截面 $400 \times 400$）刚度 $k$ 为

$$k_{sy} = GA_{sy} = G \times \left( \frac{5}{6} bh \right) = 1.49 \times 10^9 \, \text{N}$$

那么，OpenSEES 的命令流如下：

**uniaxialMaterial Elastic 201 1.489E+009**

**uniaxialMaterial Elastic 301 1.489E+009**

以下为矩形混凝土截面的抗扭本构的计算

$$T = ad^3 \left[ \frac{16}{3} - 3.36 \times \frac{d}{a} \times \left( 1 - \frac{d^4}{12a^4} \right) \right]$$
$$k_t = GT = 4.026 \times 10^{13}$$

式中，$a$ 为 $b$、$h$ 的较大值，$d$ 为 $b$、$h$ 中的较小值。（常用截面参数计算请看附录）。

那么，OpenSEES 的命令流如下：

**uniaxialMaterial Elastic 401 4.026E+013**

注意：ETO 程序自动生成命令流时，401 代表 1 号截面的抗扭本构；

（4）截面组装。纤维截面是依据纤维截面（Section Fiber）命令流形成，命令流如下所示：

```
##NC400X400
section Fiber 1 {
fiber -1.667E+002 -1.667E+002 4.444E+003 2
…………
fiber 1.650E+002 0.000E+000 4.900E+002 1
}
```

可见，纤维截面的编号为 1（纤维截面算 1 个截面本构），对应该截面的抗剪与抗扭本构编号分别为 201、301 及 401，通过截面组装的方式将这四个截面本构组装在一起，命令流如下：

**section Aggregator 1001 201 Vy 301 Vz 401 T -section 1**

其中，**1001** 为组装后的截面编号，**201 Vy** 代表 Vy（Y 方向抗剪）采用单轴本构 201 号；**301 Vz** 代表 Vz（Z 方向抗剪）采用单轴本构 301 号；**401 T** 代表 T（抗扭）采用单轴本

构 401 号；**-section 1**表示参与组装的纤维截面为 1 号截面；就这样将三个材料本构与一个纤维截面组装在一组，那么组装后的纤维截面编号即改为 1001 号。那么，在纤维单元定义时，单元采用的纤维截面编号即不为 1 号，为 1001 号，如下命令流所示。

**element nonlinearBeamColumn 1 1 2 4 1001 1**

（5）局部坐标轴定义中增加 P-Delta（二阶效应）的定义。由于 ETO 在柱截面的定义窗口中，将构件截面的 geotranf 参数从 Linear 改为 PDelta，通过该设置考虑柱子的 P－Delta 效应（具体效果在后述章节讨论）。相应的命令流只是将"Linear"改为"PDelta"如下所示。

**geomTransf PDelta 1 1.000 0.000 0.000**
**............**
**geomTransf Linear 47 0.000 0.000 1.000**

（6）Push-over 分析设置。Push-over 是高层建筑结构弹塑性分析方法的一种，其分析过程分两个部分，一个就是静力弹塑性分析部分，另一部分为 Push-over 曲线转化为能力需求曲线进行抗震评估。本实例只完成第一部分。一般情况下，Push－over 过程分重力荷载加载过程（力控制），水平位移加载过程（位移控制）。命令流如下：

重力加载的命令流如下：

**puts "gravity"**
**## Load Case = DEAD**
**pattern Plain 1 Linear {**
**eleLoad -ele 5 -type -beamUniform 0 -3.797E+000 0**
**............**
**eleLoad -ele 46 -type -beamUniform 0 -3.797E+000 0**
**}**
**puts "analysis"**
**constraints Plain**
**numberer Plain**
**system BandGeneral**
**test EnergyIncr 1.0e-6 200**
**algorithm Newton**
**integrator LoadControl 1.000E-001**
**analysis Static**
**analyze 10**

与上述章节介绍的是一样的，是一个简单的力控制加载，假定总施加的重力荷载为 G，总荷载步为 10 步，每步施加 0.1G。

注意：施加的荷载工况（pattern Plain）与分析设置，一般连在一起，表明后面的分析工况采用的荷载就是上面的命令流描述的荷载。所以力控制分析（loadControl）的分析工况所采用的荷载为上面的荷载（pattern Plain 1）。

位移控制加载的命令流如下：

```
loadConst 0.0
puts "pushover"
## Load Case = PUSH
pattern Plain 2 Linear {
load 6 1.350E+004 0.000E+000 0.000E+000 0.000E+000 0.000E+000 0.000E+000
···········
load 20 4.500E+003 0.000E+000 0.000E+000 0.000E+000 0.000E+000 0.000E+000
}
puts "analysis"
constraints Plain
numberer Plain
system BandGeneral
test EnergyIncr 1.0e-6 200
algorithm Newton
integrator DisplacementControl 8 1 2.000E-001
analysis Static
analyze 100
```

上述命令流中，最重要的一个就是荷载恒定设置，为保证重力加载的荷载保持不变，在这基础上施加位移控制，用到以下命令流：

```
loadConst 0.0
```

该命令流表明，命令以上的荷载保持不变。

后续的命令流，在上述章节已介绍。

```
integrator DisplacementControl 8 1 3
analysis Static
analyze 100
```

表示位移控制加载，控制节点为 8 号点，位移方向为 X 方向平动（自由度 1），每步位移为 3mm，总共分析 100 步，最终位移为 300mm。

（7）综上所述，完成命令流修改后，可以提交进行分析，修改后的文件可查看 "Exam04 \ OpenSEES \ Exam04. tcl"。

**5）OpenSEES 分析及分析结果**

（1）ETO 生成的命令流，作两处修改：

将混凝土与钢筋的弹性材料改为弹塑性材料：

```
uniaxialMaterial Steel01 1 335 200000 0.00001
uniaxialMaterial Concrete01 2 -26.8 -0.002 -10 -0.0033
```

增加记录框架每个楼层的角点的位移，可以绘制推覆曲线与层间位移角。

记录 8、7、12、20 号节点的位移，保存于以下文件中：

```
recorder Node -file node8.out -time -node 8 -dof 1 2 3 disp
recorder Node -file node7.out -time -node 7 -dof 1 2 3 disp
```

**recorder Node -file node12.out -time -node 12 -dof 1 2 3 disp**
**recorder Node -file node20.out -time -node 20 -dof 1 2 3 disp**

（2）将上述的命令流保存为文件"Exam04. tcl"，或打开光盘目录"/EXAM04/OpenSEES/"，找到"Exam04. tcl"文件。

（3）打开 OpenSEES 程序，输入命令：

**source Exam04.tcl**

（4）打开分析结果文件 node8. out，将荷载倍数 time 与 8 号节点水平位移，采用 EX-CEL 画成曲线，如图 4-4-13 所示。可见，当荷载为 10 倍时，结构发生整体屈服，承载力没有上升，位移加大。由上述可知，施加的外荷载模式的总和 $P_0$ 为：

$$P_0 = 13500 \times 2 + 10500 \times 2 + 7500 \times 2 + 4500 \times 2$$
$$= 72000\text{N} = 72\text{kN}$$

那么，屈服基底剪力荷载为 720kN，如下图所示。

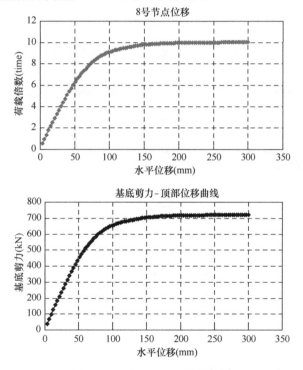

图 4-4-13　OpenSEES 计算结果

（5）点击按钮，显示结构变形。弹出窗口如图 4-4-14 所示。

输入显示第 110 步的变形结果，输入变形显示放大倍数为 10，点击【Load Deformation Data】，选取 Exam04. tcl 文件，窗口显示结构变形。

注意：由于重力荷载分 10 步加载，再加上 100 步位移加载，最后一步的荷载步为 100+10=110 步。

输入显示第 10 步的变形结果，输入变形显示放大倍数为 5000（由于重力荷载下的变形较小），点击【Load Deformation Data】，选取 Exam04. tcl 文件，窗口显示结构只在重力荷载作用下的变形，如图 4-4-15 所示。

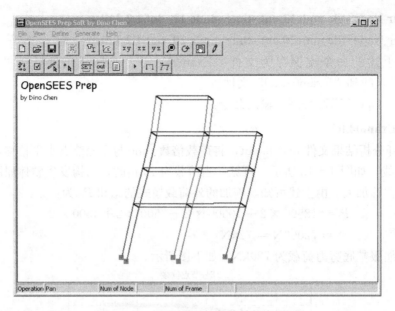

图 4-4-14　ETO 显示 110 步结构变形图

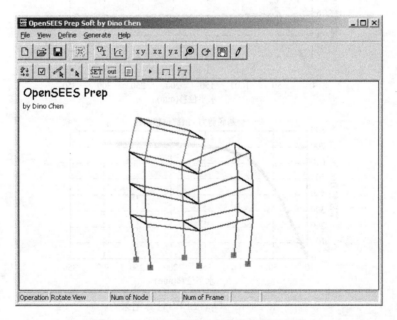

图 4-4-15　ETO 显示重力荷载作用下变形

**6）知识点回顾**

（1）框架结构在 OpenSEES 中的建模方法；

（2）基于楼板传荷的力学假定，将楼板的面荷载简化为梁的均布荷载；

（3）OpenSEES 及 ETO 程序中柱纤维截面的定义；

（4）截面抗扭与抗剪弹性本构的计算；

（5）OpenSEES 截面组装（Section Aggregator）命令流的介绍；

（6）OpenSEES 中构件 P－Delta 的命令流介绍；

（7）OpenSEES 中 Push—over 推覆分析的命令流设置；

（8）保持荷载稳定的 loadConst 命令流的介绍。

## 4.5　实例 5　框架结构模态分析

### 1）问题描述

本例仍采用实例 4 的框架结构，为了方便对比，改采用弹性截面。结构荷载情况与实例 4 相同（侧向力荷载不需要施加）。如图 4-5-1 所示。计算其各振型周期与模态。（重力荷载代表值组合为 $1.0 \times DEAD + 0.5 \times LIVE$）。

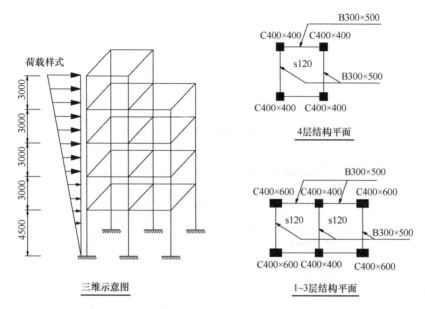

图 4-5-1　实例示意图

注意：本题主要介绍振型（模态）计算在 OpenSEES 的实现过程，模态分析对于结构动力分析中非常重要，往后章节的动力弹性分析，动力弹塑性分析（又称弹塑性时程分析），振型分解反应谱分析等都有着重要意义。模态分析也是检查模型是否建模正确的指标之一。

### 2）ETABS 模型建模

（1）建立 ETABS 模型，建立梁柱混凝土截面及建立几何模型，如图 4-5-2 所示。梁柱截面定义时（图 4-5-3），名字的首字母应为"E"，本实例采用弹性梁柱单元模拟（方便对比）。

（2）定义混凝土楼板，材料采用 C40，120mm 厚，采用膜单元，即【Membrane】单元。该单元可以将楼板上的均布荷载转化为梁上的线荷载，原理如图 4-5-4 所示，采用双向板塑性铰线导荷，将楼板的均布荷载转化了三角形荷载或梯形荷载施加梁构件，因此，在 OpenSEES 模型中，可以不建立楼板单元。

注意：OpenSEES 只支持输入均布荷载，对于三角形荷载或梯形荷载可以通过等效合力（剪力）计算转化为均布荷载，如下图所示。

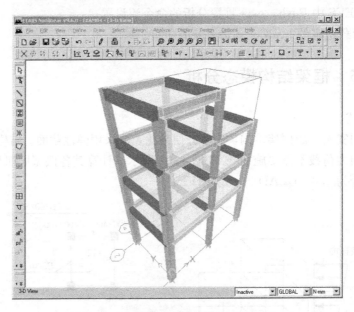

图 4-5-2　ETABS 建立框架的几何模型

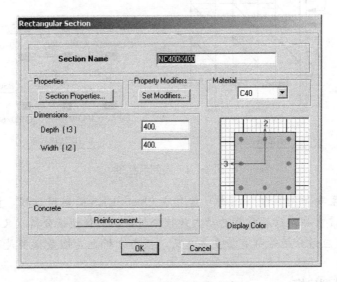

图 4-5-3　ETABS 截面定义窗口

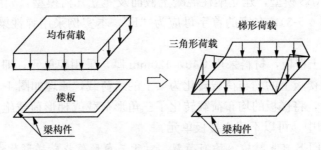

图 4-5-4　膜单元导荷示意图

图 4-5-5　梯形荷载转化为均布荷载

（3）选取全部楼板单元，点击菜单【Assign】→【Shell/Area Loads】→【Uniform】（图 4-5-6）。

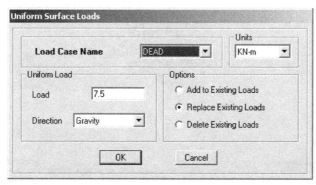

图 4-5-6　ETABS 荷载定义

混凝土楼板自重：

$$g = 25 \times 0.12 = 3\text{kN/m}^2$$

施加荷载 $p$ 为：

$$p = 1.0 \times (1.5 + g) + 0.5 \times 2.0 = 7.5\text{kN/m}^2$$

荷载工况选 DEAD。由于考虑自重，将 DEAD 工况的自重系数改为 1。

注意：荷载工况 DEAD 不代表是恒荷载，而是 1.0D+0.5L 的组合，是重力荷载代表值。

（4）不需要施加侧向力分布模式。重力方向的荷载可以用于生成质量源。

（5）定义质量源：

模态分析一定需要两大矩阵：质量矩阵与刚度矩阵，所以需要定义质量源。质量源的定义：

根据中国规范，结构的质量源一般由恒载与活载组成，即重力荷载代表值转化为质量，假如活载系数为 0.5，那么质量源 $m = (1.0D + 0.5L)/g$，$g$ 为重力加速度。质量源定义点击：【Define】→【Mass Source】，窗口如图 4-5-7 所示。按图中参数设置。

（6）完成上述步骤后建立完 ETABS 模型。

注意：实例的 ETABS 模型存放在光盘"/EXAM05/ETABS/"目录。

**3）ETABS 模态分析结果**

（1）完成 ETABS 模型后，运行分析。分析完成后，点击按钮 ，可显示结构的周期与振

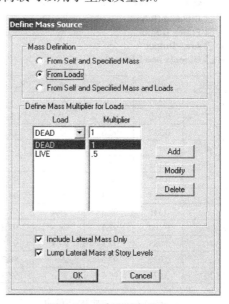

图 4-5-7　质量源定义窗口

**103**

型，如图 4-5-8 所示。可知结构第一周期为 0.4345s。

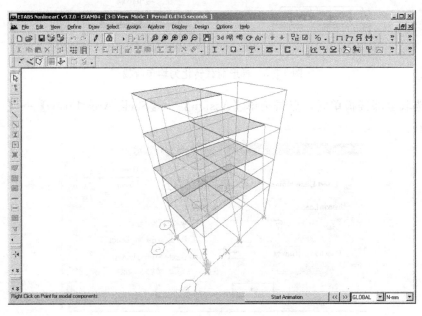

图 4-5-8　第一振型 0.4345 s

（2）提取 ETABS 数据，采用【Display】→【Show Tables】，如图 4-5-9 所示。输出【Analysis Result】→【Building Modes】。各阶周期如图中表格所示。

ANALYSIS RESULTS　(4 of 21 tables selected)
- ☐ Displacements
- ☐ Reactions
- ☒ Modal Information
  - ☒ Building Modes
  - ☒ Building Modal Information
- ☐ Building Output
- ☐ Frame Output
- ☐ Area Output
- ☐ Objects and Elements

| Mode | Period | SumUX | SumUY | SumRZ |
|------|--------|-------|-------|-------|
| 1 | 0.434 | 0.0 | 90.1 | 3.3 |
| 2 | 0.390 | 90.6 | 90.1 | 3.3 |
| 3 | 0.337 | 90.6 | 93.2 | 92.2 |
| 4 | 0.177 | 90.6 | 95.0 | 92.9 |
| 5 | 0.161 | 90.6 | 95.0 | 93.6 |
| 6 | 0.142 | 90.6 | 98.1 | 93.7 |
| 7 | 0.122 | 97.3 | 98.1 | 93.7 |
| 8 | 0.111 | 97.3 | 98.4 | 97.5 |
| 9 | 0.100 | 97.3 | 98.5 | 97.5 |
| 10 | 0.085 | 97.3 | 99.4 | 97.8 |
| 11 | 0.080 | 97.3 | 99.6 | 98.7 |
| 12 | 0.074 | 99.4 | 99.6 | 98.7 |

图 4-5-9　结构周期信息

**4) OpenSEES 建模**

（1）打开 ETABS 模型，导出 s2k 文件。打开 ETO 程序，导入 s2k 文件，得到转化的 OpenSEES 模型，如图 4-5-10 所示。再打开转化 tcl 按钮，将模型转化成 OpenSEES 代码，将代码另存为"Exam05.tcl"。

（2）在 ETO 程序中，点击按钮 【SET】，可以设置结构分析工况。本实例选择 OpenSEES 的分析类型为【Modal Analysis】，即模态分析（图 4-5-11）。

【Analysis Type】设为：Modal Analysis。

【Modal Number】设为：12，则输出 12 个振型。

（3）点击按钮 【out】，可设置 OpenSEES 的输出命令（Recorder），勾选如图 4-5-12 所示。由于不是静力或动力分析，不需要输出位移结果，只需要输出周期与振型结果就可以了，所以只需要勾选：Modal Shape。

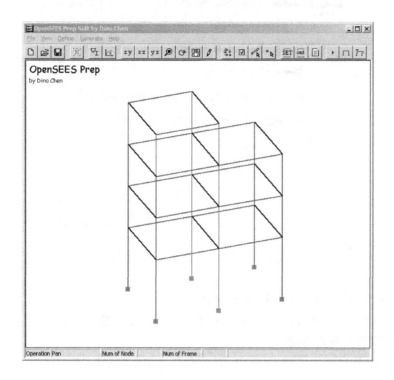

图 4-5-10　ETO 导入 ETABS 模型

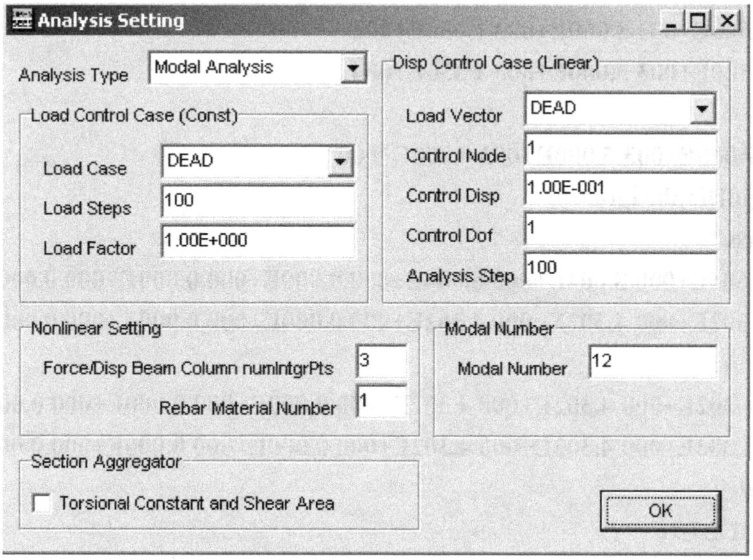

图 4-5-11　模态分析设置窗口

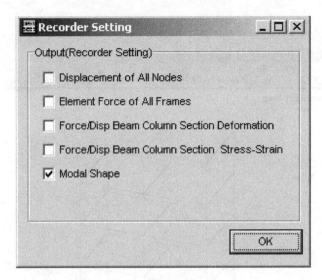

图 4-5-12　ETO 结果输出定义窗口

（4）点击按钮生成 OpenSEES 命令流。

（5）以下将对 OpenSEES 命令流进行解释并修改，最后提交运算。

**5）OpenSEES 命令流解读**

（1）从 ETO 程序中生成的 OpenSEES 的命令流如下所示。

```
wipe
puts "System"
model basic -ndm 3 -ndf 6
puts "restraint"
node 1 4.500E+003 5.000E+003 1.050E+004
node 2 4.500E+003 5.000E+003 1.350E+004
…………
node 28 9.000E+003 5.000E+003 0.000E+000
puts "rigidDiaphragm"
puts "mass"
mass 1 8.604E+000 8.604E+000 8.604E+000 0.000E+000 0.000E+000 0.000E+000
mass 2 4.302E+000 4.302E+000 4.302E+000 0.000E+000 0.000E+000 0.000E+000
…………
mass 21 4.302E+000 4.302E+000 4.302E+000 0.000E+000 0.000E+000 0.000E+000
mass 22 4.302E+000 4.302E+000 4.302E+000 0.000E+000 0.000E+000 0.000E+000
puts "node"
fix 23 1 1 1 1 1 1;
…………
fix 28 1 1 1 1 1 1;
puts "material"
```

```
uniaxialMaterial Elastic 1 1.999E+005
uniaxialMaterial Elastic 2 2.680E+004
uniaxialMaterial Elastic 3 1.999E+005
puts "transformation"
geomTransf Linear 1 1.000 0.000 0.000
..............
geomTransf Linear 47 0.000 0.000 1.000
puts "element"
element elasticBeamColumn 1 1 2 1.600E+005 2.680E+004 1.117E+004 3.605E
+009 2.133E+009 2.133E+009 1
..............
element elasticBeamColumn 47 19 20 1.800E+005 2.680E+004 1.117E+004 3.708E
+009 5.400E+009 1.350E+009 47
puts "recorder"
recorder Node -file eigen1_node0.out -time -nodeRange 1 28 -dof 1 2 3 "eigen 1"
recorder Node -file eigen2_node0.out -time -nodeRange 1 28 -dof 1 2 3 "eigen 2"
recorder Node -file eigen3_node0.out -time -nodeRange 1 28 -dof 1 2 3 "eigen 3"
recorder Node -file eigen4_node0.out -time -nodeRange 1 28 -dof 1 2 3 "eigen 4"
recorder Node -file eigen5_node0.out -time -nodeRange 1 28 -dof 1 2 3 "eigen 5"
recorder Node -file eigen6_node0.out -time -nodeRange 1 28 -dof 1 2 3 "eigen 6"
recorder Node -file eigen7_node0.out -time -nodeRange 1 28 -dof 1 2 3 "eigen 7"
recorder Node -file eigen8_node0.out -time -nodeRange 1 28 -dof 1 2 3 "eigen 8"
recorder Node -file eigen9_node0.out -time -nodeRange 1 28 -dof 1 2 3 "eigen 9"
recorder Node -file eigen10_node0.out -time -nodeRange 1 28 -dof 1 2 3 "eigen 10"
recorder Node -file eigen11_node0.out -time -nodeRange 1 28 -dof 1 2 3 "eigen 11"
recorder Node -file eigen12_node0.out -time -nodeRange 1 28 -dof 1 2 3 "eigen 12"
set numModes 12
set lambda [eigen   $numModes]
set period "Periods.txt"
set Periods [open $period "w"]
puts $Periods " $lambda"
close $Periods
record
```

模型节点及单元编号如图 4-5-13 所示。

（2）实例 5 与实例 4 的结构模型基本上一样，只是采用了弹性模型，大部分命令流一样，其他方面的命令流看上述的实例。

（3）OpenSEES 质量源，OpenSEES 基本上采用节点质量源的形式，与大部分有限元程序一样，也就是每个节点有 6 个自由度，6 个自由度上都有广义质量，平动方向 UX、UY、UZ 称为质量，而转动方向 RX、RY、RZ 称为转动惯量（除了刚体，基本上节点没

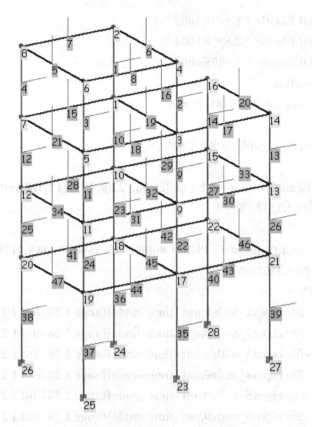

图 4-5-13　模型节点及单元编号

有转动惯量）。普通节点只有 UX、UY、UZ 的平动质量，且三个值是相等的。

**puts "mass"**

**mass $NUM $MUX $MUY $MUZ $MRX $MRY $MRZ**

其中，**$NUM** 为节点编号，**$MUX　$MUY　$MUZ　$MRX　$MRY　$MRZ** 代表各个自由度的质量，以单位制（N，mm）的规定，质量的单位应该为 ton（吨）。普通节点的质量定义如下：

**mass $NUM $M $M $M 0 0 0**

（4）模态分析的命令流与普通静力分析的命令流最大的区别在于记录与分析设置。记录命令如下：

**puts "recorder"**

**recorder Node -file eigen1_node0.out -time -nodeRange 1 28 -dof 1 2 3 "eigen 1"**

该命令流用于输出振型位移，即振型形状。

其中，**eigen1_node0.out** 为输出振型位移的文件名，**-dof 1 2 3** 代表输出的自由度；**"eigen 1"** 代表输出的为"第 1 振型"。

（5）模态分析设置的命令流如下：

```
set numModes 12
set lambda [eigen    $numModes]
set period "Periods.txt"
set Periods [open $period "w"]
puts $Periods " $lambda"
close $Periods
record
```

其中，**set lambda [eigen　$numModes]**，代表计算 $n$ 阶振型，将特征值计算结果存为 **lambda** 数组；

**set period "Periods.txt"**，定义输出文本文件的名字为 "**Periods.txt**"；用于存计算的特征值。

**set Periods [open $period "w"]**，代表打开文本文件进行记录。

**puts $Periods " $lambda"**，代表记录特征值数据至文本当中。

**close $Periods**，代表记录完成，关闭文本文件。

**record** 代表记录命令。

（6）综上所述，完成命令流修改后，可以提交进行分析，修改后的文件可查看 "Exam05 \ OpenSEES \ Exam05. tcl"。

**6）OpenSEES 分析及分析结果**

（1）打开 OpenSEES 程序，输入命令：

**source Exam05.tcl**

（2）打开 **Periods.txt** 文件，即记录结构振型特征值的文件，打开后整理计算结构的周期秒数，特征值与周期秒数（结构动力学基本内容）的关系如下：

$$T = \frac{2\pi}{\omega}，其中 \lambda = \omega^2$$

那么变换后得：$T = \dfrac{2\pi}{\sqrt{\lambda}}$

与 ETABS 的计算结果对比如表 4-5-1 所示。

**OpenSEES 与 ETABS 的计量结果对比**　　　　　　　表 4-5-1

| Mode | OpenSEES | | | ETABS | | |
|---|---|---|---|---|---|---|
| | $\lambda$ | $\omega$ | $T_{os}$ | $T_{et}$ | $T_{os}/T_{et}$ | |
| 1 | 215.7 | 14.7 | 0.428 | 0.434 | 98.5% | |
| 2 | 269.0 | 16.4 | 0.383 | 0.390 | 98.2% | |
| 3 | 359.1 | 18.9 | 0.331 | 0.337 | 98.3% | |
| 4 | 1280.7 | 35.8 | 0.175 | 0.177 | 99.1% | |
| 5 | 1540.9 | 39.3 | 0.160 | 0.161 | 99.4% | |
| 6 | 2017.5 | 44.9 | 0.140 | 0.142 | 98.5% | |
| 7 | 2744.0 | 52.4 | 0.120 | 0.122 | 98.3% | |
| 8 | 3313.9 | 57.6 | 0.109 | 0.111 | 98.3% | |
| 9 | 4044.9 | 63.6 | 0.099 | 0.100 | 98.7% | |
| 10 | 5679.0 | 75.4 | 0.083 | 0.085 | 98.0% | |
| 11 | 6313.2 | 79.5 | 0.079 | 0.080 | 98.8% | |
| 12 | 7613.1 | 87.3 | 0.072 | 0.074 | 97.3% | |

（3）点击按钮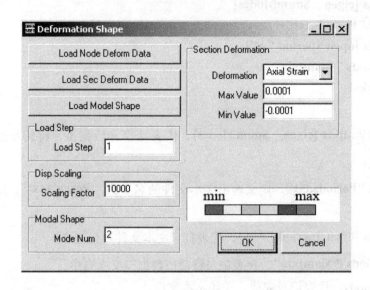，显示结构变形。弹出窗口如图 4-5-14 所示。

图 4-5-14　ETO 变形显示参数设置

点击【Load Modal Shape】，选取 Exam05. tcl 文件，窗口显示结构变形。

【Scaling Factor】需要调整合适，可以显示出比较合理的振型形状如图 4-5-15 所示。

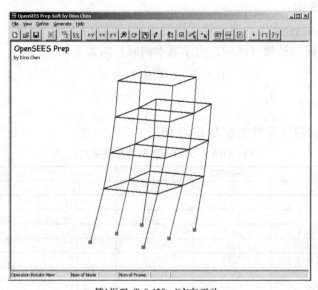

第1振型, $T$=0.428s, $Y$方向平动

图 4-5-15　ETO 显示结构振型（一）

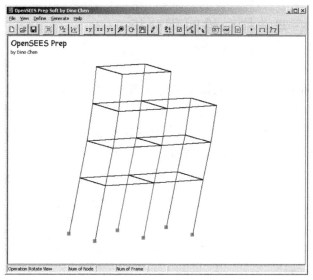

第2振型, *T*=0.381s, *X*方向平动

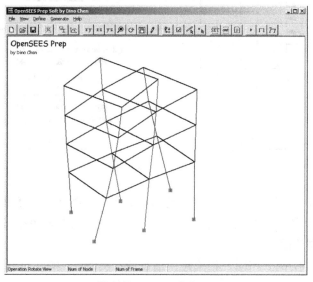

第3振型, *T*=0.383s, 扭转

图 4-5-15　ETO 显示结构振型 (二)

【Mode Num】为显示的振型号。

**7) 知识点回顾**

(1) ETABS 中质量源的定义及振型的输出;

(2) OpenSEES 中质量源 (节点质量) 的定义;

(3) OpenSEES 中振型的记录 (Recorder) 设置;

(4) OpenSEES 中振型分析设置及命令流;

(5) ETO 程序的振型形状图形后处理实现。

## 4.6 实例6 框架结构弹性时程分析

### 1）问题描述

本例仍采用实例4（实例5）的框架结构（图4-6-1），为了方便对比，改采用弹性截面，主要进行弹性时程分析，材料为弹性，时程分析即动力分析。结构荷载情况与实例4相同（侧向力荷载不需要施加，实际侧向力为地面加速度）。计算结构在地震作用下的响应（主要提取位移结果）。（重力荷载代表值组合为 $1.0 \times DEAD + 0.5 \times LIVE$）。

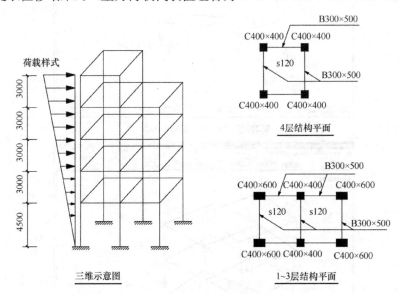

图 4-6-1  实例示意图

注意：上述实例讲到了质量矩阵（质量源）的定义，刚度矩阵通过结构几何与材料属性得到，那么接下来只需要定义了结构阻尼，就可以进行结构动力分析，即时程分析。

### 2）ETABS 模型建模

（1）结构模型与实例5相同，相关建模细节请看实例5。模型如图4-6-2所示。

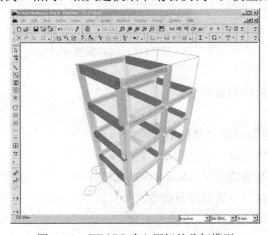

图 4-6-2  ETABS建立框架的几何模型

（2）为了对比 OpenSEES 弹性时程的分析结果，在 ETABS 模型同样进行弹性时程分析。为了进行弹性时程分析，需要输入地震波（本例只进行单向地震分析）。

（3）地震波数据导入：（实例的地震波放在光盘"/EXAM06/ETABS/"目录）

本算例采用的为单向地震波，地震波文件为：GM1X. txt，通过 EXCEL 图表画出整个地震波时程曲线如图 4-6-3 所示（该时程的时间间隔为 0.02s）。

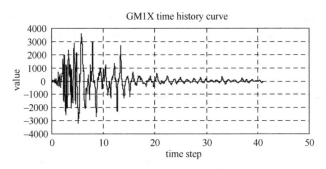

图 4-6-3　时程曲线 GM1X

从时程曲线可知，曲线最大值为 3621（该值为无单位数）。

【Define】→【Time History Functions】，选取【Function from File】点击【Add New Functions】，弹出图 4-6-4 所示窗口。

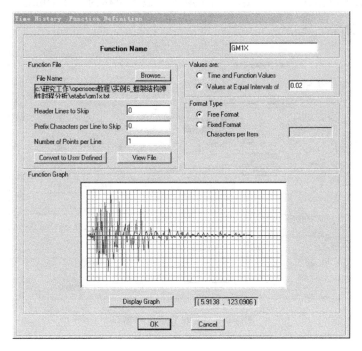

图 4-6-4　GM1X 时程曲线定义窗口

（4）弹性时程分析工况定义，点击【Define】→【Time History Cases】，如图 4-6-5 所示。按窗口的内容填写数据，点击【Modal Damping】右边的按钮【Modify/Show】，可以看到阻尼比的填写框，由于是混凝土结构，阻尼比为 0.05。

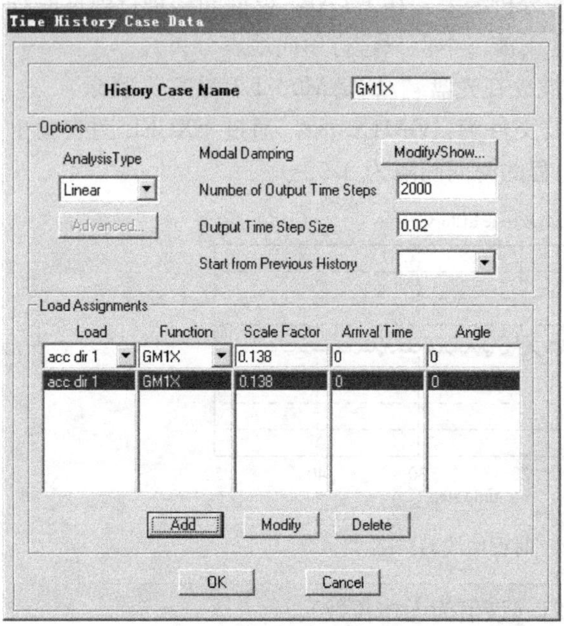

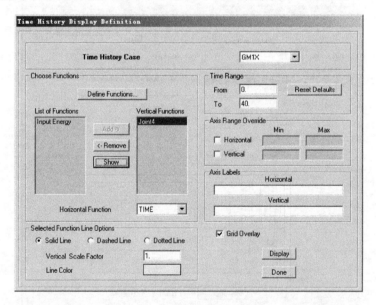

图 4-6-5　时程分析工况内容

窗口中输入的内容简介如下：

荷载步数为 2000 步，每步代表 0.02s，即总分析时间长度为 40s，主轴 1 方向的地震波时程数据为 GM1X，其放大倍数为 0.138（单位为 mm/s²），也就是说整个地震波的最大地面加速度为 3621×0.138＝500 mm/s²，即 50gal，属于小震量级。

（5）完成上述步骤后建立完 ETABS 模型。

注意：实例的 ETABS 模型存放在光盘"/EXAM06/ETABS/"目录。

**3) ETABS 弹性时程分析结果**

完成 ETABS 模型后，运行分析。分析完成后，点击菜单中的【Display】→【Show Time History Trace】，选取顶层的 4 号节点（图 4-6-6），显示其水平位移的时程，如图 4-6-7 所示。最大位移为 7.217mm。

图 4-6-6　选取节点位移窗口

**4) OpenSEES 建模**

（1）打开 ETABS 模型，导出 s2k 文件。打开 ETO 程序，导入 s2k 文件，得到转化的 OpenSEES 模型，如图 4-6-8 所示。再打开转化 tcl 按钮，将模型转化成 OpenSEES 代码，将代码另存为"Exam06.tcl"。

（2）在 ETO 程序中，点击按钮 ，可以设置结构分析工况。本实例选择 OpenSEES

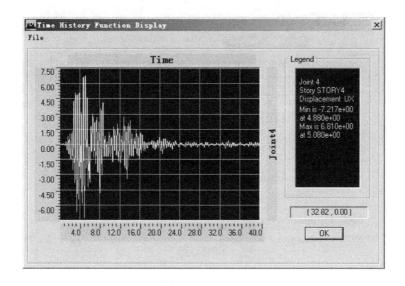

图 4-6-7　顶部节点（4 号节点）位移时程曲线

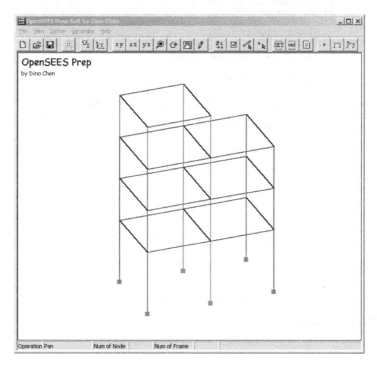

图 4-6-8　ETO 导入 ETABS 模型

的分析类型为【Time History Analysis】，即单工况的时程分析。如图 4-6-9 所示。

（3）点击按钮 ，可设置 OpenSEES 的输出命令（Recorder），勾选如图 4-6-10 所示。

（4）点击按钮 生成 OpenSEES 命令流。

**115**

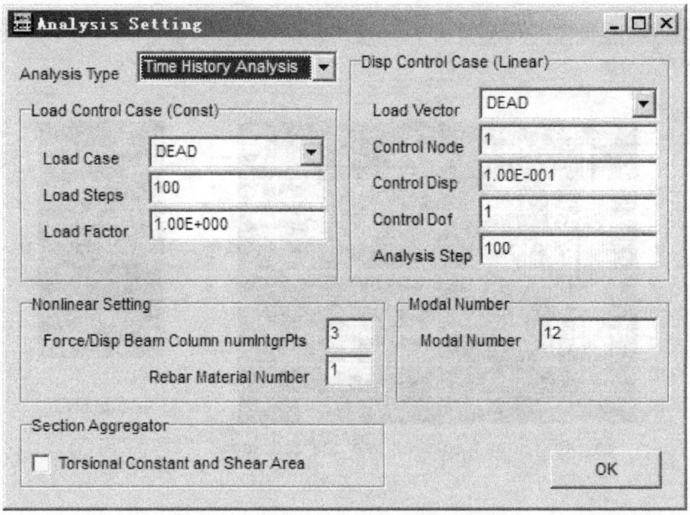

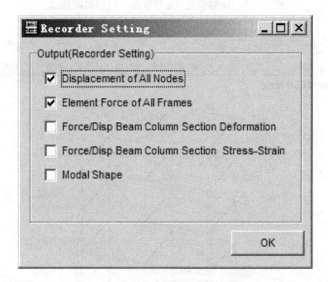

图 4-6-9　分析设置窗口

图 4-6-10　ETO 结果输出定义窗口

（5）以下将对 OpenSEES 命令流进行解释并修改，最后提交运算。

**5）OpenSEES 命令流解读**

（1）从 ETO 程序中生成的 OpenSEES 的命令流如下所示。

```
wipe
puts "System"
model basic -ndm 3 -ndf 6
puts "restraint"
node 1 4.500E+003 5.000E+003 1.050E+004
……………
node 28 9.000E+003 5.000E+003 0.000E+000
```

```
puts "rigidDiaphragm"
puts "mass"
mass 1 8.604E+000 8.604E+000 8.604E+000 0.000E+000 0.000E+000 0.000E+000
..................
mass 22 4.302E+000 4.302E+000 4.302E+000 0.000E+000 0.000E+000 0.000E+000
puts "node"
fix 23 1 1 1 1 1 1;
..................
fix 28 1 1 1 1 1 1;
puts "material"
uniaxialMaterial Elastic 1 1.999E+005
uniaxialMaterial Elastic 2 2.680E+004
uniaxialMaterial Elastic 3 1.999E+005
puts "transformation"
geomTransf Linear 1 1.000 0.000 0.000
..................
geomTransf Linear 47 0.000 0.000 1.000
puts "element"
element elasticBeamColumn 1 1 2 1.600E+005 2.680E+004 1.117E+004 3.605E+009
2.133E+009 2.133E+009 1
..................
element elasticBeamColumn 47 19 20 1.800E+005 2.680E+004 1.117E+004 3.708E+009
 5.400E+009 1.350E+009 47
puts "recorder"
recorder Node -file node0.out -time -nodeRange 1 28 -dof 1 2 3 disp
recorder Element -file ele0.out -time -eleRange 1 47 localForce
set xDamp 0.05;
set nEigenI 1;
set nEigenJ 2;
set lambdaN [eigen [expr $nEigenJ]];
set lambdaI [lindex $lambdaN [expr $nEigenI-1]];
set lambdaJ [lindex $lambdaN [expr $nEigenJ-1]];
set omegaI [expr pow($lambdaI,0.5)];
set omegaJ [expr pow($lambdaJ,0.5)];
set alphaM [expr $xDamp*(2*$omegaI*$omegaJ)/($omegaI+$omegaJ)];
set betaKcurr [expr 2.*$xDamp/($omegaI+$omegaJ)];
rayleigh $alphaM $betaKcurr 0 0
set IDloadTag 1001;
set iGMfile "GMX.txt";
```

```
set iGMdirection "1";
set iGMfact "0.1";
set dt 0.02;
foreach GMdirection $iGMdirection GMfile $iGMfile GMfact $iGMfact {
incr IDloadTag;
set GMfatt [expr 1*$GMfact];
set AccelSeries "Series -dt $dt -filePath $iGMfile -factor    $GMfatt";
pattern UniformExcitation    $IDloadTag   $GMdirection -accel   $AccelSeries;
}
constraints Transformation;
numberer Plain;
system UmfPack;
test EnergyIncr 1.0e-4 200;
algorithm Newton
integrator Newmark 0.5 0.25
analysis Transient
analyze 1000 0.02
```

（2）实例 6 与实例 5 的结构模型基本上一样，采用了弹性模型，大部分命令流一样，其他方面的命令流看上述的实例。

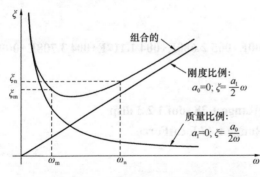

图 4-6-11　瑞利阻尼与频率、质量、刚度的关系

（3）弹性时程分析需要定义结构阻尼比，在 ETABS 中阻尼比定义比较简单，只需要输入一个参数，在 OpenSEES 中，结构采用瑞利（Rayleigh）阻尼，即阻尼矩阵的大小与结构的质量矩阵，刚度矩阵都相关，瑞利阻尼的计算公式如下，阻尼与刚度质量的关系如图 4-6-11 所示。

$$[c] = a_0[m] + a_1[k]$$

$$\begin{Bmatrix} a_0 \\ a_1 \end{Bmatrix} = \frac{2\xi}{\omega_m + \omega_n} \begin{pmatrix} \omega_m \omega_n \\ 1 \end{pmatrix}$$

式中，$\xi$ 为阻尼比，$a_0$ 为质量相关系数，$a_1$ 为刚度相关系数，$[c]$ 为阻尼矩阵，$[m]$ 为质量矩阵，$[k]$ 为刚度矩阵，$\omega_m$、$\omega_n$ 为结构两个主振型的圆频率，由于 OpenSEES 能够直接求解振型的特征值，那么特征值与圆频率的关系如下式所示：

$$\omega = \sqrt{\lambda}$$

命令流的解读如下：

**set xDamp 0.05;**————设置阻尼比为 0.05

**set nEigenI 1;**————主振型 1 为第 1 振型

**set nEigenJ 2;**————主振型 2 为第 2 振型

**set lambdaN [eigen [expr $nEigenJ]];**————求解两阶振型即可

**set lambdaI [lindex $lambdaN [expr $nEigenI-1]];**————提取第 1 阶特征值

**set lambdaJ [lindex $lambdaN [expr $nEigenJ-1]];**————提取第 2 阶特征值

**set omegaI [expr pow($lambdaI,0.5)];**————从特征值求圆频率

**set omegaJ [expr pow($lambdaJ,0.5)];**————从特征值求圆频率

**set alphaM [expr $xDamp*(2*$omegaI*$omegaJ)/($omegaI+$omegaJ)];**
————alphaM 为 $a_0$，即质量相关系数

**set betaKcurr [expr 2.*$xDamp/($omegaI+$omegaJ)];**
————betaKcurr 为 $a_1$，即刚度相关系数

**rayleigh $alphaM $betaKcurr 0 0**
————定义瑞利阻尼，只需要填写 $a_0$，$a_1$，其他值为 0

（4）单向地震波数据设置的命令流如下：

**set IDloadTag 1001;**————地震波工况号为 1001

**set iGMfile "GM1X.txt";**————地震波数据文件名为 GM1X. txt，需要与 tcl 文件放在同一个目录下。

**set iGMdirection "1";**————地震波方向为 x 方向，即系统 1 方向

**set iGMfact "0.138";**————地震波峰值放大系数为 0.138mm/s2

**set dt 0.02;**————地震波时间间隔为 0.02s

**foreach GMdirection $iGMdirection GMfile $iGMfile GMfact $iGMfact {**
**incr IDloadTag;**

**set GMfatt [expr 1*$GMfact];**

**set AccelSeries "Series -dt $dt -filePath $iGMfile -factor　$GMfatt";**

**pattern UniformExcitation　$IDloadTag　$GMdirection -accel　$AccelSeries;**

**}**————以上为多维地震波的输入标准样式，可用于三向地震波，也可以用于单向，数组如果只有一个值，如算例所示，只作为单向波。

**pattern UniformExcitation　$IDloadTag　$GMdirection -accel　$AccelSeries;**

为荷载工况的命令流，用于输入地震波数据，**$IDloadTag** 为地震波工况号，**$GMdirection** 为地震波的方向，**-accel　$AccelSeries**，为地震波的其他参数，包括文件名、时间间隔、峰值放大倍数等。

（5）弹性时程分析命令流如下：

**constraints Transformation;**————用于动力时程分析

**numberer Plain;**————普通的排位方法

**system UmfPack;**————采用 Umfpack 自由度排列

**test EnergyIncr 1.0e-4 200;**————采用能量收敛准则

**algorithm Newton**————采用牛顿迭代法

**integrator Newmark 0.5 0.25** ————采用 Newmark 法对时间进行离散

**analysis Transient**————采用时程分析

**analyze 1000 0.02**————分析步数为 1000，时间间隔为 0.02s，即分析 20s

（6）为了查看 8 号节点的水平位移时间数据，记录的命令流如下：

**recorder Node -file node8.out -time -node 8 -dof 1 disp**

（7）综上所述，主要修改命令流中的地震波输入的命令流、阻尼比的命令流、结果记录命令流，修改后，可以提交进行分析，修改后的文件可查看"Exam06 \ OpenSEES \ Exam06. tcl"。

**6）OpenSEES 分析及分析结果**

（1）打开 OpenSEES 程序，输入命令：

**source Exam06.tcl**

运行完成后，程序自动保存结果。

（2）打开 node8.out，提取 8 号节点的水平位移与 ETABS 提取对应位置节点的水平位移进行比较，得到图 4-6-12 所示对比结果，表明结构分析与 ETABS 分析结果一致。

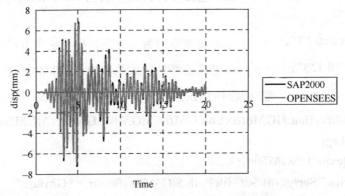

图 4-6-12　ETABS 与 OpenSEES 计算结果对比

（3）打开 OpenSEES 前后处理程序 ETO，点击按钮　，显示结构变形。弹出窗口如图 4-6-13 所示。

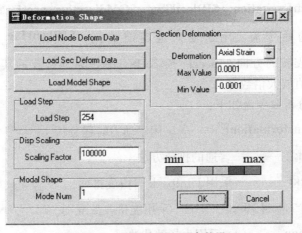

图 4-6-13　ETO 变形显示参数设置

点击【Load Node Deform Data】，选取 Exam06.tcl 文件，窗口显示结构变形。

【Scaling Factor】需要调整合适，如 100000，可以显示合理的变形形状如图 4-6-14 所示。

T=5.08s 时，结构的整体变形

图 4-6-14　ETO 显示结构变形

【load step】为 254，即 254 步，时间为 5.08s。

**7）知识点回顾**

（1）ETABS 中地震波数据的输入；

（2）ETABS 中弹性时程分析的设置；

（3）OpenSEES 中瑞利阻尼的计算及设置；

（4）OpenSEES 中地震波的输入；

（5）OpenSEES 中弹性时程分析工况的输入。

# 4.7　实例 7　框架结构弹塑性时程分析

**1）问题描述**

本算例采用 6 层的框架结构，结构主要尺寸与截面如下图所示。恒载为 3.5kN/m²，活载为 2.0kN/m²，混凝土楼板厚度为 120mm，柱构件为 C400×400，配筋率为 1.2%，梁构件为 B200×400，顶筋与底筋配筋率为 0.6%。不采用刚度楼板假定，地震波采用单向地震，在实例目录下，GM1X 为（X 方向）主向地震波，钢筋采用 HRB400，混凝土采用 C35，所有材料强度均采用标准值。地震波最大峰值加速度为 50gal（小震，规范为 35gal）、100gal（中震）、220gal（大震），通过不断加大结构地震烈度，看结构的响应。混凝土本构采用 Concrete02，考虑受拉段。注：1gal=1cm/s²。

注意：本算例增加的新知识点，包括在恒载的基础上施加地震波时程，混凝土本构采用 Concrete02，考虑受拉段的模型，上面章节所用到的增加质量源与整体阻尼的知识也会用到，

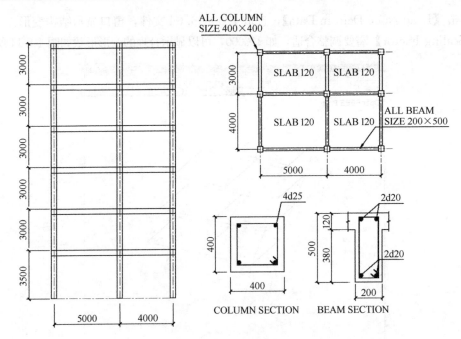

图 4-7-1　实例示意图

对比不同烈度的地震作用后的结构响应，即对比结构处于弹性状态与弹塑性状态的区别。

**2) ETABS 模型建模**

（1）结构模型与上述实例相似，相关建模细节请看实例 5。实例在 ETABS 建模后的情况如图 4-7-2 所示。

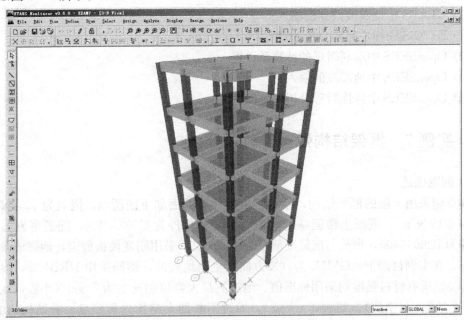

图 4-7-2　ETABS 建立框架的几何模型

（2）材料设置只增加了两种材料 HRB400（钢筋材料）、C35 混凝土材料，弹性模量分别为 Es＝206000MPa，Ec ＝31500MPa，注意在 ETABS 输入模型，材料的密度、重度、弹性模量的输入会影响后面的结果。材料定义窗口如图 4-7-3（a）所示。

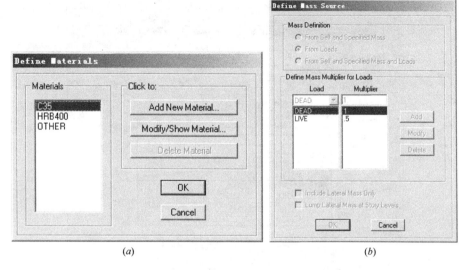

（a）　　　　　　　　　　　　　　　（b）

图 4-7-3　ETABS 中定义材料和质量源窗口

（3）结构的楼板采用膜单元，只传递荷载给梁构件，在 OpenSEES 不生成单元，附加恒载为 1.5kPa，活载为 2.0kPa。恒活载主要用于生成质量源与产生在时程分析之前施加的重力荷载。质量源的定义如图 4-7-3（b）所示。在 ETABS 中，如果不勾选 Include Lateral Mass Only（只包括水平质量），那么 ETO 生成的 OpenSEES 命令流每个质点就会出现三个质量值，UX＝UY＝UZ，可以计算竖向地震。

（4）地震波采用与上述实例相同的地震波，GM1X，文件中其峰值为 3621。如图 4-7-4 所示。

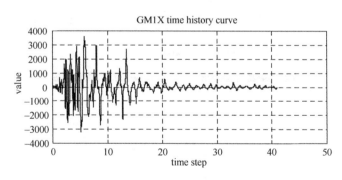

图 4-7-4　时程曲线 GM1X

从时程曲线可知，曲线最大值为 3621（该值为无单位数）。

【Define】→【Time History Functions】，选取【Function from File】点击【Add New Functions】，弹出图 4-7-5 所示窗口。

（5）弹性时程分析工况定义，点击【Define】→【Time History Cases】，如图 4-7-6 所示。按窗口的内容填写数据，点击【Modal Damping】右边的按钮【Modify/Show】，

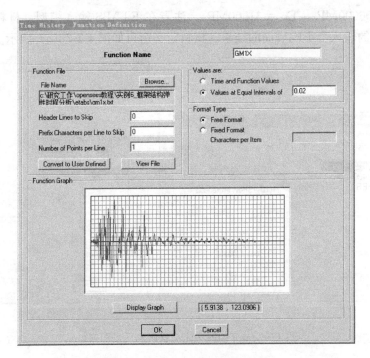

图 4-7-5　GM1X 时程曲线定义窗口

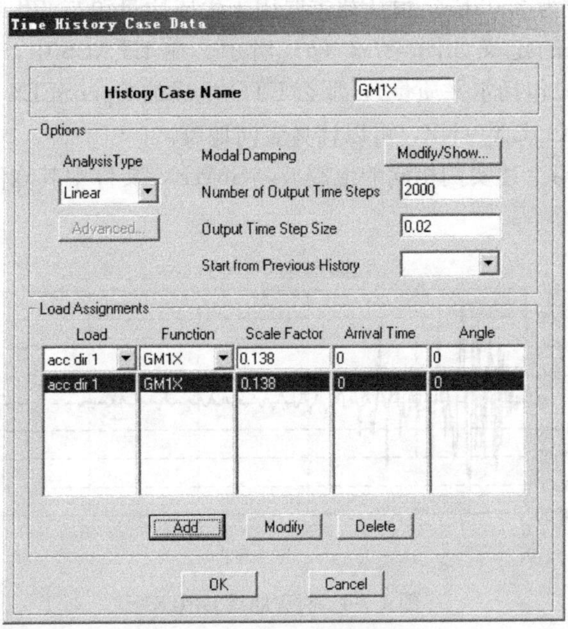

图 4-7-6　时程分析工况内容

可以看到阻尼比的填写框，由于是混凝土结构，阻尼比为 0.05。

　　窗口中输入的内容简介如下：

　　荷载步数为 2000 步，每步代表 0.01s，即总分析时间长度为 40s，主轴 1 方向的地震波时程数据为 GM1X，其放大倍数为 0.138（单位为 mm/s²），也就是说整个地震波的最

大地面加速度为 $3621 \times 0.138 = 500$ mm/s²，即 50gal，属于小震量级。

（6）完成上述步骤后建立完 ETABS 模型。

注意：实例的 ETABS 模型存放在光盘"/EXAM07/ETABS/"目录。

**3）ETABS 弹性时程分析结果**

完成 ETABS 模型后，运行分析。分析完成后，点击菜单中的【Display】→【Show Time History Trace】，选取顶层的 5 号节点（图 4-7-7），显示其水平位移的时程，如图 4-7-8所示。最大位移为 7.217mm。

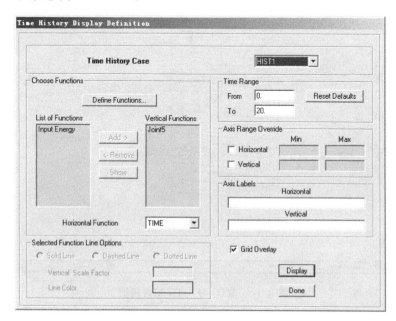

图 4-7-7　选取节点位移窗口

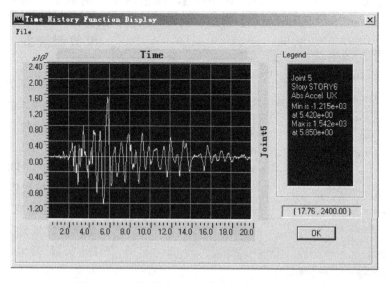

图 4-7-8　顶部节点（5 号节点）位移时程曲线

**125**

**4）OpenSEES 建模**

（1）打开 ETABS 模型，导出 s2k 文件。打开 ETO 程序，导入 s2k 文件，得到转化的 OpenSEES 模型，如图 4-7-9 所示。再打开转化 tcl 按钮，将模型转化成 OpenSEES 代码，将代码另存为"Exam07. tcl"。

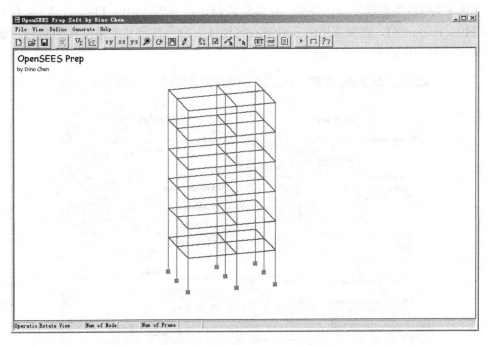

图 4-7-9　ETO 导入 ETABS 模型

（2）在 ETO 程序中，点击按钮 ，可以设置结构分析工况。本实例选择 OpenSEES 的分析类型为【D＋L＋Time Hist Analysis】，即施加重力荷载后＋时程分析。勾选 【Torsional Constant and Shear Area】弹塑性截面的弹性参数将会自动计算及组装，与纤维截面合并。如图 4-7-10 所示。

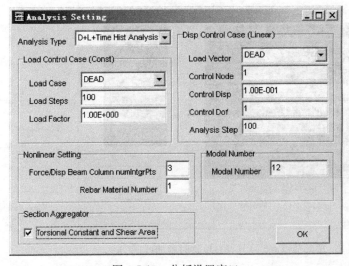

图 4-7-10　分析设置窗口

注意：本算例的时程分析之前的力工况为 DEAD 也就是 100% 的恒载作为初始荷载，如果按照规范，需要施加 100% DEAD ＋ 50% LIVE 的荷载作为初始荷载，那么这种情况，在 ETABS 建模的时候就要再定义一个 D＋0.5L 的工况，手工将恒载与活载进行组合后输入，如楼面荷载应该为 D＋0.5L ＝ 1.5＋2 * 0.5 ＝2.5kPa。

（3）点击按钮 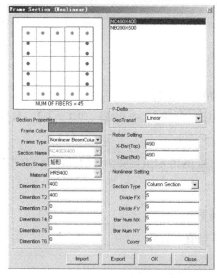，可设置 OpenSEES 用到的弹塑性截面中的纤维划分，窗口如图 4-7-11 所示。计算出纤维截面的钢筋面积与划分的数量即可填入。本算例采用的单元为【Nonlinear Beam Column Element】。纤维划分太多会影响计算效率。

（4）点击按钮 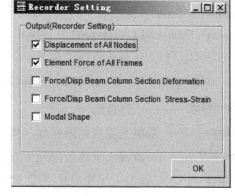，可设置 OpenSEES 的输出命令（Recorder），勾选如图 4-7-12 所示。

图 4-7-11　ETO 截面定义窗口　　　　图 4-7-12　ETO 结果输出定义窗口

（5）点击按钮 ▤ 生成 OpenSEES 命令流。

（6）以下将对 OpenSEES 命令流进行解释并修改，最后提交运算。

**5）OpenSEES 命令流解读**

（1）从 ETO 程序中生成的 OPENSEES 的命令流主要分以下内容，不一一详细列出。

- 初始设置
- 节点空间位置
- 节点质量（所有动力分析都需要节点）
- 支座条件（底部为固端支座）
- 材料（默认生成弹性材料）
- 截面抗扭抗剪属性
- 纤维截面
- 纤维截面与截面抗扭抗剪属性组装
- 杆件局部方向坐标（即 **geomTransf**）
- 杆件定义

上述部分为结构的刚度模型的建立，然后的内容就是：

- 记录输出定义
- 重力荷载定义
- 重力荷载分步分析（施加后重力荷载恒定不变）
- 整体阻尼比定义
- 地震波输入

● 地震波时程分析

（2）实例 7 与实例 6 的结构模型基本上一样，但是采用了弹塑性模型，一部分命令流需要进行修改，主要修改材料。ETO 生成的程序默认为弹性材料，那么需要定义混凝土的本构与钢筋的本构。

ETO 生成的默认代码如下：

**uniaxialMaterial Elastic 1 2.060E+005**

**uniaxialMaterial Elastic 2 3.150E+004**

需要改为：

**uniaxialMaterial Steel01    1    400    206000    0.01**

**uniaxialMaterial Concrete02 2  -26.8  -0.0015  -10  -0.0033  0.1  2.2  1100**

CONCRETE02 材料参数格式如下

**uniaxialMaterial Concrete02 2  $matTag $fpc $epsc0 $fpcu $epsU $lambda $ft $Ets**

**$matTag**————材料编号

**$fpc**————混凝土受压极限强度（MPa），负数

**$epsc0**————混凝土受压极限强度对应的应变值，负数

**$fpcu**————混凝土受压退化强度（MPa），负数

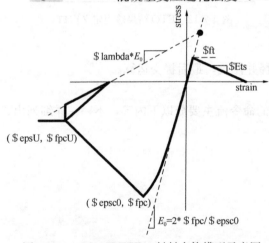

图 4-7-13　CONCRETE02 材料本构模型示意图

**$epsU**————混凝土受压退化强度对应的应变值，负数

**$lambda**————滞回特征参数，几何意义如图 4-7-13 所示，默认为 0.1

**$ft**————混凝土受拉极限强度（MPa），正数，一般为受压极限强度的 1/10

**$Ets**————混凝土受拉开裂后的斜率（MPa），越大证明开裂后强度退化越快

（3）弹塑性时程分析的阻尼定义与上章节的弹性时程分析的定义一样，阻尼比值为 0.05。

**Set xDamp 0.05;**

（4）单向地震波数据设置的命令流如下：

小震的地震波，峰值为 50gal，调整系数如下，

**set IDloadTag 1001;**————地震波工况号为 1001

**set iGMfile "GM1X.txt";**————地震波数据文件名为 GM1X.txt，需要与 tcl 文件放在同一个目录下

**set iGMdirection "1";**————地震波方向为 x 方向，即系统 1 方向

**set iGMfact "0.138";**————地震波峰值放大系数为 0.138mm/s²

**set dt 0.02;**————地震波时间间隔为 0.02s

中震的地震波，只需要修改地震波的加速度峰值相关的倍数，即 100gal 的中震，参数如下：

**set iGMfact "0.276";** ——————地震波峰值放大系数为 $0.276\text{mm/s}^2$

大震的地震波参数为：

**set iGMfact "0.6072";** ——————地震波峰值放大系数为 $0.6072\text{mm/s}^2$

（5）弹性时程分析命令流如下：

**constraints Transformation;** ————用于动力时程分析

**numberer Plain;** ————普通的排位方法

**system UmfPack;** ————采用 Umfpack 自由度排列

**test NormDispIncr　1.0e-1 200;** ————采用位移收敛准则

**algorithm Newton** ————采用牛顿迭代法

**integrator Newmark 0.5 0.25** ————采用 Newmark 法对时间进行离散

**analysis Transient** ————采用时程分析

**analyze 3000 0.005** ————分析步数为 3000，时间间隔为 0.005s，即分析 15s

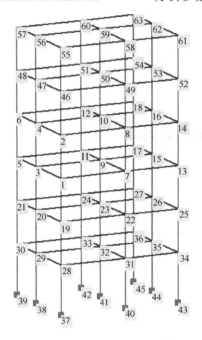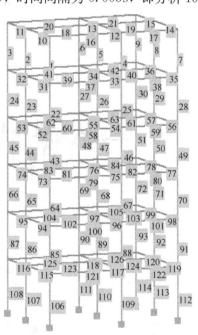

图 4-7-14　ETO 中显示节点和单元编号

（6）为了查看 59 号节点（顶层中间点）的水平位移时间数据，记录的命令流如下：

**recorder Node -file node59.out -time -node 59 -dof 1 disp**

为了显示整体变形，需要记录全部节点的位移，命令如下：

**recorder Node -file node0.out -time -nodeRange 1 63 -dof 1 2 3 disp**

（7）为了查看底层的总剪力，需要提取底层 9 个柱子的剪力之和，需要提取 106～114 的 9 个柱子的 X 方向剪力，命令流如下：

**recorder Element -file shear.out -time -eleRange 106 114 localForce**

（8）综上所述，主要修改命令流中的弹塑性材料，地震波参数、阻尼比的命令流、结果记录命令流，修改后，可以提交进行分析，修改后的文件可查看"Exam07 \ OpenS-EES \ Exam07. tcl"。

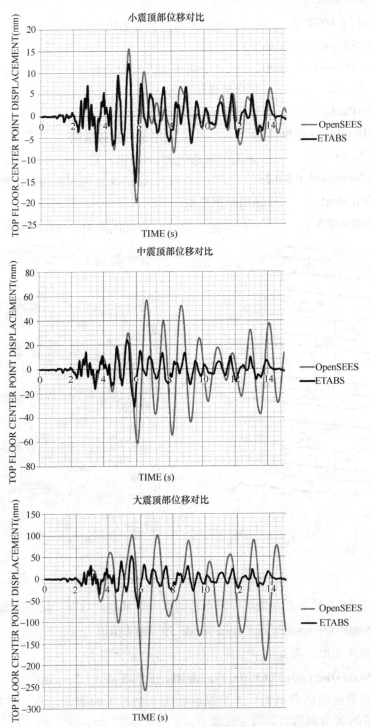

图 4-7-15　小震、中震和大震顶点位移对比

**6）OpenSEES 分析及分析结果**

（1）打开 OpenSEES 程序，输入命令：

**source Exam07.tcl**

运行完成后，程序自动保存结果。

（2）打开 node59.out，提取 59 号节点的水平位移与 ETABS 提取对应位置节点 5 的水平位移进行比较，得到以下对比结果，表明结构分析与 ETABS 分析结果一致。OPENSEES 模型体现出一点点弹塑性的损伤，主要为开裂。中震与大震的顶部位移的对比如图 4-7-15 所示。

（3）打开 base.out，提取 106～114 号杆件的水平剪力相加，等于基底总剪力，大中小震的总剪力汇总如图 4-7-16 所示。总剪力的计算详见 result 的 EXCEL 表格。

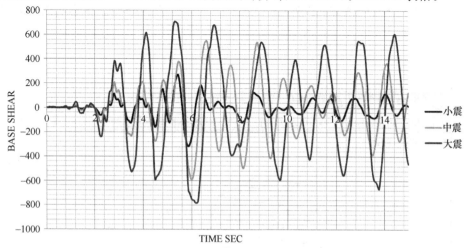

图 4-7-16　小震、中震和大震基底剪力对比

汇总顶部位移与总剪力的关系可以得到图 4-7-17 所示结果，详细数据请看 result.xlsx 文件。

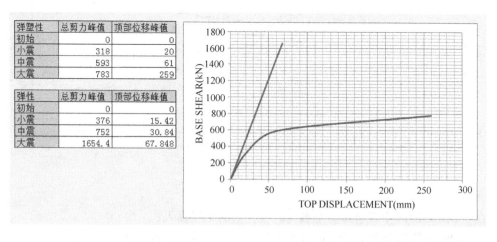

| 弹塑性 | 总剪力峰值 | 顶部位移峰值 |
|---|---|---|
| 初始 | 0 | 0 |
| 小震 | 318 | 20 |
| 中震 | 593 | 61 |
| 大震 | 783 | 259 |

| 弹性 | 总剪力峰值 | 顶部位移峰值 |
|---|---|---|
| 初始 | 0 | 0 |
| 小震 | 376 | 15.42 |
| 中震 | 752 | 30.84 |
| 大震 | 1654.4 | 67.848 |

图 4-7-17　基底剪力-顶点位移曲线图

（4）打开 OpenSEES 前后处理程序 ETO，点击按钮 ，显示结构变形。弹出窗口如图

**131**

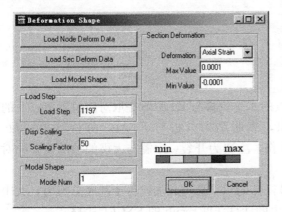

图 4-7-18  ETO 变形显示参数设置

4-7-18 所示。

点击【Load Node Deform Data】，选取 Exam07.tcl 文件，窗口显示结构变形。

【Scaling Factor】需要调整合适，如50，可以显示合理的变形形状如图 4-7-19 所示。

【load step】为 1197，即 1197 步，时间为 5.985s。

**7）知识点回顾**

（1）OpenSEES 中不断放大地震波峰值的修改；

（2）OpenSEES 中材料 CONCRETE02 的输入；

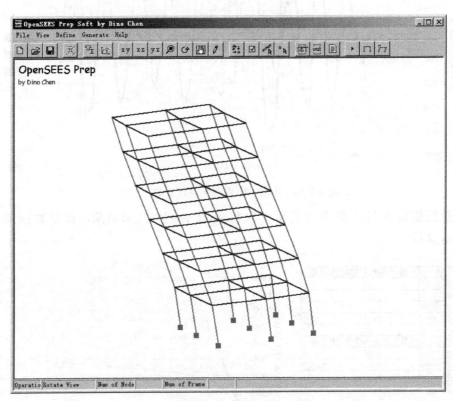

T=5.985s 时，结构的整体变形

图 4-7-19  ETO 显示结构变形

（3）OpenSEES 中混合重力加载与时程分析的工况输入；

（4）OpenSEES 如何查看不同地震作用下的弹塑性响应及对比；

（5）通过简单的 EXCEL 表格，计算基底剪力。

**132**

## 4.8　实例 8　钢结构低周往复分析

### 1）问题描述

本例是一个带支撑钢框架结构低周往复分析的实例，与前面 Push-over 算例不同，在对结构施加恒定的竖向荷载后，施加一定的侧向力模式，实现基于位移控制的低周往复加载，使结构发生弹塑性行为。如图 4-8-1 所示，为两层带支撑的钢框架结构，无楼板，所有梁柱截面均为 H300×400×25×25，支撑截面为 H200×200×20×12。

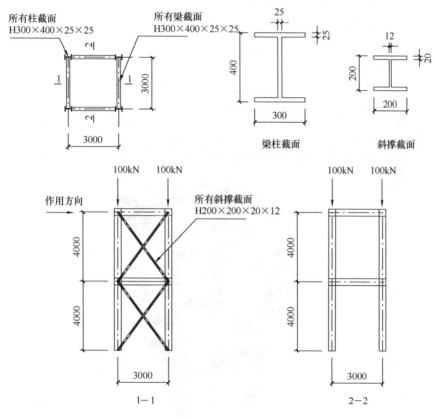

图 4-8-1　结构简图

### 2）ETABS 模型建模

（1）建立 ETABS 模型，定义材料和 H 型钢截面及建立几何模型，如图 4-8-2～图 4-8-4 所示。定义 H 型钢截面时，截面名称的首字母应为"D"，即本实例采用基于刚度法的纤维单元（Disp Beam Column Element）模拟（详见实例 1）。

（2）定义静荷载工况，如图 4-8-5 所示。恒载工况和活载工况的自重乘数分别为默认值 1 和 0，添加新荷载工况"PUSH"，类型为"OTHER"，自重乘数为 0。

（3）指定点荷载，如图 4-8-6 和图 4-8-7 所示。对顶部的四个节点分别指定 100 kN 的竖向荷载（DEAD 工况，共 400kN）和 0.25 kN 的水平荷载（PUSH 工况），即顶部总水平推力为 1kN，这个荷载是位移控制的力分布模式。

（4）基于刚度法的纤维单元模型把单元划分为若干个积分区段，积分点处截面的位移

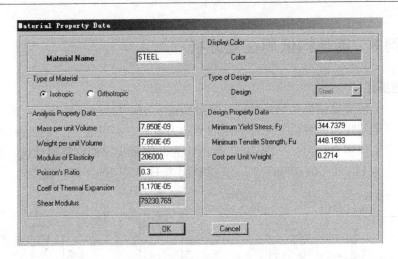

图 4-8-2　ETABS 中 STEEL 材料属性

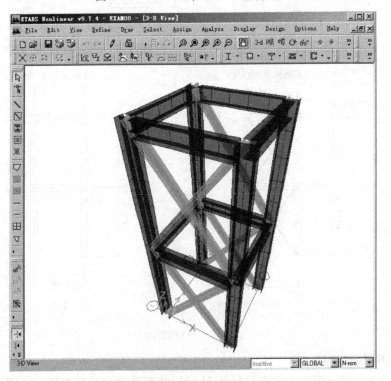

图 4-8-3　ETABS 建立框架的几何模型

通过 3 次 Hermit 多项式插值得到。该插值函数不能很好地描述端部屈服后单元的曲率分布，且单元层次没有迭代计算因此收敛速度慢。为减少 Hermit 函数造成的误差，可以采用多细分单元的方法建模，具体方法如下：选中所有梁、柱和支撑，点击【编辑】菜单下【分割线】命令，如图 4-8-8 所示，分别将每段梁、柱和支撑均匀分割成 5 段。细分单元后的模型如图 4-8-9 所示。

　　注：最佳的划分长度为接近塑性铰的长度。

　　(5) 完成上述步骤后建立完 ETABS 模型。

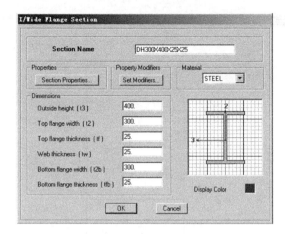

图 4-8-4　ETABS 截面定义窗口

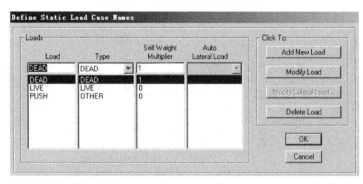

图 4-8-5　ETABS 定义静荷载工况窗口

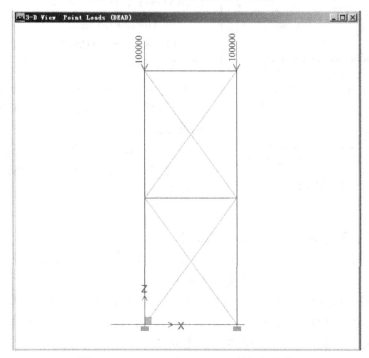

图 4-8-6　ETABS 中 DEAD 工况竖向荷载

**135**

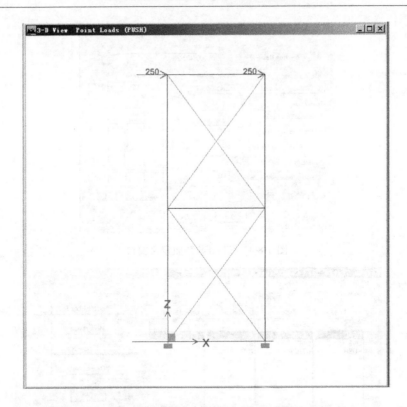

图 4-8-7　ETABS 中 PUSH 工况水平荷载

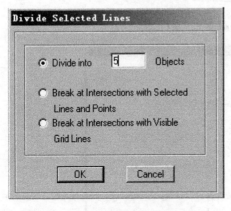

图 4-8-8　【分割线】对话框

注意：实例的 ETABS 模型存放在光盘"/EXAM08/ETABS/"目录。

**3）OpenSEES 建模**

（1）打开 ETABS 模型，导出 s2k 文件。打开 ETO 程序，导入 s2k 文件，得到转化的 OpenSEES 模型，如图 4-8-10 所示。再打开转化 tcl 按钮，将模型转化成 OpenSEES 代码，将代码另存为"Exam08.tcl"。

（2）在 ETO 程序输入纤维截面信息，以梁柱截面 H300×400×25×25 为例。纤维设置窗口如图 4-8-11 所示。（点击 ，即弹出截面定义窗口）。

【Frame Type】选取【Disp BeamColumn】。

【GeoTransf】为局部坐标轴类型，一般常用为【Linear】，由于本实例中柱子和支撑需要考虑 P-Delta 效应，故该处选取【P-Delta】。

注意：采用多细分的（提单元外划分）基于刚度法的纤维单元去模拟钢结构（易屈曲的构件），并且考虑 P-Delta 效应，可以实现考虑屈曲（长细比）对结构刚度的影响，即考虑屈曲的弹塑性分析。从下面的结果可以看到。

【Section Type】由于本例采用的是 H 型钢，截面不含钢筋，故选择【Column Sec-

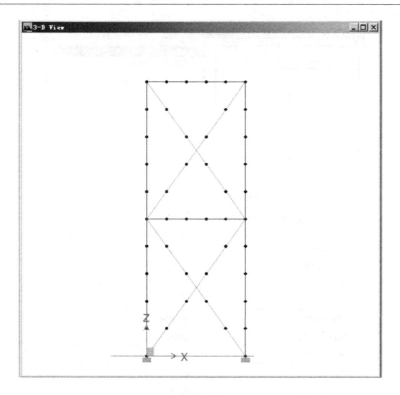

图 4-8-9　细分单元后的模型

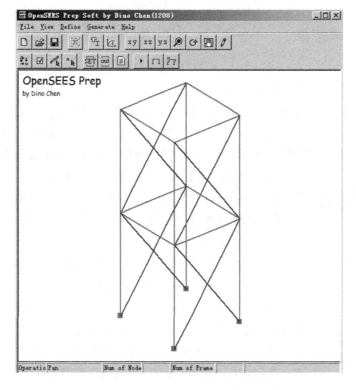

图 4-8-10　ETO 导入 ETABS 模型

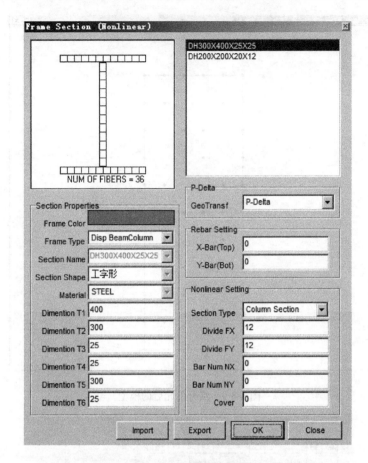

图 4-8-11　ETO 程序定义非线性截面

【tion】或【Beam Section】对分析无影响。

　　【Divide FX】表示 H 型钢翼缘沿 X 方向划分的纤维数，【Divide FY】表示 H 型钢腹板沿 Y 方向划分的纤维数，图 4-8-12 所示为【Divide FX】取 5、【Divide FY】取 4 时截面划分的情况。由于钢截面的板件厚度较小，建议板件厚度方向只划分一个纤维。

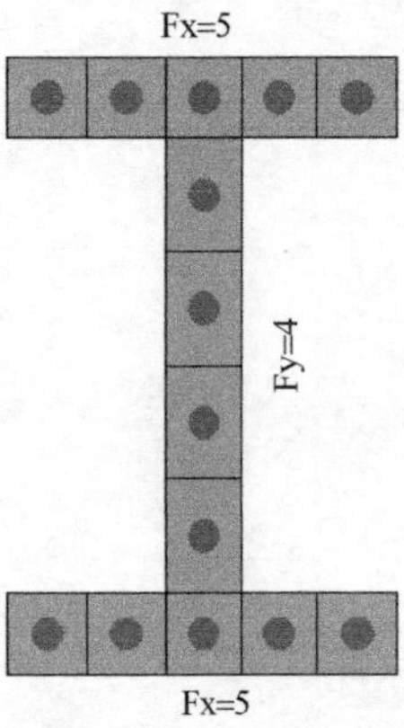

　　【Bar Num NX】和【Bar Num NY】表示 X、Y 方向的钢筋数，此处为 0；此参数只用于混凝土截面，对钢截面无意义。

　　【Cover】为纵筋至边缘距离，此处为 0；此参数只用于混凝土截面，对钢截面无意义。

　　上述操作后，基本完成了纤维截面划分的定义。

　　(3) 在 ETO 程序中，点击按钮 SET ，可以设置结构分析工况（图 4-8-13）。本实例选择 OpenSEES 的分析类型为【Gravity ＋ PushOver】，即重力荷载再运行推覆分析。

　　注意：ETO 没有对低周往复荷载分析提供直接的荷载工况定义，建议在后面的 OpenSEES 代码进行修改，有时候低周往复的荷载分析需要配合计算结果及收敛性进行调整，调整修改代码的可能性较大，举个简单的例子，如果在低周往复荷载加载过程

图 4-8-12　截面纤维划分示意图

**138**

中，不收敛，可以通过调整每一个位移加载步的大小进行调节。

在输入选项【Section Aggregator】中勾选【Torsional Constant and Shear Area】以后，ETO 程序自动生成截面的抗剪与抗扭刚度。

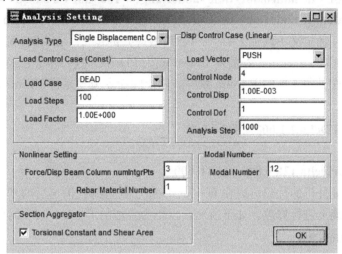

图 4-8-13　分析设置窗口

（4）点击按钮 ▤ 生成 OpenSEES 命令流。

（5）以下将对 OpenSEES 命令流进行解释并修改，最后提交运算。

**4）OpenSEES 命令流解读**

（1）从 ETO 程序中生成的 OpenSEES 的命令流主要分以下内容，不一一详细列出。

- 初始设置
- 节点空间位置
- 节点质量
- 支座条件（底部为固端支座）
- 材料（默认生成弹性材料）
- 截面抗扭抗剪属性
- 纤维截面
- 纤维截面与截面抗扭抗剪属性组装
- 杆件局部方向坐标（即 **geomTransf**）
- 杆件定义（注意类型为 **dispBeamColumn**）

上述部分为结构的刚度模型的建立，然后代码的内容就是：

- 记录输出定义
- 重力荷载分步分析（施加后重力荷载恒定不变）
- 侧向荷载分布定义
- 基于位移的低周往复分析定义

（2）ETO 生成的命令流，作 2 处修改：

将型钢的弹性材料改为弹塑性材料：

**uniaxialMaterial Steel01 1 295 206000 0.001**

记录框架的全部节点的位移及比较关心的 4 号节点(顶部节点)的位移,保存于以下文件中:

```
recorder Node -file node4.out -time -node 4 -dof 1 2 3 disp
recorder Node -file node0.out -time -nodeRange 1 100 -dof 1 2 3 disp
recorder Node -file node1.out -time -nodeRange 101 112 -dof 1 2 3 disp
```

(3) 局部坐标轴定义中增加 P-Delta (二阶效应) 的定义。在 ETO 的梁柱截面定义窗口中,将构件截面的 GeoTranf 参数从 Linear 改为 PDelta,这一步骤已经在 ETO 中实现。通过该设置考虑柱子和支撑的 P-Delta 效应。相应的命令流只是将 "Linear" 改为 "PDelta",如下所示。

```
geomTransf PDelta 1 1.000 0.000 0.000
…………
geomTransf PDelta 128 0.800 0.000 0.600
```

(4) 低周往复分析的代码可以在 D+L+Disp (重力荷载恒定后的基于位移加载的分析) 的基础命令流上进行修改,如下所示,以下为普通的 D+L+Disp 的分析代码。

```
loadConst -time 0.0
puts "pushover"
## Load Case = PUSH
pattern Plain 3 Linear {
load 2 2.500E+002 0.000E+000 0.000E+000 0.000E+000 0.000E+000 0.000E+000
….
load 8 2.500E+002 0.000E+000 0.000E+000 0.000E+000 0.000E+000 0.000E+000
}
puts "analysis"
constraints Plain
numberer RCM
system UmfPack
test NormDispIncr    1.0e-1 200
algorithm Newton
analysis Static
integrator DisplacementControl 4 1 0.1
analyze 1000
```

以上的命令流的主要意思就是:在顶部荷载**Plain 3** 的荷载模式下,对 4 号节点施加位移加载,每一个加载步为 0.1mm,推 1000 步,合计将 4 号节点往正方向推 $0.1 \times 1000 = 100$mm 的侧移。完成这一分析只是进行了简单的 PUSHOVER 分析,如果需要进行低周往复分析,如果往下再加代码,由于上述采用的各种算法操作均没有变化,所以算法操作在每一步分析中需要修改,添加以下代码:

```
integrator DisplacementControl 4 1 -0.2
analyze 1000
integrator DisplacementControl 4 1 0.225
```

**analyze 1000**

**integrator DisplacementControl 4 1 -0.250**

**analyze 100**

我们通过图像来表述这个位移加载，如图 4-8-14 所示。

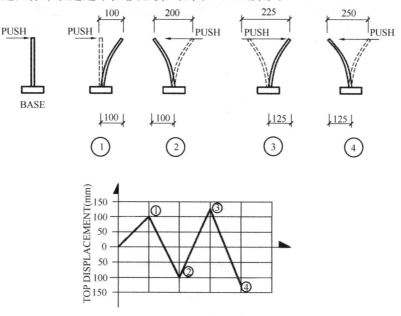

图 4-8-14 低周往复示意图

（5）综上所述，完成命令流修改后，可以提交进行分析，修改后的文件可查看"Exam08 \ OpenSEES \ Exam08. tcl"。

**5）OpenSEES 分析及分析结果**

（1）打开 OpenSEES 前后处理程序 ETO，点击按钮，显示结构变形。弹出窗口如图 4-8-15 所示

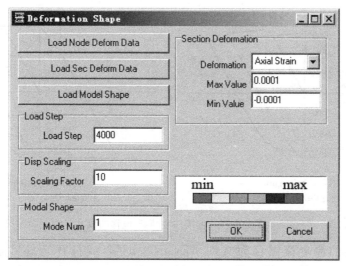

图 4-8-15 ETO 变形显示参数设置窗口

点击【Load Node Deform Data】，选取 Exam08. tcl 文件，窗口显示结构变形。
【Scaling Factor】需要调整合适，如 10，可以显示合理的变形形状如图 4-8-16 所示。
【load step】为 4000，即 4000 步，即为最后一个循环时的变形。

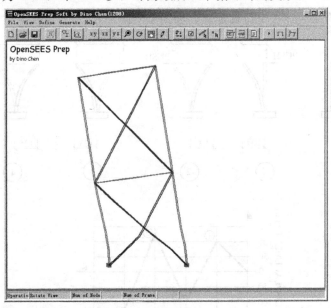

图 4-8-16　结构的整体变形

从变形图可见，结构的钢柱脚与支撑都出现失稳的变形。

（2）通过提取 4 号节点的变形数据 node4. out（详见 Recorder 设置），可以提取出荷载倍数与 4 号节点侧向位移的关系，我们将图 4-8-17 所示的图形称为滞加曲线，左边一图为考虑构件的 P-Delta 效应的，右边一图为不考虑 P-Delta 效应的，两者单元材料都相同，从左图可以看出，考虑 P-Delta 效应后，结构的滞回曲线不再是随动强化的类型，已经是带有强度的退化及软化后刚度的退化，整个滞回环的面积不断变小。证明细分节点的 DispBeamColumn 单元能较好地模拟钢结构构件这一类易屈曲的构件。

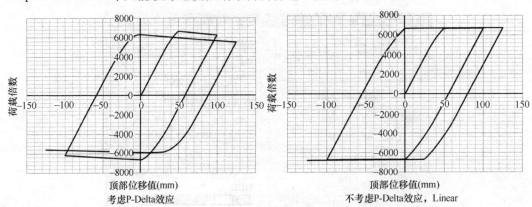

图 4-8-17　低周往复荷载-位移曲线

（3）将上述的命令流保存为文件"Exam08. tcl"，或打开光盘目录"/EXAM08/OpenSEES/"，找到"Exam08. tcl"文件，结构后处理放于 result. xls 中。

**6）知识点回顾**

（1）OpenSEES 中钢结构纤维截面定义；

（2）OpenSEES 中采用基于刚度法的纤维单元；

（3）OpenSEES 中 P-Delta 效应对分析结果的影响；

（4）OpenSEES 实现低周往复分析。

## 4.9　实例 9　钢结构网壳的屈曲分析

**1）问题描述**

线性屈曲分析用于研究弹性结构在特定荷载下的稳定性及确定结构失稳的临界荷载。注意，钢结构材料为弹性，分析出现的非线性行为是由几何非线性引起的，因此称为屈曲行为。本例是一个钢结构网壳屈曲分析的实例，理论分析中，网壳易出现跃式屈曲行为，此算例为经典算例。如图 4-9-1 所示，所有杆件截面均为 H200×200×12×12，在结构顶点施加恒定的竖向荷载 1000 N，此荷载为荷载模式，分析主要采用位移控制加载，研究杆件的稳定性。

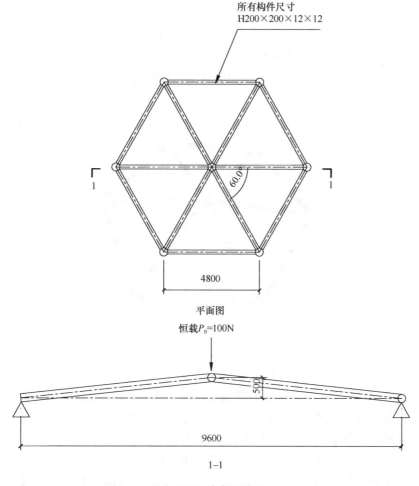

所有构件尺寸
H200×200×12×12

4800

平面图

恒载 $P_0$=100N

500

9600

1—1

图 4-9-1　实例示意图

**143**

**2） ETABS 模型建模**

（1）建立 ETABS 模型、定义材料和框架 H 型钢截面、建立几何模型和指定约束（注意只约束 6 个支点的 Ux、Uy、Uz 位移），如图 4-9-2～图 4-9-4 所示。H 型钢截面定义时，名字的首字母应为"D"，对应于 ETO 中基于刚度法的纤维单元（Disp Beam Column Element）（详见实例 1）。

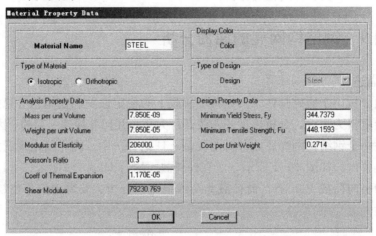

图 4-9-2　ETABS 中 STEEL 材料属性

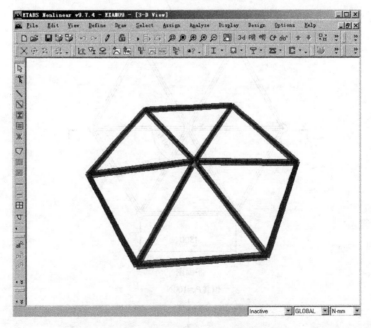

图 4-9-3　ETABS 建立的几何模型

（2）定义静荷载工况，恒载工况和活载工况的自重乘数分别为默认值 0 和 0。

（3）指定点荷载，如图 4-9-5 所示。荷载模式为单位力 1kN，即对顶部节点指定大小为 1000N、方向竖直向下的节点荷载（DEAD 工况）。

（4）实例 8 中已经介绍了基于刚度法的纤维单元模型，为了获得更好的计算结果，需要将各杆单元细分。具体方法如下：选中所有杆件，点击【编辑】菜单下【分割线】命

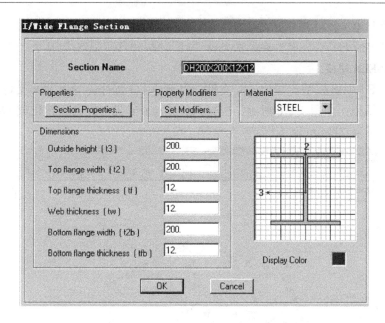

图 4-9-4　ETABS 截面定义窗口

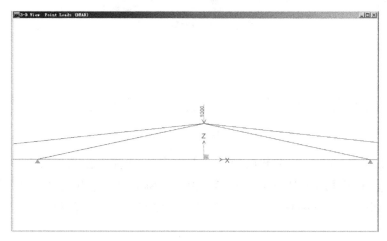

图 4-9-5　ETABS 中 DEAD 工况竖向荷载

令，将所有杆单元划分为 6 段（图 4-9-6）。细分单元后的模型如图 4-9-7 所示。

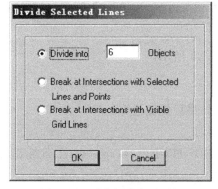

图 4-9-6　【分割线】对话框

图 4-9-7　细分单元后的模型

**145**

（5）完成上述步骤后建立完 ETABS 模型。

注意：实例的 ETABS 模型存放在光盘"/EXAM09/ETABS/"目录。

**3）OpenSEES 建模**

（1）打开 ETABS 模型，导出 s2k 文件。打开 ETO 程序，导入 s2k 文件，得到转化的 OpenSEES 模型，如图 4-9-8 所示。再打开转化 tcl 按钮，将模型转化成 OpenSEES 代码，将代码另存为"Exam09. tcl"。

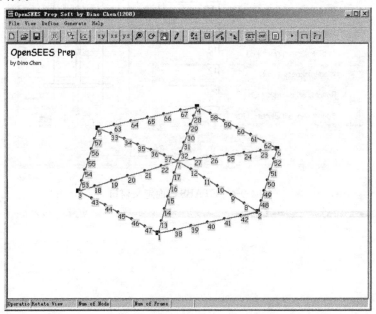

图 4-9-8　ETO 导入 ETABS 模型

（2）在 ETO 程序输入纤维截面信息，点击 ，即弹出截面定义窗口（图 4-9-9）。【Frame Type】采用【Disp BeamColumn】；由于本例需要考虑几何非线性，因此【Geo-Transf】采用【Corotational】；其余选项含义可参照实例 8。上述操作后，基本完成了截面的定义。

（3）在 ETO 程序中，点击按钮 ，可以设置结构分析工况（图 4-9-10）。本实例选择 OpenSEES 的分析类型为【Single Displacement Control】，即单工况位移控制。在输入选项【Section Aggregator】中勾选【Torsional Constant and Shear Area】以后，ETO 程序自动生成截面的抗剪与抗扭刚度。

（4）点击按钮 out ，定义输出记录设置，如图 4-9-11 所示。

（5）点击按钮 生成 OpenSEES 命令流。

（6）以下将对 OpenSEES 命令流进行解释并修改，最后提交运算。

**4）OpenSEES 命令流解读**

（1）从 ETO 程序中生成的 OpenSEES 的命令流主要分以下内容，不一一详细列出。

● 初始设置

● 节点空间位置

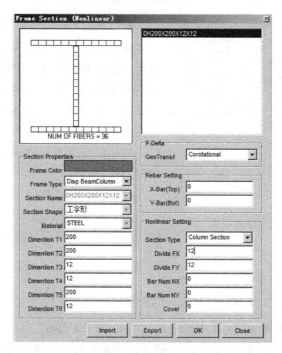

图 4-9-9　ETO 程序定义非线性截面

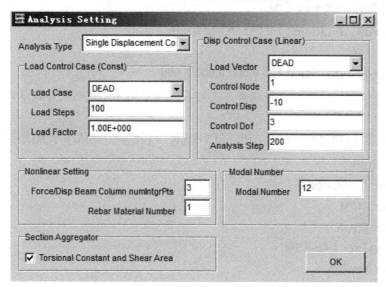

图 4-9-10　分析设置窗口

- 节点质量
- 支座条件（只约束 Ux、Uy 和 Uz）
- 材料（默认生成弹性材料）
- 截面抗扭抗剪属性
- 纤维截面
- 纤维截面与截面抗扭抗剪属性组装
- 杆件局部方向坐标（即 **geomTransf Corotational**）

图 4-9-11　输出记录设置窗口

● 杆件定义（注意类型为 **dispBeamColumn**）

注意：dispBeamColumn 单元通过细分外部单元，能够更好地考虑 P-Delta 效应，详细参考上一个实例。注意这一实例材料完全是弹性的，如果力—位移曲线出现非线性，即全部行为属于几何非线性引起（屈曲行为）。

上述部分为结构的刚度模型的建立，然后的内容就是：

● 记录输出定义

● 竖向节点荷载定义

● 竖向节点荷载分步分析（节点 1 的竖向位移控制）

（2）ETO 生成的命令流，需作一处修改：

新增一行记录节点 7 位移（加载点）的命令流，保存于以下文件中：

**recorder Node -file node7.out -time -node 1 -dof 1 2 3 disp**

局部坐标轴定义中选用 Corotational 模式，主要参数为一个方向向量，该向量平行构件在各自局部坐标系中的 Z 轴。

**geomTransf Corotational 1 0.052 -0.090 0.995**

**············**

**geomTransf Corotational 120 0.000 0.000 1.000**

注意：Corotatioanl 可以理解成考虑几何非线性的构件几何刚度处理方式，与 P-Delta 类似。

（3）几何非线性的分析代码与 PUSH OVER 分析的代码相似，代码如下：

```
puts "analysis"
constraints Lagrange
numberer RCM
system UmfPack
test EnergyIncr 1.0e-6 200
algorithm Newton
integrator DisplacementControl 7 3 -5
analysis Static
analyze 200
```

**constraints Lagrange**——约束通过拉格朗日乘数法施加。

注意：如果考虑大变形或者是 P-Delta 效应的计算，需要采用这种约束自由度的处理方式，效果更好。

**integrator DisplacementControl 7 3 -5**——表示，控制 7 号节点的竖向位移（3 号自由度 Uz），每一位移加载步为 -5mm。总共加载 200 步，合计 1000mm。

（4）综上所述，完成命令流修改后，可以提交进行分析，修改后的文件可查看"Exam09 \ OpenSEES \ Exam09. tcl"。

**5）OpenSEES 分析及分析结果**

（1）打开 OpenSEES 前后处理程序 ETO，点击按钮 ，显示结构变形。弹出窗口如图 4-9-12 所示。

点击【Load Node Deform Data】，选取 Exam09. tcl 文件，窗口显示结构变形。

【Scaling Factor】需要调整合适，如 2，可以显示合理的变形形状如图 4-9-13 所示。

【load step】为 200，即 200 步，即为最后一个状态的变形。

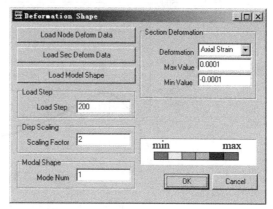

图 4-9-12　ETO 变形显示设置窗口

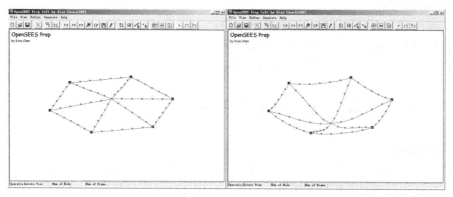

未变形状态　　　　　　　200步以后变形状态

图 4-9-13　ETO 显示结构变形

从侧面后，整个几何非线性的结构变形如图 4-9-14 所示。

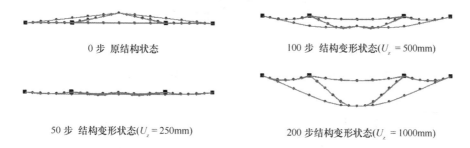

0 步　原结构状态　　　　　　　100 步　结构变形状态($U_z = 500\text{mm}$)

50 步　结构变形状态($U_z = 250\text{mm}$)　　　　200 步结构变形状态($U_z = 1000\text{mm}$)

图 4-9-14　结构屈曲过程示意图

（2）变形数据文件 node7. out 记录了荷载倍数与 7 号节点竖向位移的关系，图 4-9-15 是典型的跃越屈曲曲线。结构以大幅度的变形从一个平衡位形跳到另一个平衡位形，发生跃越之后，荷载还可以显著增加，但此时的变形已经远远超出正常使用极限状态。

（3）将上述的命令流保存为文件"Exam09. tcl"，或打开光盘目录"/EXAM09/OpenSEES/"，找到"Exam09. tcl"文件。

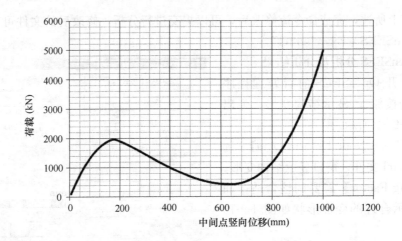

图 4-9-15　结构屈曲过程荷载-位移曲线图

**6）知识点回顾**

（1）采用 OpenSEES 进行几何非线性分析；

（2）采用 ETABS 帮助 OpenSEES 进行空间结构建模；

（3）采用 Lagrange 自由度约束处理方法。

# 4.10　实例 10　单压连接单元的应用

**1）问题描述**

如图 4-10-1 所示，一矩形截面混凝土柱与基础相连，在重力荷载和一定的水平推力作用下，基础将对地基产生局部压力。可采用单压连接单元模拟地基和基础的相互作用。柱截面尺寸为 400mm×600mm，基础厚度为 300mm，长度为 2000mm，宽度为 1000mm。

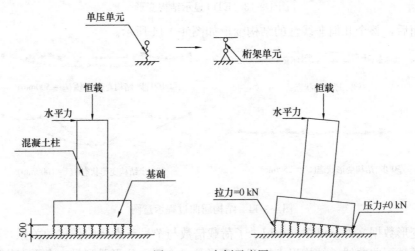

图 4-10-1　实例示意图

**2）ETABS 模型建模**

（1）在 ETABS 中定义材料和框架截面，如图 4-10-2 所示。由于本例采用弹性梁柱单元，在定义框架截面时，注意名字的首字母应为"E"（详见实例 1）；此外还需要定义一种框架截面模拟基础与地基之间的弹簧。因此，共定义了三种框架截面：EC400×600（用于模拟柱）、EB1000×300（用于模拟基础）和 TRUSS。

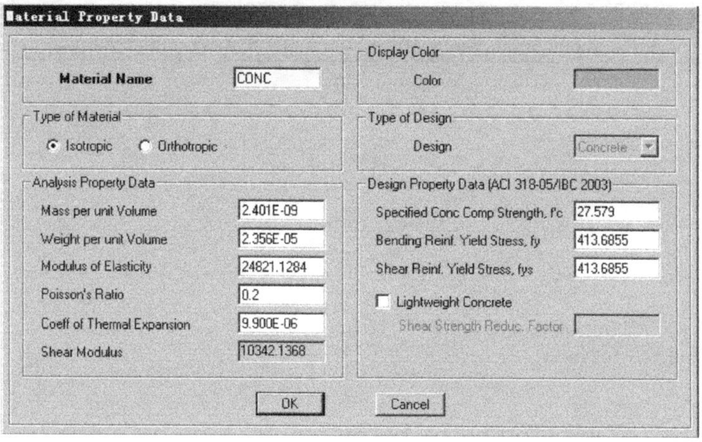

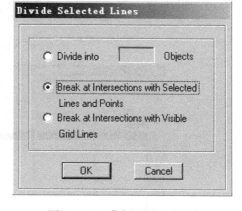

图 4-10-2　ETABS 中 CONC 材料属性

（2）建立几何模型、指定框架截面、细分单元、对框架截面属性进行调整和施加约束。选中 EB1000×300 构件及其与 TRUSS 构件的交点，点击【编辑】菜单下的【分割线】命令，选择"选定的相交处分割线和点"（图4-10-3）。再选中 TRUSS 构件，点击【指定】菜单中【框架/线】目录下的【框架释放/部分固定】命令，释放起点和终点的弯矩 22 和弯矩 33（图 4-10-4）。约束 TRUSS 构件底部节点六个方向的自由度和 EB1000×300 构件最右端端点的X 向平动自由度。调整后的模型如图 4-10-5 所示。

（3）定义静荷载工况，如图 4-10-6 所示。恒载工况 DEAD 和活载工况 PUSH 自重乘数均为 0。

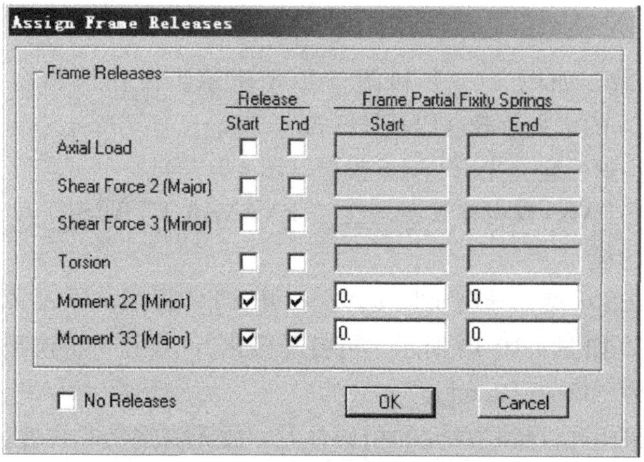

图 4-10-3　【分割线】对话框

图 4-10-4　【框架释放/部分固定】对话框

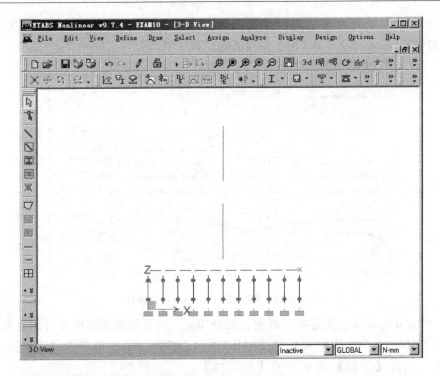

图 4-10-5　调整后的 ETABS 模型

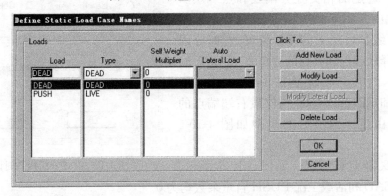

图 4-10-6　ETABS 定义静荷载工况窗口

（4）指定点荷载，如图 4-10-7 和图 4-10-8 所示。在柱顶指定 1kN 的竖向荷载（DEAD 工况）和 1N 的水平荷载（PUSH 工况）。

（5）完成上述步骤后建立完 ETABS 模型（图 4-10-9）。

注意：实例的 ETABS 模型存放在光盘"/EXAM10/ETABS/"目录。

**3）OpenSEES 建模**

（1）打开 ETABS 模型，导出 s2k 文件。打开 ETO 程序，导入 s2k 文件，得到转化的 OpenSEES 模型，如图 4-10-10 所示。再打开转化 tcl 按钮，将模型转化成 OpenSEES 代码。将代码另存为"Exam10.tcl"。

（2）由于本例采用弹性梁柱单元和桁架单元，故无需定义非线性截面属性，点击检查截面材料、尺寸，并将【P-Delta】项中的【GeoTransf】设置为【Linear】。

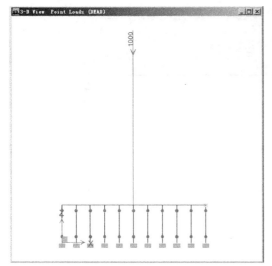

图 4-10-7 ETABS 中 DEAD 工况竖向荷载 图 4-10-8 ETABS 中 PUSH 工况水平荷载

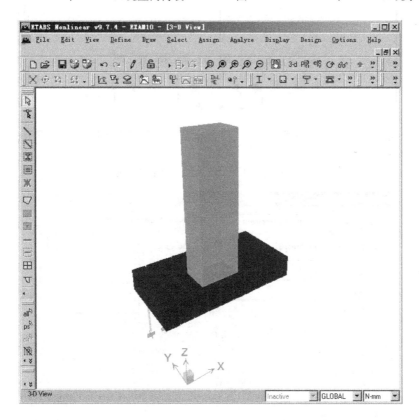

图 4-10-9 ETABS 建立的模型

（3）在 ETO 程序中，点击按钮 $\boxed{\text{SET}}$ ，可以设置结构分析工况。本实例选择 OpenSEES 的分析类型为【Single Displacement Control】，即单工况位移控制。【Control Node】为节点 24，【Control Disp】为 0.5，【Control Dof】为 1，即 X 向自由度，分析步取 100 步。如图 4-10-11 所示。

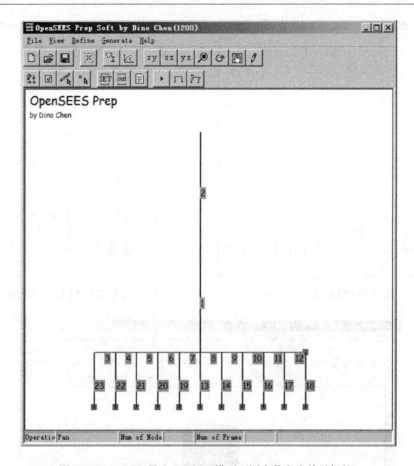

图 4-10-10　ETO 导入 ETABS 模型（图中数字为单元标签）

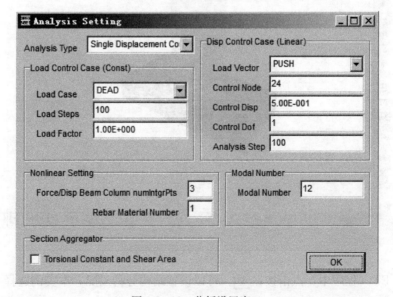

图 4-10-11　分析设置窗口

（4）点击按钮 ▤ 生成 OpenSEES 命令流。

（5）以下将对 OpenSEES 命令流进行解释并修改，最后提交运算。

**154**

**4) OpenSEES 命令流解读**

(1) 从 ETO 程序中生成的 OpenSEES 的命令流主要分以下内容，不一一详细列出。

- 初始设置
- 节点空间位置
- 节点质量
- 支座条件（TRUSS 构件底部为固端支座，EB1000×300 构件最右端端点约束 X 向自由度）
- 材料（定义一种 Elastic-No Tension Material 和两种弹性材料）
- 构件局部方向坐标（即**geomTransf Linear**）
- 构件单元定义（定义了**elasticBeamColumn** 和**Truss** 单元）

上述部分为结构的刚度模型的建立，然后的内容就是：

- 记录输出定义
- 重力荷载定义
- 重力荷载分步分析（施加后重力荷载恒定不变）
- 水平荷载定义
- 水平荷载分步分析

(2) ETO 生成的命令流，作几处修改：

将材料 1 从弹性材料改为单压材料（Elastic-No Tension Material）：

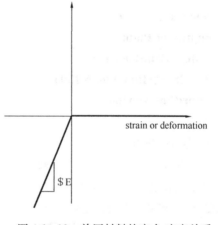

**uniaxialMaterial ENT 1 1.999E+005**

以上定义的单压材料在受压时弹性模量 E =1.999E+005；在受拉时 E=0，即应力为 0。

图 4-10-12　单压材料的应力-应变关系

修改需要记录的节点和单元计算结果，保存于指定文件中：

**recorder Node -file node0.out -time -nodeRange 1 24 -dof 1 2 3 disp**
**recorder Node -file node24.out -time -node　24 -dof 1 2 3 disp**
**recorder Element -file ele23.out -time -eleRange 13 23 axialForce**

重力荷载分步分析设置。在节点 24 上作用一个大小为 1000 N、竖直向下的节点力，基于位移控制加载，步长为−0.01，分析步数为 100 步。

**pattern Plain 1 Linear {**
**load 24 0.000E+000　0.000E+000 1000.00　0.000E+000 0.000E+000 0.000E+000**
**}**
**……**
**integrator DisplacementControl 24 3 -0.01**
**……**
**analyze 100**

保持重力荷载不变：

**loadConst 0**

水平荷载分步分析设置。在节点 24 上作用一个大小为 1 N 的水平节点力，基于位移控制加载，步长为 0.5，分析步数为 100 步。

**pattern Plain 2 Linear {**
**load 24 1.000E+000    0.000E+000 0.00    0.000E+000 0.000E+000 0.000E+000**
**}**
**······**
**integrator DisplacementControl 24 1 0.5**
**······**
**analyze 100**

以下分析参数的定义与前例大同小异，就不再一一赘述。

**constraints Plain**
**numberer Plain**
**system BandGeneral**
**test EnergyIncr 1.0e-6 1000**
**algorithm Newton**
**······**
**analysis Static**

（3）综上所述，完成命令流修改后，可以提交进行分析，修改后的文件可查看"Exam10 \ OpenSEES \ Exam10. tcl"。

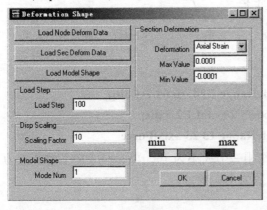

图 4-10-13　ETO 变形参数设置窗口

**5）OpenSEES 分析及分析结果**

（1）打开 OpenSEES 前后处理程序 ETO，点击按钮 🔲，显示结构变形。弹出窗口如图 4-10-13 所示。

点击【Load Node Deform Data】，选取 Exam10. tcl 文件，窗口显示结构变形。

【Scaling Factor】需要调整合适，如 10，可以显示合理的变形形状如图 4-10-14 所示。

【load step】分别取 100 和 200，即分别对应于重力荷载加载完成和水平荷载加载完成时的变形。

（2）各 Truss 单元轴力随着重力荷载和水平荷载施加的变化曲线如图 4-10-15 所示，可以看到：在 100 步以前，各单元的轴力线性增加；在 100 步以后，各单元的轴力从左到右依次逐渐下降为零（即单元应变为拉应变时的状态）；到 200 步时，只剩下桁架单元 17、18 承受轴向压力。

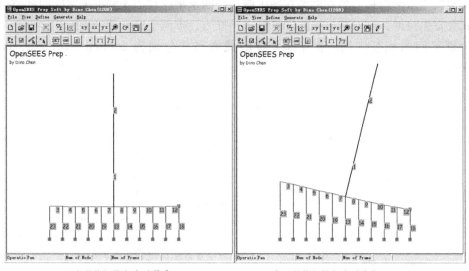

重力荷载加载完成时状态　　　　　　水平荷载加载完成时状态

图 4-10-14　ETO 显示结构变形

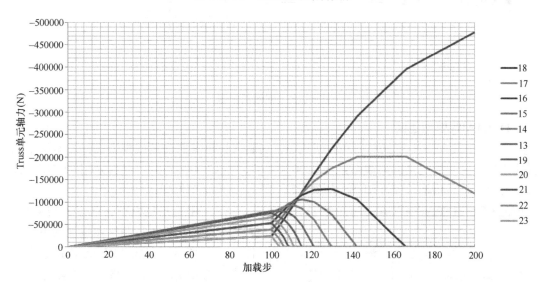

图 4-10-15　加载过程 Truss 单元轴力变化图

**6）知识点回顾**

（1）OpenSEES 中，采用 TRUSS 单元模拟连接单元；

（2）OpenSEES 中，采用 ENT 模型模拟地基对基础的作用；

（3）OpenSEES 单压材料的介绍与应用。

# 4.11　实例 11　缝连接单元的应用

**1）问题描述**

如图 4-11-1 所示，两栋相邻的框架结构（均无楼板），在一定的水平推力作用下，左边的框架发生水平位移。当左框架在图中圈示处的水平位移大于两框架之间的缝隙时，两框架就会发生接触，继而两框架共同抵抗水平推力。本例主要介绍一种缝连接单元，用于模拟两框架间的相互作用。框架梁、柱的截面尺寸分别为 200mm×500mm、200mm×200mm。

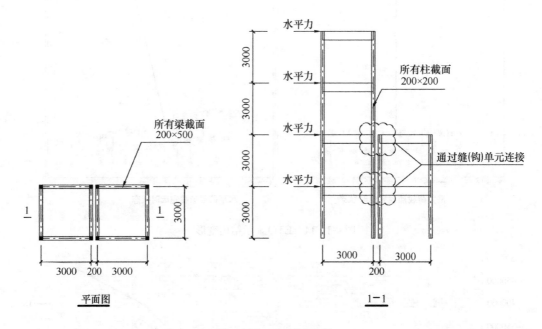

图 4-11-1　实例示意图

**2）ETABS 模型建模**

（1）在 ETABS 中定义材料和框架截面。材料属性可参照前例或模型文件。本例采用弹性梁柱单元，故定义框架截面："EB200×500"、"EC200×200"，材料采用 CONC；此外还需要定义一桁架单元 TRUSS 在图 4-11-1 圈示处连接两框架。

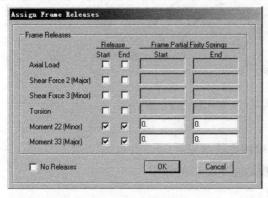

图 4-11-2　【框架释放/部分固定】对话框

（2）建立几何模型、指定框架截面、对框架截面属性进行调整和施加约束。如图 4-11-2 所示，释放 TRUSS 构件起点和终点的弯矩 22、弯矩 33，具体操作可参考实例 10。约束框架底部节点六个方向的自由度。

（3）定义静荷载工况，如图 4-11-3 所示。为简便起见，不考虑重力荷载，因此定义恒载工况 PUSH 自重乘数为 0。

（4）指定水平节点荷载，如图 4-11-4 所示。在做框架左端节点上指定水平节点力 1kN（PUSH 工况）。

（5）完成上述步骤后建立完 ETABS 模型（图 4-11-5）。

注意：实例的 ETABS 模型存放在光盘"/EXAM11/ETABS/"目录。

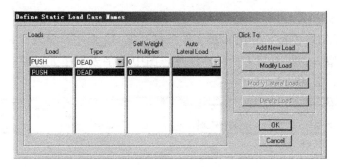

图 4-11-3　ETABS 定义静荷载工况窗口

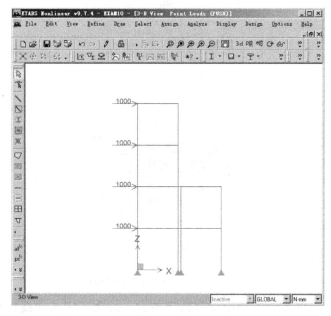

图 4-11-4　ETABS 中 PUSH 工况水平荷载

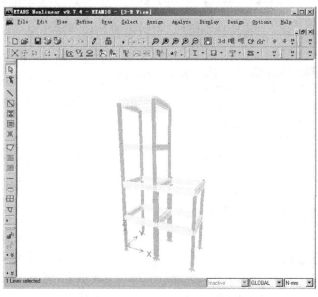

图 4-11-5　ETABS 建立的模型

### 3) OpenSEES 建模

(1) 打开 ETABS 模型，导出 s2k 文件。打开 ETO 程序，导入 s2k 文件，得到转化的 OpenSEES 模型，如图 4-11-6 所示。注意，图中数字表示单元标签，连接两框架的单元标签为 33、34、51 和 52。

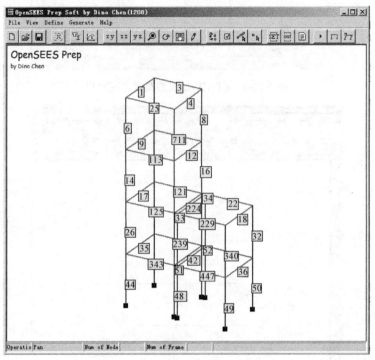

图 4-11-6 ETO 导入 ETABS 模型

(2) 由于本例采用弹性梁柱单元和桁架单元，故无需定义非线性截面属性，点击 ![按钮] 检查截面材料、尺寸，【P-Delta】项中的【GeoTransf】为默认项【Linear】。

(3) 在 ETO 程序中，点击按钮 ![SET]，可以设置结构分析工况。本实例选择 OpenS-EES 的分析类型为【Single Displacement Control】，即单工况位移控制。【Control Node】为节点 1（单元 1、6 和 25 的交点），【Control Disp】为 3，【Control Dof】为 1，即 X 向自由度，分析步取 100 步。如图 4-11-7 所示。

(4) 点击按钮 ![图标] 生成 OpenSEES 命令流。

(5) 以下将对 OpenSEES 命令流进行解释并修改，最后提交运算。

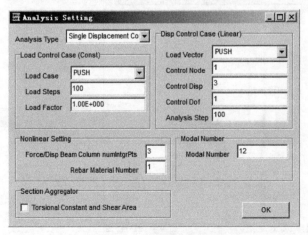

图 4-11-7 分析设置窗口

**4) OpenSEES 命令流解读**

（1）从 ETO 程序中生成的 OpenSEES 的命令流主要分以下内容，不一一详细列出。

- 初始设置
- 节点空间位置
- 节点质量
- 支座条件
- 材料（定义一种 Elastic-Perfectly Plastic Gap Material 和两种弹性材料）
- 构件局部方向坐标（即**geomTransf Linear**）
- 构件单元定义（定义了**elasticBeamColumn** 和**Truss** 单元）

上述部分为结构的刚度模型的建立，然后的内容就是

- 记录输出定义
- 水平荷载定义
- 水平荷载分步分析

（2）ETO 生成的命令流，做几处修改：

为了对比，我们建立两个模型。模型 1 中的材料 1 采用弹性材料，定义如下：

**uniaxialMaterial Elastic 1 1.999E+005**

模型 2 中将材料 1 从弹性材料改为缝（钩）材料（Elastic—Perfectly Plastic Gap Material）（图 4-11-8）：

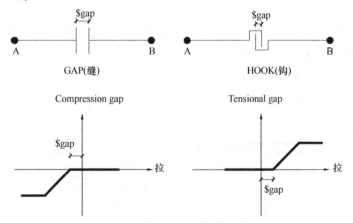

图 4-11-8　缝（钩）材料对比

**uniaxialMaterial ElasticPPGap 1 200000 -2e10 -1**

以上定义的缝（钩）材料在受压时弹性模量 E＝200000，达到塑性状态时应力为 2e10，初始的间隙为 1，负号对应于图中的 Compression gap；在受拉时 E＝0，即应力为 0。该命令还有两个可选参数用于考虑应变强化和损伤。

修改需要记录的节点和单元计算结果，保存于指定文件中：

**recorder Node -file node0.out -time -nodeRange 1 32 -dof 1 2 3 disp**
**recorder Node -file node1.out -time -node 1 -dof 1 2 3 disp**
**recorder Node -file node13.out -time -node 13 -dof 1 2 3 disp**

**recorder Node -file node12.out -time -node 12 -dof 1 2 3 disp**

水平荷载定义及分步分析设置。在节点 1、2、5、6、9、10、17 和 18 上各作用一个大小为 1 kN 的水平节点力，基于位移控制加载，步长为 3，分析步数为 100 步。

**pattern Plain 1 Linear {**

**load 1 1.000E+003 0.000E+000 0.000E+000 0.000E+000 0.000E+000 0.000E+000**

**⋯⋯**

**load 18 1.000E+003 0.000E+000 0.000E+000 0.000E+000 0.000E+000 0.000E+000**

**}**

**integrator DisplacementControl 1 1 3**

**⋯⋯**

**analyze 100**

以下分析参数的定义与前例大同小异，就不再一一赘述。

**constraints Plain**

**numberer Plain**

**system BandGeneral**

**test EnergyIncr 1.0e-6 200**

**algorithm Newton**

**⋯⋯**

**analysis Static**

（3）综上所述，完成命令流修改后，可以提交进行分析，修改后的文件可查看"EXAM11 \ OpenSEES \ EXAM11. tcl"。

**5）OpenSEES 分析及分析结果**

（1）打开 OpenSEES 前后处理程序 ETO，点击按钮 ⌘，显示结构变形。弹出窗口如图 4-11-9 所示。

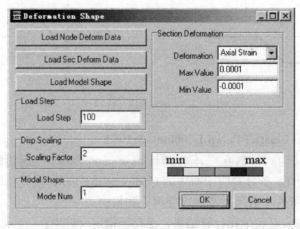

图 4-11-9　变形显示设置

点击【Load Node Deform Data】，选取 EXAM11. tcl 文件，窗口显示结构变形。

【Scaling Factor】需要调整合适，如 2，可以显示合理的变形形状如图 4-11-10 所示。

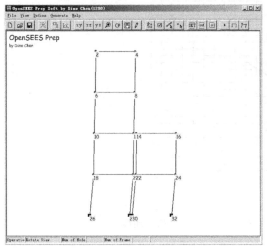

模型1加载至79步时状态

模型2加载至79步时状态

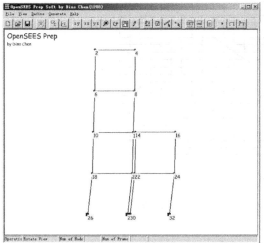

模型1加载至100步时状态

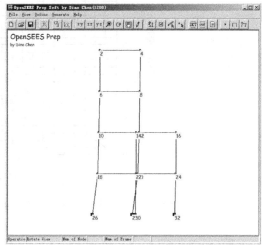

模型2加载至100步时状态

图 4-11-10　模型 1 和模型 2 变形对比图

【load step】分别取 79 和 100。

（2）对于模型 1，在整个分析过程中，两框架间的连接单元都能发挥作用，因此右框架上节点 13 的水平位移线性增长；对于模型 2，仅当连接单元的变形达到一定程度（79步以后）时，连接构件才发挥作用，即节点 13 的水平位移开始增长。如图 4-11-11 和图 4-11-12 所示。

**6）知识点回顾**

（1）OpenSEES 中，连接单元（TRUSS）的应用；

（2）OpenSEES 中，缝（钩）材料的定义及应用；

（3）OpenSEES 中，简单接触碰撞的模拟。

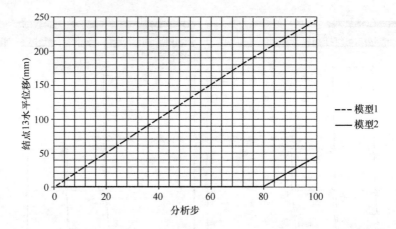

图 4-11-11　模型 1 和模型 2 中节点 13 的位移-分析步曲线

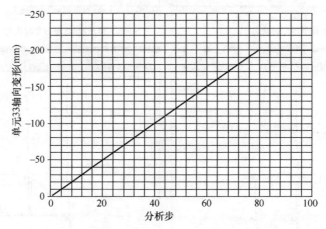

图 4-11-12　模型 2 中连接单元 33 轴向变形-分析步曲线

## 4.12　实例 12　杆件铰接的处理方法

### 1）问题描述

本例主要介绍在 OpenSEES 如何处理杆件铰接的问题。在 OpenSEES 中没有直接的定义铰接的方法，可以通过处理自由度与零长实现。本算例以如图 4-12-1 所示结构为例，上下两钢梁间通过 5 根二力杆相连，各杆件长为 3000 mm，间距为 4000 mm，其中钢梁截面为 H200×500×20×20、H200×200×12×12，二力杆截面为 H200×200×12×12。

注：ETO 快速处理杆件的铰接只能是释放 2 轴弯矩，3 轴弯矩及扭矩，三者均是释放的情况，其他情况需要修改 TCL 命令流。

### 2）ETABS 模型建模

（1）建立 ETABS 模型，定义材料（Q345、OTHER）和框架截面（DH200×500×20×20、DH200×200×12×12、RIGID）、建立几何模型并指定截面属性、对底部两根梁的梁端指定固定约束，如图 4-12-2 所示。

（2）为了能在 ETO 中快速实现杆端弯矩释放，需要先在 ETABS 中对各杆件进行一

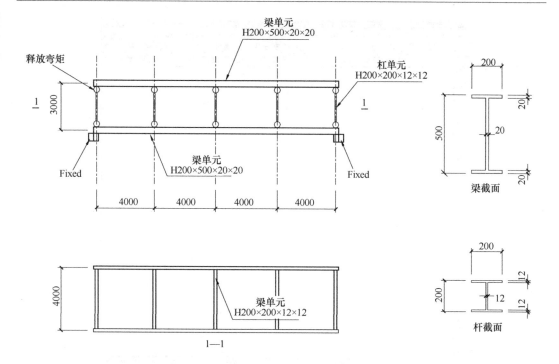

图 4-12-1　实例示意图

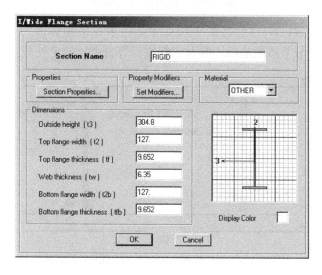

图 4-12-2　ETABS 中 RIGID 框架截面定义

些处理（图 4-12-4）。将各杆件分割成三段：两端的杆件长度为一段很少距离（注意：距离导入 ETO 后变成零长度，这个矩长度的单元两点会在同一个空间位置，并在这两个节点设置零长度单元）。

指定截面为 RIGID（注意：RIGID 截面在 ETO 中为零长度单元，并进行自由度锁定），并对其与钢梁相连的一端进行弯矩释放（M22、M33）（图 4-12-5）；（注意：自由度释放的节点位置该节点为主节点。）

除刚性杆以外的截面指定为 DH200×200×12×12。

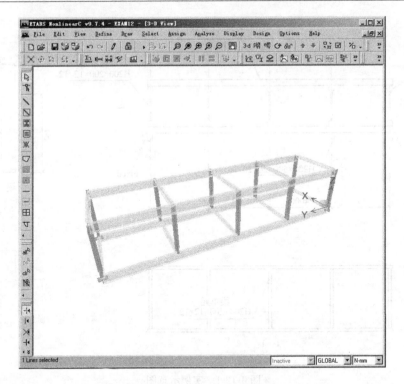

图 4-12-3　ETABS 几何模型

经过以上处理之后，ETO 会将图 4-12-4 中 2 号节点的坐标改为 1 号节点的坐标、3 号节点的坐标改为 4 号节点的坐标，并对它们进行等自由度锁定处理。

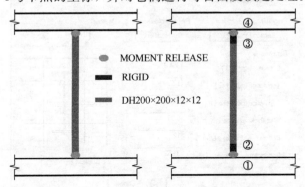

图 4-12-4　对构件两端铰接在 ETABS 进行处理

（3）定义荷载工况，如图 4-12-6 所示。恒载工况和活载工况的自重乘数均为默认值 0。

（4）指定点荷载，如图 4-12-7 所示。对顶部的各节点分别指定 10 kN 的竖向荷载（DEAD 工况）。

（5）完成上述步骤后建立完 ETABS 模型。

注意：实例的 ETABS 模型存放在光盘"/EXAM12/ETABS/"目录。

**3）OpenSEES 建模**

（1）打开 ETABS 模型，导出 s2k 文件。打开 ETO 程序，导入 s2k 文件，得到转化

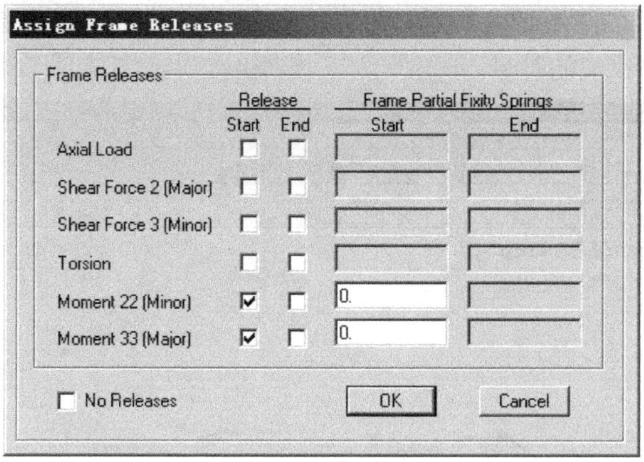

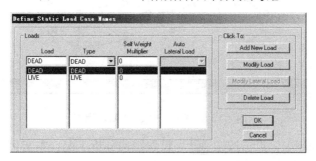

图 4-12-5　ETABS 中释放杆件两个方向的弯矩

图 4-12-6　ETABS 定义荷载工况窗口

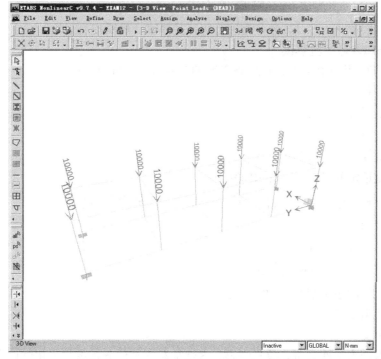

图 4-12-7　ETABS 中 DEAD 工况竖向荷载

的 OpenSEES 模型，如图 4-12-8 所示，可以注意到，杆件与钢梁连接处的节点均有两个节点编号，并显示出铰接的符号。

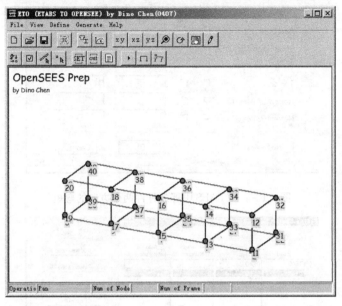

图 4-12-8　ETO 导入 ETABS 模型

（2）在 ETO 程序中，点击按钮 SET ，设置结构分析工况。本实例选择 OpenSEES 的分析类型为【Single Load Control】，加载步设置为 1。

（3）点击按钮 目 生成 OpenSEES 命令流。

（4）以下将对 OpenSEES 命令流进行解释并修改，最后提交运算。

**4）OpenSEES 命令流解读**

（1）从 ETO 程序中生成的 OpenSEES 的命令流主要分以下内容，不一一详细列出。

- 初始设置
- 节点空间位置
- 节点质量
- 支座条件（底部为固端支座）
- 自由度锁定的指定。（**equalDOF**）
- 材料（默认生成弹性材料，增加扭转、转动变形的零刚度）
- 纤维截面
- 杆件局部方向坐标（即 geomTransf）
- 单元定义（包括**zeroLength**）

上述部分为结构的刚度模型的建立，然后的内容就是：

- 记录输出定义
- 荷载定义
- 由于本例为弹性分析，故只需要一次性加载，其他分析参数采用默认参数

（2）**puts "Equal DOF"**

**equalDOF 2 11 1 2 3**

……

**equalDOF 30 40 1 2 3**

**equalDOF** 命令用于建立节点间的自由度的相互关系，也就是点与点之前的约束作用（Constraint），例如：

**equalDOF 2 11 1 2 3** 中表示强制令节点 11 方向 1、2、3 的自由度（也是所有的平动位移）等于节点 2 方向 1、2、3 的自由度。节点 11 与节点 2 的平动值相等，节点转动值不相等，也就是空间上的铰接。

（3）**puts "element"**

……

**element zeroLength 5 2 11 -mat 1 1 1 -dir 4 5 6**

……

**element zeroLength 11 4 15 -mat 1 1 1 -dir 4 5 6**

……

**zeroLength** 命令用于定义两节点坐标相同的零长度单元，节点间通过多个单轴材料来代表单元的力-变形关系，本算例采用 zeroLength 单元建模是为了实现弯矩释放，而 zeroLength 还可以实现塑性铰、接触关系等，具备很多功能。

例如：

**element zeroLength 5 2 11 -mat 1 1 1 -dir 4 5 6** 中，定义了标签为 5 的零长度单元，它的节点 2 和节点 11 坐标是相同的，**1 1 1** 为预先定义的单轴材料的标签，**4 5 6** 代表关于局部坐标轴 x、y、z 轴的转动，由于预先定义的材料 1 为刚度很小的单轴弹性材料，该零长度单元可以轻易发生关于其局部坐标轴 x、y、z 轴的转动变形，即释放了该单元处两个方向的弯矩和扭矩。此外，**zeroLength** 命令还有一些可选参数，用于定义单元的局部坐标轴或者单元的瑞雷阻尼。

注意：只使用 equalDOF，锁定两个节点的自由度关系，并不能实现铰接，而且会使计算不能进行下去，因为构件 I、J 两个节点的扭动自由度，$RZ_I$ 与 $RZ_J$ 不能同时取消，必须保留一个扭转刚度，一般情况下，比较好的处理方法就是，保留这两个节点的零长度的单元一个极小值的刚度即可，因此输入零长度单元，赋予一个极小值刚度。

（4）ETO 生成的命令流，做两处修改：

将材料 1 的刚度改为极小值 1.0

**uniaxialMaterial Elastic 1 1.0**

记录跨中节点 8 的竖向位移，与 ETABS 的结果进行对比：

**recorder Node -file node8.out -time -node 8 -dof 1 2 3 disp**

（5）综上所述，完成命令流修改后，可以提交进行分析，修改后的文件可查看"Exam12 \ OpenSEES \ Exam12. tcl"。

**5）OpenSEES 分析及分析结果**

（1）打开 OpenSEES 前后处理程序 ETO，点击按钮 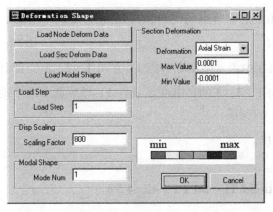，显示结构变形。弹出窗口如图 4-12-9 所示。

图 4-12-9　变形显示设置

点击【Load Node Deform Data】，选取 EXAM12. tcl 文件，【Scaling Factor】取 800，【load step】取 1，窗口显示结构变形如图 4-12-10 所示。

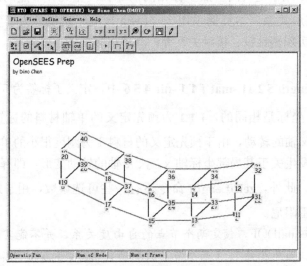

图 4-12-10　结构在竖向荷载作用下的变形

（2）对比采用不同连接方式的 OpenSEES 计算结果，见表 4-12-1。

采用不同连接方式的连接杆件内力对比　　　　　　表 4-12-1

| 杆件 | | 连接情况 | F1（N） | F2（N） | M3（N·mm） |
| i | j | | | | |
|---|---|---|---|---|---|
| 1 | 2 | 铰接 | 10564.90 | 0.00 | 0.00 |
| | | 刚接 | 11281.60 | −744.08 | −741669 |
| 3 | 7 | 铰接 | 14065.00 | 0.00 | 0.00 |
| | | 刚接 | 13110.10 | −1544.39 | −2.41E+06 |
| 8 | 4 | 铰接 | 740.17 | 0.00 | 0.00 |
| | | 刚接 | 1216.58 | 0.00 | 0.00 |

注：表中数据精确到小数点后两位；由于 FZ、MX、MY 均为 0，故不列出。

由表 4-12-1 可以看出，在 OpenSEES 中，通过 equalDOF 命令和 zeroLength 单元实现铰接时，连接杆件的剪力和弯矩均为 0；而采用刚接连接时，连接杆件的剪力和弯矩较大（连接节点 8、节点 4 的杆件位于对称轴上，故剪力和弯矩均为 0）。

（3）对比 ETABS 和 OpenSEES 的跨中位移计算结果，见表 4-12-2。

ETABS、OpenSEES 跨中位移对比　　　　　　　　表 4-12-2

| 节点 8 的竖向位移（mm） | ETABS | OpenSEES | 对比 |
| --- | --- | --- | --- |
| Z 向 | -2.556325 | -2.48838 | 2.7% |

可以看出，OpenSEES 和 ETABS 的计算结果十分接近。

**6）知识点回顾**

（1）ETO 建立构件铰接的方法；

（2）OpenSEES 的 equalDOF 命令的使用介绍；

（3）用于弯矩释放的 zeroLength 单元的介绍；

（4）zeroLength 单元给各自由度设置单轴本构的方法。

# 4.13　实例 13　弹性壳单元的应用分析

**1）问题描述**

本实例主要讲述通过 ETO 方便快捷地进行壳体单元的建模。本例通过对一片水平力作用下的 L 形剪力墙（带平动与扭转变形）进行静力分析，材料采用弹性本构，介绍 OpenSEES 中的壳单元（ShellMITC4）。如图 4-13-1 所示，剪力墙厚 100 mm，高 3000 mm，墙肢长 700 mm，翼缘长 500 mm。

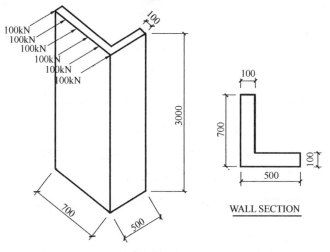

图 4-13-1　实例示意图

**2）ETABS 模型建模**

（1）建立 ETABS 模型，定义材料和墙截面、建立几何模型并指定截面属性"S100"（图 4-13-2、图 4-13-4），墙截面定义时，名字的首字母应为"S"，对应于 OpenSEES 中的壳单元。此外，还需要分割墙单元，如图 4-13-3 所示。

图 4-13-2 ETABS 中墙截面定义

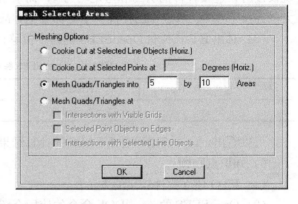

图 4-13-3 分割墙单元

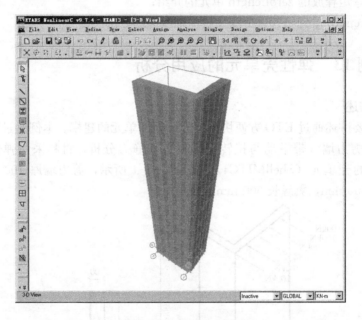

图 4-13-4 ETABS 模型示意图

（2）定义荷载工况，如图 4-13-5 所示。定义荷载工况"PUSH"，类型为"OTH-ER"，自重乘数为 0。自重系数为 0 代表不考虑重力荷载。

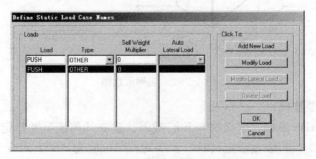

图 4-13-5 ETABS 定义荷载工况窗口

（3）指定点荷载，如图 4-13-6 所示。对顶部的六个节点分别指定 100 kN 的水平荷载（X 向，PUSH 工况）。

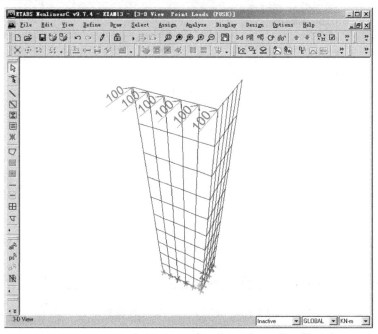

图 4-13-6　ETABS 中 PUSH 工况水平荷载

（4）完成上述步骤后建立完 ETABS 模型。

注意：实例的 ETABS 模型存放在光盘 "/EXAM13/ETABS/" 目录。

**3）OpenSEES 建模**

（1）打开 ETABS 模型，导出 s2k 文件。打开 ETO 程序，导入 s2k 文件，得到转化的 OpenSEES 模型，如图 4-13-7 所示。

（2）在 ETO 程序中，点击按钮 ，设置结构分析工况。本实例选择 OpenSEES 的分析类型为【Single Load Control】，加载步设置为 1。如图 4-13-8 所示。

（3）点击按钮 生成 OpenSEES 命令流。

（4）以下将对 OpenSEES 命令流进行解释并修改，最后提交运算。

**4）OpenSEES 命令流解读**

（1）从 ETO 程序中生成的 OpenSEES 的命令流主要分以下内容，不一一详细列出。

- 初始设置
- 节点空间位置
- 节点质量
- 支座条件（底部为固端支座）
- 材料（默认生成弹性材料）

材料命令需要修改，将单轴弹性材料修改为适用于壳单元（ShellMITC4）分析的三维弹性材料，也就是考虑泊松比的弹性材料。

- 截面属性定义

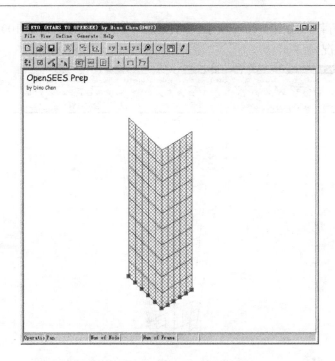

图 4-13-7　ETO 导入 ETABS 模型

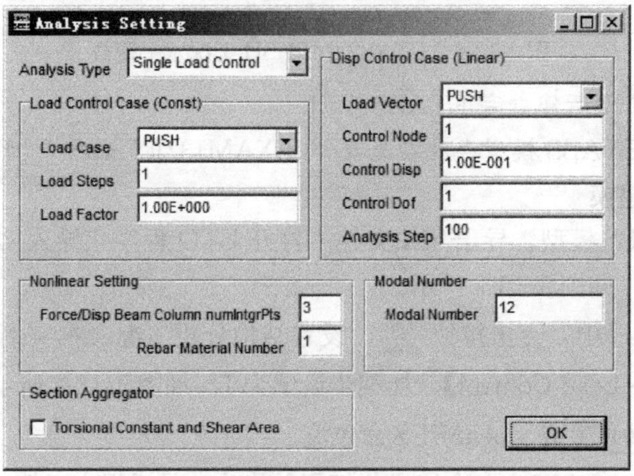

图 4-13-8　分析设置窗口

二维弹性截面的定义，用于壳单元（ShellMITC4）。

● 壳单元定义（注意类型为 ShellMITC4）

包括弹性壳单元的指定三个步骤，材料-截面-单元。

上述部分为结构的刚度模型的建立，然后的内容就是：

● 记录输出定义

● 水平荷载定义

● 由于本例为弹性分析，故只需要一次性加载，其他分析参数采用默认参数

（2）**nDMaterial ElasticIsotropic 2 32500 0.2**

**nDMaterial PlateFiber 601 2**

**section PlateFiber 701 601 100.00**

其中：

**nDMaterial ElasticIsotropic 2 32500 0.2**

代表适用于三维分析的各向同性材料，弹性模型为 32500MPa，泊松比为 0.2，材料编号为 2。

**nDMaterial PlateFiber 601 2** 中 **601** 表示二维材料编号，**2** 表示采用的材料编号（弹性模量 $E_s$=32500MPa 的材料），该命令通过静态凝聚的方式将三维材料转换为二维纤维材料。

**section PlateFiber 701 601 100.00** 中，**701** 表示截面编号，**601** 表示截面的材料编号，**100.00** 表示板的厚度。

以上就是定义壳单元的材料截面的三个主要步骤。

（3）**puts "shell element"**

**element ShellMITC4 1 1 7 8 9 701**

**······**

**element ShellMITC4 100 111 121 6 112 701**

以上代码用于定义壳单元。**ShellMITC4** 单元通过采用结合了修正剪力场插值的双线性等参列式来提高薄板的弯曲性能。如果采用弹性材料，它就是简单的弹性壳体单元。

所谓壳体单元，也就是它具有平面内的刚度（膜单元，平面应力单元），也具有平面外的刚度（板单元）。

例如，**element ShellMITC4 100 111 121 6 112 701** 中，**100** 表示该壳单元的编号，**111 121 6 112** 为该壳单元的节点号（按照逆时针方向），**701** 表示指定给该壳单元的截面编号（截面类型必须为 PlateFiberSection 或 ElasticMembranePlateSection）。

（4）ETO 生成的命令流，做两处修改：

将 C45 由弹性材料改为各向同性弹性材料：

**nDMaterial ElasticIsotropic 2 32500 0.2**

记录节点 6 的位移，保存于以下文件中：

**recorder Node -file node6.out -time -node 6 -dof 1 2 3 disp**

（5）综上所述，完成命令流修改后，可以提交进行分析，修改后的文件可查看 "Exam13 \ OpenSEES \ Exam13. tcl"。

**5）OpenSEES 分析及分析结果**

（1）打开 OpenSEES 前后处理程序 ETO，点击按钮 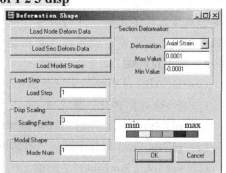，显示结构变形。弹出窗口如图 4-13-9 所示。

点击【Load Node Deform Data】，选取 EXAM13. tcl 文件，【Scaling Factor】取 3，【load

图 4-13-9　变形显示设置

step】取 1，窗口显示结构变形如图 4-13-10 所示。

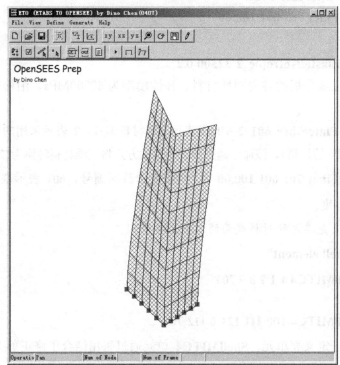

图 4-13-10　剪力墙在水平荷载作用下的变形

（2）对比 ETABS 和 OpenSEES 的计算结果，见表 4-13-1。

ETABS 和 OpenSEES 计算结果对比　　　　　　表 4-13-1

| 节点 6 的位移（mm） | ETABS | OpenSEES |
| --- | --- | --- |
| X 向 | 165.22 | 159.79 |
| Y 向 | 33.78 | 28.76 |
| Z 向 | −3.87 | −3.14 |

差别形成主要原因：

差别是由于 ETABS 中的壳单元采用薄板（Kirchhoff）公式而 OpenSEES 中的 ShellMITC4 单元采用的是三维应力—应变状态下的退化等参单元所导致的。与普通的弹性杆系单元不同，实体单元与壳体单元的弹性单元，就有很多不同的积分方式，单元刚度矩阵形成方式，不同积分点的数量，使单元刚度矩阵都有所不同，因此不同程序计算出来的位移，内力可能不尽相同，只要在满足精度要求的情况下，都是能接受的。

**6）知识点回顾**

（1）ETABS 对平面单元（壳体单元）的建模；

（2）ETO 如何转化二维实元；

（3）nDMaterial 弹性材料（带弹性模量及泊松比）的定义；

（4）nDMaterial PlateFiber 二维截面采用纤维材料的定义；

（5）section PlateFiber 二维单元的截面的定义；

（6）ShellMITC4 单元的定义及应用。

## 4.14　实例 14　网架弹塑性分析

### 1）问题描述

图 4-14-1 所示为一正放四角锥网架，网格尺寸为 3200 mm×3200 mm，网架厚度为

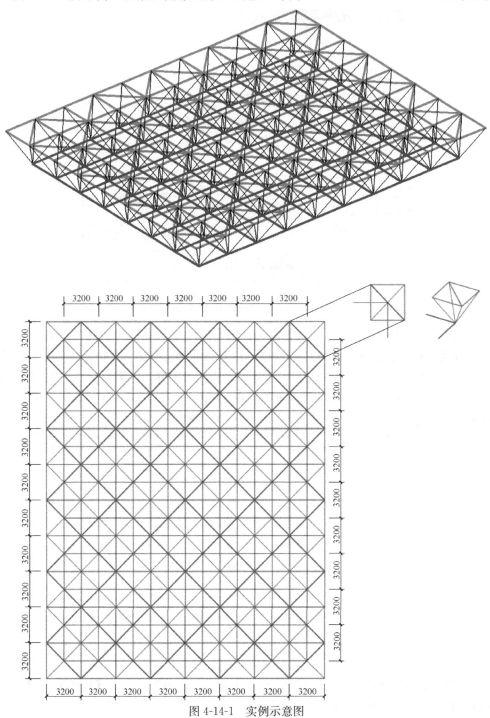

图 4-14-1　实例示意图

3000 mm，由四个角部的柱子支承，其具体尺寸及形式见图 4-14-1。其上下弦杆、腹杆均为外径 300 mm、壁厚 20 mm 的圆钢管。本例将介绍如何在 ETABS 中实现网架结构的建模及如何在 OpenSEES 中对其进行弹塑性分析。

**2）ETABS 模型建模**

（1）定义材料 Q345 和框架截面 TP300×20，如图 4-14-2 所示。

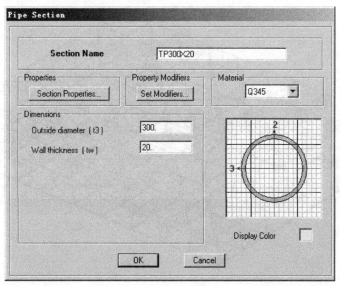

图 4-14-2　ETABS 中 RIGID 框架截面定义

（2）定义楼层表：BASE 层（高度为 0），STORY1 层（高度为 3000 mm）。在 Auto-CAD 中分别绘制好下弦杆和上弦杆的网格（注意两张图必须有共同的参考点），另存为 DXF 格式；点击【文件】→【导入】→【楼层平面图 DXF】，将下弦杆的 DXF 文件导入到 BASE 层、上弦杆的 DXF 文件导入到 STORY1 层，如图 4-14-3 和图 4-14-4 所示。

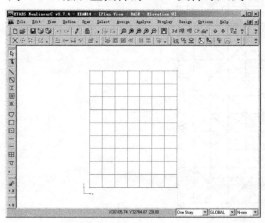

图 4-14-3　下弦杆网格

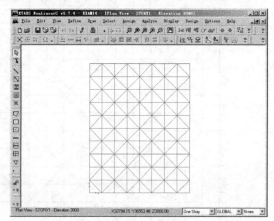

图 4-14-4　上弦杆网格

（3）选择上下弦杆最左上方的网格，然后切换为 3D 视图，点击【视图】→【只显示选择对象】，并绘制腹杆，如图 4-14-5 所示。

（4）选择绘制好的腹杆，点击【编辑】→【带属性复制】，X 向增量 dx 为 3200 mm，Y 向增量 dy 为 0，数量为 7，如图 4-14-6 所示。

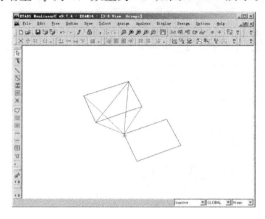

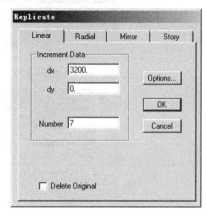

图 4-14-5　ETABS 中绘制腹杆　　　　　图 4-14-6　ETABS 中带属性复制腹杆

（5）点击【视图】→【设置三维视图】，将平面角设置为−90、立面角设置为 0、孔径角设置为 60，点击确定；选择视图中所有腹杆（图 4-14-7），点击【编辑】→【带属性复制】，X 向增量 dx 为 0，Y 向增量 dy 为−3200 mm，数量为 9，如图 4-14-8 所示。

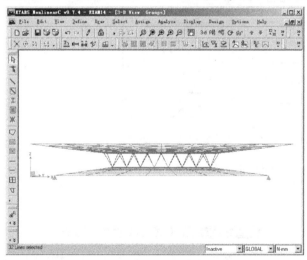

图 4-14-7　ETABS 中选择图中所有腹杆　　　　图 4-14-8　ETABS 中带属性复制腹杆

（6）选择所有杆件，指定截面属性"TP300×20"，并释放所有杆件的杆端弯矩和扭矩，如图 4-14-9 所示。

（7）定义静荷载工况"DAED"，类型为"DEAD"，自重乘数为 1。

（8）选择 STORY1 层中所有上弦杆的节点，指定节点荷载 51 kN（沿 Z 轴负方向，DEAD 工况），如图 4-14-10 所示。

（9）选择下弦杆四个角部的节点，点击【指定】→【节点/点】→【约束（支座）】，约束节点的 ux、uy、uz，如图 4-14-11 所示。

（10）定义时程函数 FUNC1、FUNC2 和 FUNC3（图 4-14-12），分别对应"/EXAM14/

OpenSEES/"目录下的 GM1X、GM1Y、GM1Z 文本文件，时间间隔均为 0.02 s。

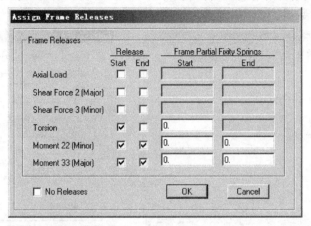

图 4-14-9　ETABS 中释放所有杆件杆端弯矩和扭矩

图 4-14-10　ETABS 中指定节点荷载

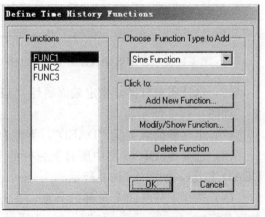

图 4-14-11　指定支座约束　　　　　图 4-14-12　ETABS 中时程函数定义

（11）如图 4-14-13 所示，定义时程工况 HIST1，分析类型为 Nonlinear，所有振型阻尼为 0.02，输出时段数为 2000，输出时段大小为 0.01。三向地震波设置如表 4-14-1 所示。

三向地震时程参数设置　　　　　　　　　　　　　表 4-14-1

| 荷载方向 | 函数 | 比例系数 | 角度 |
|---|---|---|---|
| acc dir 1 | FUNC1 | 5 | 0 |
| acc dir 1 | FUNC2 | 5 | 90 |
| acc dir Z | FUNC3 | 5 | —— |

（12）定义质量源来自恒载，乘数为 1 ，如图 4-14-14 所示。

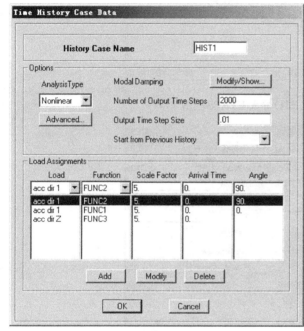
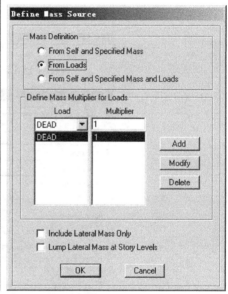

图 4-14-13　ETABS 中时程工况定义　　　　图 4-14-14　ETABS 中定义质量源

（13）完成上述步骤后建立完用于时程分析的 ETABS 模型。

注意：用于时程分析的 ETABS 模型存放在光盘"/EXAM14/ETABS/"目录。

**3）OpenSEES 建模**

（1）打开 ETABS 文件夹中的 ETABS 模型，导出 s2k 文件。打开 ETO 程序，导入 s2k 文件，得到转化的 OpenSEES 模型，如图 4-14-15 所示。

（2）在 ETO 程序中，点击按钮 SET，设置结构分析工况。本实例选择 OpenSEES 的分析类型为【Time History Analysis】。如图 4-14-16 所示。

（3）点击按钮 out，勾选"Displacement of All Nodes"，点击"OK"按钮。

（4）点击按钮 生成 OpenSEES 命令流，并保存。

（5）以下将对 OpenSEES 命令流进行解释并修改，最后提交运算。

**181**

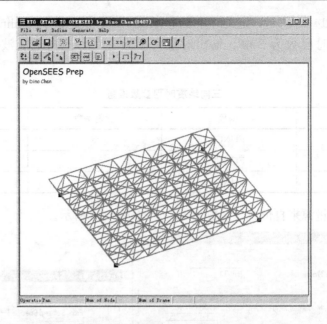

图 4-14-15　ETO 导入 ETABS 模型

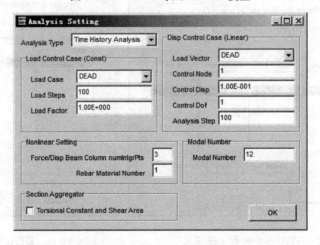

图 4-14-16　ETO 分析设置

**4）OpenSEES 命令流解读**

（1）从 ETO 程序中生成的 OpenSEES 的命令流主要分以下内容，不一一详细列出。

- 初始设置（**-ndf 3** 每个节点 3 个平动自由度）
- 节点空间位置
- 节点质量
- 支座条件（底部支座仅约束 3 个平动自由度）
- 等自由度定义
- 材料（采用**Steel01** 材料）
- 纤维截面
- 杆件局部方向坐标

- 单元定义（采用**trussSection**）

上述部分为结构的刚度模型的建立，然后的内容就是：

- 记录输出定义
- 荷载定义（动力弹塑性时程分析）
- 分析参数设置

（2）ETO 生成的命令流，做三处修改：

桁架结构不需要考虑转动自由度，故将

**model basic -ndm 3 -ndf 6** 改为

**model basic -ndm 3 -ndf 3**

将编号为 4 的材料由弹性材料改为 Steel01 材料：

**uniaxialMaterial Steel01 4 250 206000 0.01**

添加记录节点 51 的位移和单元 549 的内力与变形：

**recorder Node -file node51.out -time -node 51 -dof 1 2 3 disp**

**recorder Element -file ele549_Force.out -time -ele 549 axialForce**

**recorder Element -file ele549_Deform.out -time -ele 549 deformation**

（3）**section Fiber 1 {**

**fiber 1.400E+002 0.000E+000 8.796E+002 4**

**……**

**fiber 1.331E+002 -4.326E+001 8.796E+002 4}**

管壁沿环向划分为 20 块纤维（图 4-14-17），每块纤维面积为 $(150^2 - 130^2) \times 3.14 \div 20 = 879\text{mm}^2$，纤维采用编号为 4 的 Steel01 材料。

（4）**puts "element"**

**element trussSection 1 1 2 1**

**……**

**element trussSection 720 178 179 1**

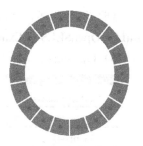

图 4-14-17　圆钢管
纤维截面划分

element trussSection 命令用于指定桁架截面，720 为该杆件的编号，178、179 为该杆件节点编号，1 为该杆件采用的纤维截面编号。

（5）动力弹塑性时程分析的分析参数介绍可参考实例 7，分析 2000 步，时间间隔为 0.01s，即分析 20 s。将阻尼比 xDamp 设为 0.02，加速度时程放大系数 iGMfatt 设为 5。

**set xDamp 0.02;**

**……**

X 方向地震波的定义如下，工况号为 101：

**set IDloadTag 101;**

**set iGMfile "GM1X.txt";**

**set GMdirection "1";**

```
set iGMfatt "5";
set dt 0.02;
set AccelSeries "Series -dt $dt -filePath $iGMfile -factor    $iGMfatt";
pattern UniformExcitation  $IDloadTag  $GMdirection -accel  $AccelSeries ;
```

Y 方向地震波的定义如下，工况号为 102：

```
set IDloadTag 102;
set iGMfile "GM1Y.txt";
set GMdirection "2";
set iGMfatt "5";
set dt 0.02;
set AccelSeries "Series -dt $dt -filePath $iGMfile -factor    $iGMfatt";
pattern UniformExcitation  $IDloadTag  $GMdirection -accel  $AccelSeries ;
```

Z 方向地震波的定义如下，工况号为 103：

```
set IDloadTag 103;
set iGMfile "GM1Z.txt" ;
set GMdirection "3";
set iGMfatt "5";
set dt 0.02;
set AccelSeries "Series -dt $dt -filePath $iGMfile -factor    $iGMfatt";
pattern UniformExcitation  $IDloadTag  $GMdirection -accel  $AccelSeries ;
```

（6）综上所述，完成命令流修改后，可以提交进行分析，修改后的文件可查看"Exam14 \ OpenSEES \ Exam14. tcl"文件。

**5）OpenSEES 分析及分析结果**

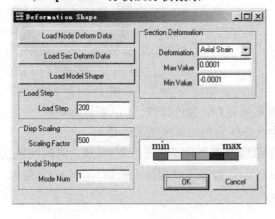

图 4-14-18　变形显示设置

（1）打开 OpenSEES 前后处理程序 ETO，点击按钮 ⌐⌐ ，显示结构变形。弹出窗口如图 4-14-18 所示。

点击【Load Node Deform Data】，选取"Exam14 \ OpenSEES"文件夹中的 EXAM14. tcl 文件，【Scaling Factor】取 500，【load step】取 200，窗口显示结构变形如图 4-14-19 所示。

（2）对于时程分析的模型，ETABS 弹性时程分析和 OpenSEES 弹塑性时程分析的结果（节点 51 的竖向位移）如图 4-14-20 所示，可以看出，弹塑性分析的节点位移普遍比弹性分析的大，说明杆件进入了塑性状态，通过延性来耗散地震能量。

（3）从 OpenSEES 中输出单元 549 每一步的轴力和变形，在 Excel 中绘制其滞回曲线如图 4-14-21 所示。

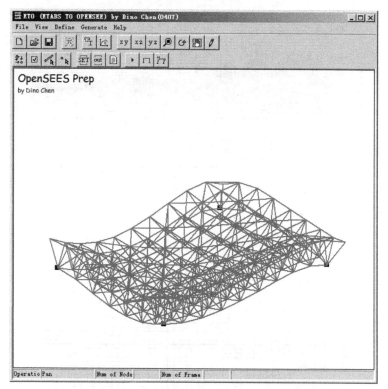

图 4-14-19　结构在加速度时程作用下的变形

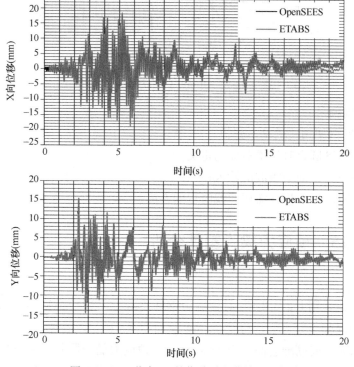

图 4-14-20　节点 51 的位移时程曲线（一）

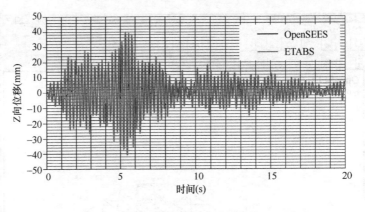

图 4-14-20　节点 51 的位移时程曲线（二）

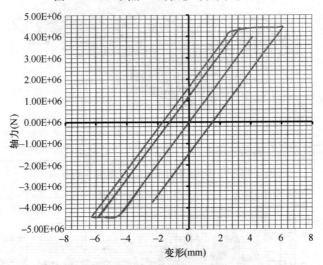

图 4-14-21　单元 549 轴力-变形曲线

**6）知识点回顾**

（1）ETABS 网架结构的基本建模；

（2）OpenSEES 圆钢管纤维截面的定义；

（3）OpenSEES 三向地震波的输入；

（4）OpenSEES 提取构件滞回曲线时程的方法。

# 4.15　实例 15　预应力梁弹塑性分析

**1）问题描述**

本例主要介绍采用 OpenSEES 对预应力钢筋混凝土梁进行弹塑性分析的方法。一有粘结预应力钢筋混凝土简支梁，跨度 24 m，截面 $600 \times 1600$，混凝土采用 C40，非预应力钢筋采用 HRB400，底筋配筋面积为 7850 $mm^2$，预应力筋极限强度标准值为 1860 MPa，面积为 2732 $mm^2$，张拉控制应力为 792 MPa，预应力损失为 200 MPa。预应力钢筋采用抛物线形式，梁端处离截面中心的距离为 0，跨中处离截面中心的距离为 500 mm，如图

4-15-1 所示。

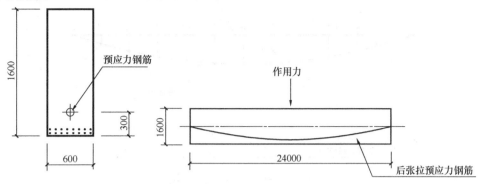

图 4-15-1　实例示意图

**2）ETABS 模型建模**

（1）打开 ETABS，将单位设置为 N-mm。如图 4-15-2 所示，编辑轴网数据：轴线 A、B 的坐标分别为 0 和 24000，轴线 1 的坐标为 0。

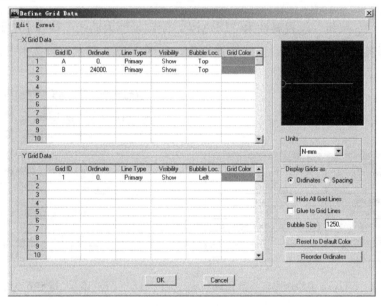

图 4-15-2　ETABS 中编辑轴线窗口

（2）编辑楼层数据，共两层，STORY1 层层高为 8000mm。

（3）定义材料 C40、STEEL 和 OTHER，定义框架截面"DC40B600×1600"（高 1600 mm、宽 600mm，材料 C40）、"DBAR"（外径 20mm、壁厚 4 mm，材料 STEEL）和"ERIG-ID"（高 400mm、翼缘宽度 200mm、腹板和翼缘厚度为 20 mm，材料 OTHER）。

点击 按钮，将视图切换至 1 轴立面，绘制梁线并指定截面"DC40B600×1600"。选择梁线，将其等分成 12 份。本例中，混凝土与预应力筋是通过刚臂连接，刚臂长度与预应力筋的偏心距有关，刚臂两端节点的 6 个自由度均进行耦合。在每个节点处绘制一根竖直向下的杆件连接预应力筋，杆件的长度见图 4-15-3，为实现刚臂的效果，需要人为放大杆件的弹性模量。

**187**

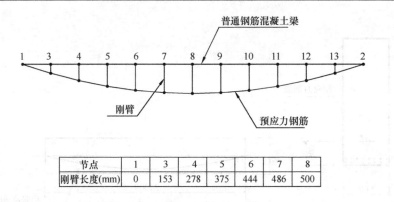

| 节点 | 1 | 3 | 4 | 5 | 6 | 7 | 8 |
|---|---|---|---|---|---|---|---|
| 刚臂长度(mm) | 0 | 153 | 278 | 375 | 444 | 486 | 500 |

图 4-15-3　刚臂长度及其连接示意图

例如，要绘制节点 8 对应的刚臂：点击 ▨ 按钮，在弹出的窗口（图 4-15-4）中设置属性为"ERIGID"、绘制控制类型为"Fixed Length and Angle"，并在固定长度和角度中分别输入－500 和 90，鼠标移至节点 8 处，单击左键后会显示预览图，确认无误后双击鼠标左键完成绘制。

（4）点击 ▨ 按钮，设置属性为"DBAR"，绘制预应力筋线连接各个刚臂端点。

（5）选择各刚臂两端节点，指定节点约束，如图 4-15-5 所示；再选中 STORY1 层的节点 1 和节点 2，指定固端约束。

图 4-15-4　ETBAS 中绘制刚臂参数设置　　　　图 4-15-5　指定节点约束

（6）定义荷载工况，类型为"DEAD"，自重乘数为 0。

（7）对 STORY1 层的节点 19 指定节点力－1000 N（DEAD 工况）（图 4-15-6）。

ETO 程序允许导入空心钢管截面，在 ETABS 中输入空心钢管来模拟预应力筋，面积相等即可，采用直径为 107.55mm 及壁厚为 7.55 的截面（图 4-15-7），其面积与预应力筋的面积相等为 2372mm²。

（8）完成上述步骤后建立完 ETABS 模型。

注意：实例的 ETABS 模型存放在光盘"/EXAM15/ETABS/"目录。

**3）OpenSEES 建模**

（1）打开 ETABS 模型，导出 s2k 文件。打开 ETO 程序，导入 s2k 文件，得到转化的 OpenSEES 模型，如图 4-15-8 所示。

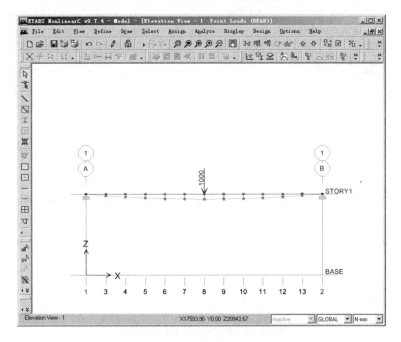

图 4-15-6　ETABS 中施加节点荷载

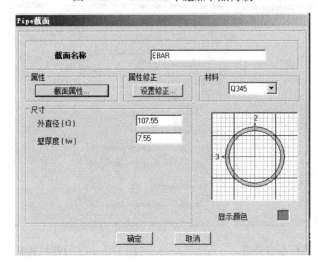

图 4-15-7　ETABS 中钢管截面定义

（2）点击按钮 ，设置截面参数，采用 Disp BeamColumn 单元，顶部配筋 3000 mm²，底部配筋 7850 mm²，如图 4-15-9 所示。

（3）在 ETO 程序中，点击按钮 ，设置结构分析工况。本实例选择 OpenSEES 的分析类型为【Single Displacement Control】，荷载工况为 DEAD，控制点为 19，控制位移为−1，控制自由度为 3，分析步数为 360。如图 4-15-10 所示。

（4）点击按钮 ，勾选 "Displacement of All Nodes" 选项。

（5）点击按钮 生成 OpenSEES 命令流。

（6）以下将对 OpenSEES 命令流进行解释并修改，最后提交运算。

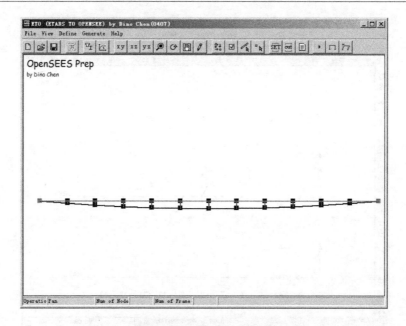

图 4-15-8　ETO 导入 ETABS 模型

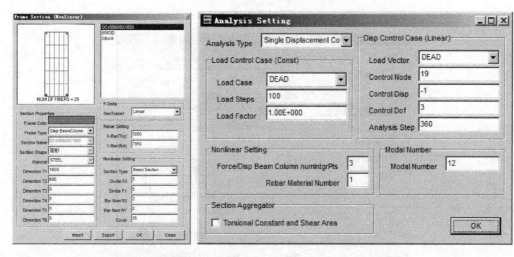

图 4-15-9　ETO 中截面参数设置　　　　　　图 4-15-10　分析设置窗口

**4）OpenSEES 命令流解读**

（1）从 ETO 程序中生成的 OpenSEES 的命令流主要分以下内容，不一一详细列出。

- 初始设置
- 节点空间位置
- 支座条件（柱底为固端支座）
- 材料（弹性材料、Steel01、Steel02、Concrete01）
- 纤维截面定义
- 杆件局部方向坐标
- 杆件定义

上述部分为结构的刚度模型的建立，然后的内容就是：

- 记录输出定义
- 施工模拟荷载定义及施工模拟
- 跨中竖向荷载定义及分析

（2）ETO 生成的命令流，做几处修改：

将材料 1 由弹性材料改为 Steel01 材料：

**uniaxialMaterial Steel01　1　200　200000　0.02**

将材料 4 由弹性材料改为 Concrete02 材料：

**uniaxialMaterial Concrete02 4　-26.8　-0.002 -10 -0.005 0.1 2.68 1000**

增加材料 5 用于模拟预应力筋：

**uniaxialMaterial Steel02　5　1600　206000　0.02　18　0.925 0.15 0 1 0 1 1100**

若不施加预应力，材料 5 定义如下：

**uniaxialMaterial Steel01　5　1600　206000　0.02**

增加定义预应力筋纤维截面的代码：

**section Fiber 3 {**

**fiber 5.000E+001 0.000E+000 1.186E+002 5**

**………**

**fiber 4.755E+001 -1.545E+001 1.186E+002 5**

**}**

增大刚臂的弹性模量，由 1.999E＋005 改为 1.999E＋010：

**element　elasticBeamColumn　25　2　14　1.520E+004　1.999E+010　7.690E+004　2.133E +0063.955E+008 2.693E+007 25**

**……**

**element　elasticBeamColumn　35　9　24　1.520E+004　1.999E+010　7.690E+004　2.133E +0063.955E+008 2.693E+007 35**

增加记录节点 19 位移的命令流：

**recorder Node -file node19.out -time -node 19 -dof 1 2 3 disp**

增加施工模拟的代码，用于实现预应力的施加，因此荷载工况中的各项均为 0：

**## Load Case =　Construction simulation**

**pattern Plain 1 Linear {**

**load 19 0.000E+000 0.000E+000 0 0.000E+000 0.000E+000 0.000E+000**

**}**

**constraints Plain**

**numberer Plain**

**system BandGeneral**

**test EnergyIncr 1.0e-6 200**

**algorithm Newton**

**integrator LoadControl 1**

```
analysis Static
analyze 1
```

注意：采用零加载，让预应力结构由于构件内部纤维的初始应变产生的整体变形，即初始变形。

（3）Concrete02 材料与 Concrete01 材料不同之处，在于 Concrete02 材料考虑混凝土的受拉段，在混凝土梁（特别是预应力梁）的分析中，初始应变往使存在混凝土开裂的风险，所谓的开裂，就是混凝土受拉段的弹塑性行为，本算例为了准确考虑混凝土开裂前的刚度，采用 Concrete02 材料。如下所示。

**uniaxialMaterial Concrete02 $matTag $fpc $epsc0 $fpcu $epsU $lambda $ft $Ets**

其中，**$fpc $epsc0 $fpcu $epsU** 与混凝土材料 Concrete01 相同，不再细说。

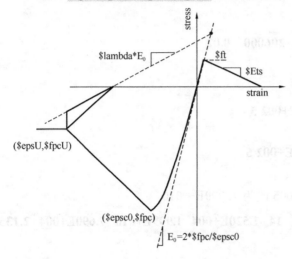

图 4-15-11　CONCRETE02 材料本构模型示意图

**$lambda** 为卸载第二段刚度与初始刚度的比值。一般为 0.1。

**$ft** 为混凝土受拉强度值，可以明确得到，一般为受压强度的 0.1～0.2 倍。

**$Ets** 为受拉段的卸载刚度，下降刚度值，一般的受拉卸载为渐近曲线形式，这里简化了直线卸载，有利于计算收敛。终值为 0。各参数的几何关系如图 4-15-11 所示。

（4）Steel02 材料采用带初始应力属性的等向应变强化 Giuffré-Menegotto-Pinto 钢筋模型，本例通过设置材料的初始应力来达到施加预应力的目的。

**uniaxialMaterial Steel02　5　1600　206000　0.02　18　0.925 0.15 0 1 0 1 1100**

其中，**1600** 代表屈服强度；**206000** 代表初始弹性模量；**0.02** 代表应变强化率；

**18　0.925　0.15** 代表材料从弹性转变为塑性的参数（建议取值为 $ R0＝10～20、$ cR1＝0.925、$ cR2＝0.15）；**0 1 0 1** 为等向强化参数，均采用默认值；**1100** 为初始应力。本例采用的预应力钢绞线极限强度标准为1860MPa，由于无明显屈服点，在此假定屈服强度为 1600MPa，扣除应力损失后的预应力为 1100MPa。

注意：图 4-15-12 是官方提供了预应力钢筋材料的滞回本构的例子，在没有试验及理论的支持下，建议采用默认参数，如 a1，a2，a3，a4，R0，CR1，CR2 等。钢筋强度 fy，钢筋模量 Es，硬化率 Bsh 及预应力 σ0。预应力筋总的预应力 F0＝σ0＊A，其中 A 为钢筋的截面面积。

（5）综上所述，完成命令流修改后，可以提交进行分析，修改后的文件可查看 "Exam15 \ OpenSEES \ Exam15. tcl"。

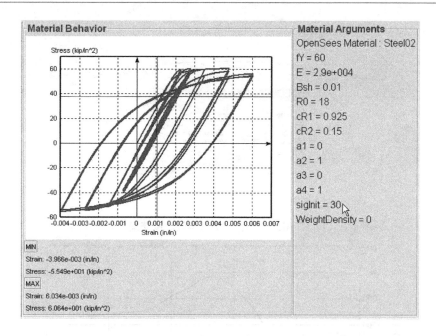

图 4-15-12　Steel02 材料滞回曲线

**5）OpenSEES 分析及分析结果**

（1）打开 OpenSEES 前后处理程序 ETO，点击按钮 ，显示结构变形。在弹出的窗口中点击【Load Node Deform Data】按钮，选取 EXAM15.tcl 文件，【Scaling Factor】取 100，【load step】取 1，结构变形如图 4-15-13 所示。

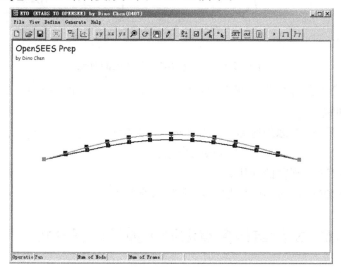

图 4-15-13　施加预应力后梁反拱

经 OpenSEES 分析得到的初始变形上拱为 12.91mm，ETABS 的分析结果为 14.25mm（图4-15-14），由于 OpenSEES 考虑了钢筋的部分刚度，显得较刚一些。

（2）预应力梁与普通梁的对比

由图 4-15-15 可以看出，在相同的荷载作用下，预应力梁最终承载力为 1370kN，而

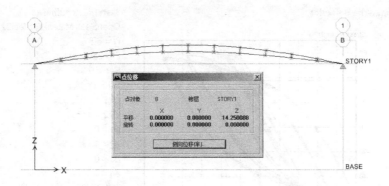

图 4-15-14　ETABS 施加预应力（等效温度荷载）后梁反拱

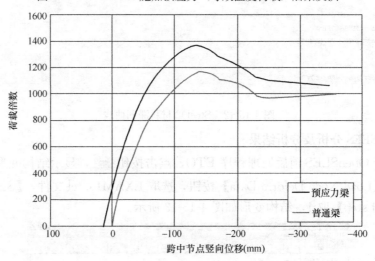

图 4-15-15　预应力梁与普通梁的对比

普通混凝土梁（考虑预应力筋刚度贡献）为 1167kN，承载力提高为 17%。

**6）知识点回顾**

（1）OpenSEES 中考虑预应力 Steel02 材料的介绍；

（2）OpenSEES 中 Concrete02 材料的介绍；

（3）OpenSEES 中刚臂的使用；

（4）OpenSEES 中预应力的施加与初荷载分析方法。

## 4.16　实例 16　桥梁结构多点激励下弹性时程分析

**1）问题描述**

本算例通过一个大跨度的桥梁，介绍在 OpenSEES 中实现多点（异步，或者称行波效应）激励的建模及分析方法。同样，也是采用 ETABS 作为建模的工具。如图 4-16-1 所示，一桥梁结构跨度 125m，桥拱顶部高度 32.5m，其他具体尺寸参见 ETABS 建模部分。由于桥梁跨度较大，需要考虑行波效应，本例采用 OpenSEES 对桥梁结构进行多点激励下的弹性时程分析。

注：所谓行波效应，就是一个建筑或结构物跨度太大，地震动由于传播到不同的基点所需要的时程不同而产生的激励效应。地震波的传播速度按照土层或岩层的剪切波速，为了使算例更有代表性，在 125m 的跨度上，按 2s 的时间差作为行波输入的时间差。

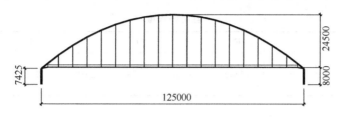

图 4-16-1　实例示意图

### 2）ETABS 模型建模

（1）打开 ETABS，将单位设置为 N-mm。按表 4-16-1 编辑轴网数据。

轴网 ID 及间距　　　　　　　　　　　　　　　表 4-16-1

| X 轴网数据 | 1 | 2 | 3～18 | 19 | 20 | 21 |
|---|---|---|---|---|---|---|
| 轴网 ID | A | B | C～S | T | U | V |
| 间隔 | 3000 | 5100 | 6800 | 5100 | 3000 | 0 |
| Y 轴网数据 | 1 | 2 | 3 | 4 | 5 | |
| 轴网 ID | 1 | 2 | 3 | 4 | 5 | |
| 间隔 | 6000 | 6000 | 6000 | 6000 | 0 | |

（2）编辑楼层数据，共两层，STORY1 层层高为 32500mm；在编辑参考平面中定义一高度为 9050mm 的参考面。

（3）定义材料 CONC 和 STEEL，定义框架截面"ABEAM"（高 6700mm、宽 2500mm，材料 CONC）、"ARC"（外径 2500mm、壁厚 500mm，材料 STEEL）、"COL-UMN"（高 4000mm、宽 3000mm，材料 CONC）、"LINK"（采用默认截面即可）、"LRIB"（高 1200mm、宽 400mm，材料 CONC）、"SUSPENDER"（直径 71.3mm，材料 STEEL）、"TBAR"（外径 1200mm、壁厚 400mm，材料 STEEL）、"TRIB"（高 1500mm、宽 1000mm，材料 CONC）。

（4）将视图切换至 9050mm 高度处的参考平面，绘制纵肋与横肋，并分别指定框架截面"LRIB"和"TRIB"。选择所有纵肋和横肋，点击【编辑】菜单下的【移动点/线/面】命令，如图 4-16-2 所示。Delta Z 设置为－1050，点击确定按钮。如图图 4-16-2 所示。

（5）绘制桥面板，指定面截面"SLAB"，并按轴线细分。

（6）切换至三维视图，绘制杆件连接各纵横肋交点与相应的桥面板角点（通过带属性复制等命令实现），并指定线截面"LINK"。

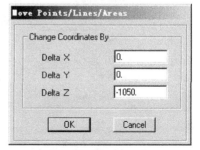

图 4-16-2　ETABS 中"移动点/线/面"对话框

（7）切换至 1 轴立面，通过点击各轴线在参考平面的节点来绘制吊杆（对应截面为"SUSPENDER"），各吊杆长度见表 4-16-2，绘制方法如图 4-16-3 所示，其余吊杆可由以下吊杆关于 L 轴镜像得到。

各吊杆长度          表 4-16-2

| 对应坐标轴 | C | D | E | F | G | H | J | K | L |
|---|---|---|---|---|---|---|---|---|---|
| 固定长度（mm） | 4590 | 9050 | 12900 | 16140 | 18780 | 20830 | 22280 | 23160 | 23450 |

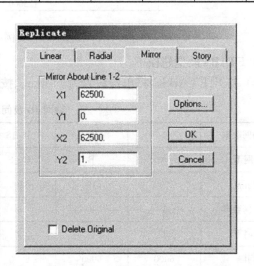

图 4-16-3   ETABS 中绘制杆件与带属性复制参数设置

（8）在 A 轴和 V 轴的 BASE 层与参考层之间绘制桥墩，截面为"COLUMN"；并将纵肋与桥墩顶部连接起来，连接杆件截面为"LRIB"；再将桥墩顶部节点下移 1625mm（通过"移动点/线/面"命令）。

（9）依次将各吊杆顶部端点连接起来，绘制成桥拱，截面为"ARC"。

（10）选择连接桥墩顶部与纵肋的杆件，进行带属性复制：Y 向＋6000，数量为 4；选择桥墩、吊杆和桥拱，进行带属性复制：Y 向＋24000，数量为 1。如图 4-16-4 所示。

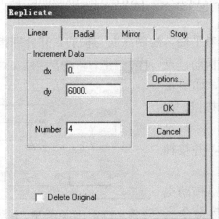
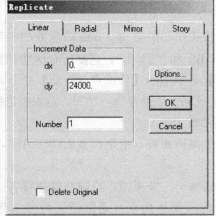

图 4-16-4   ETABS 中带属性复制参数设置

（11）绘制横向锚梁连接两桥墩，截面为"ABEAM"。

（12）在两侧桥拱的 EF 段之间、KM 段之间和 QR 段之间绘制横管，截面为"TBAR"。

（13）选择所有桥面板，指定均布面荷载 $5kN/m^2$（"DEAD"工况）和 $10kN/m^2$（"LIVE"工况）。

（14）定义质量源来自荷载，"DEAD"工况的乘数为 1、"LIVE"工况的乘数为 0.5。

（15）完成上述步骤后建立完 ETABS 模型，如图 4-16-5 所示。

注意：实例的 ETABS 模型存放在光盘"/EXAM16/ETABS/"目录。

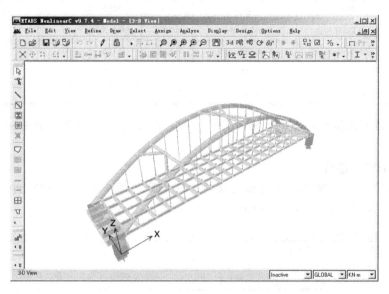

图 4-16-5　ETABS 中模型三维图

（16）本例需要对比 SAP2000 和 OpenSEES 的计算结果，将 ETABS 模型导入 SAP2000 后，定义荷载模式"BASE1"和"BASE2"，类型均为 OTHER。

（17）选择节点 1、3，指定节点位移（荷载模式为"BASE1"，方向为"Translation Global X"，大小为 1mm）；再选择节点 2、4，指定节点位移（荷载模式为"BASE2"，方向为"Translation Global X"，大小为 1mm）。如图 4-16-6 所示。

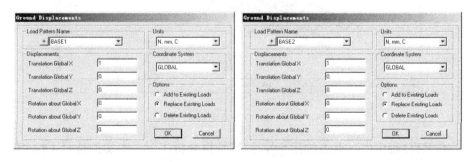

图 4-16-6　SAP2000 中指定节点位移

（18）定义时程函数"DM1X"（"EXAM16/GM/dm1x.txt"，间隔值为 0.02）、"DM2X"（"EXAM16/GM/dm2x.txt"，间隔值为 0.02）和"GM1X"（"EXAM16/GM/

gm1x. txt",间隔值为 0.02);定义荷载工况"MODAL1"(类型为"Modal")、"MHIST1"、"DHIST1" （用于一致激励）和"DHIST2" （用于多点激励）；需要注意的是，"DHIST1"和"DHIST2"工况均采用基于第一振型和第二振型的 Rayleigh 阻尼。如表4-16-3 所示。

各时程工况定义

表 4-16-3

| 荷载工况名 | 时程类型 | 荷载类型 | 荷载名称 | 函数 | 比例系数 | 输出时段数 | 输出时段大小 |
|---|---|---|---|---|---|---|---|
| MHIST1 | Modal | Accel | U1 | GM1X | 1 | 1000 | 0.02 |
| DHIST1 | Direct Integration | Load Pattern | BASE1 | DM1X | 1 | 1000 | 0.02 |
| | | Load Pattern | BASE2 | DM1X | 1 | | |
| DHIST2 | Direct Integration | Load Pattern | BASE1 | DM1X | 1 | 1000 | 0.02 |
| | | Load Pattern | BASE2 | DM2X | 1 | | |

（19）完成上述步骤后建立完 SAP2000 模型，存放在光盘"EXAM16/SAP2000/"目录下。

**3）OpenSEES 建模**

（1）打开 ETABS 模型，导出 S2K 文件。打开 ETO 程序，导入 S2K 文件，得到转化的 OpenSEES 模型，如图 4-16-7 所示。

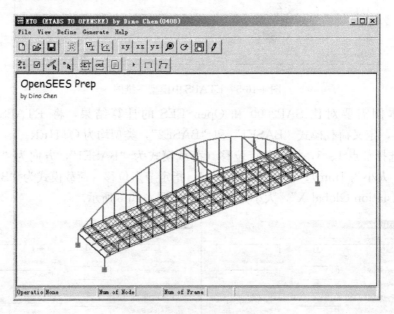

图 4-16-7　ETO 导入 ETABS 模型

（2）在 ETO 程序中，点击按钮 ，设置结构分析工况。本实例选择 OpenSEES 的分析类型为【MultipleSupportExcitation】。这个是多点激励的命令流工况，ETO 程序自动生成与其相关的命令流模板，稍作修改就可以了。如图 4-16-8 所示。

（3）点击按钮 ，勾选"Displacement of All Nodes"选项。

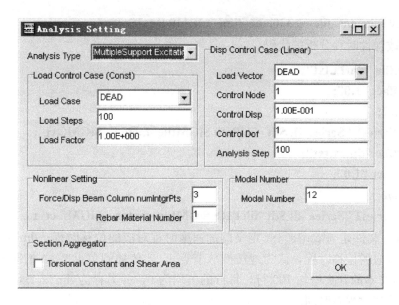

图 4-16-8　分析设置窗口

（4）点击按钮 生成 OpenSEES 命令流。

（5）以下将对 OpenSEES 命令流进行解释并修改，最后提交运算。

**4）OpenSEES 命令流解读**

（1）从 ETO 程序中生成的 OpenSEES 的命令流主要分以下内容，不一一详细列出。

- 初始设置
- 节点空间位置
- 节点质量
- 支座条件
- 材料（单轴弹性材料、三维弹性材料）
- 杆件局部方向坐标
- 杆件定义
- 壳单元定义

上述部分为结构的刚度模型的建立，然后的内容就是：

- 记录输出定义
- 荷载定义（多点激励下弹性时程分析）
- 分析参数设置

（2）将材料 4 由弹性材料改为三维弹性材料，泊松比为 0.2：

**nDMaterial　ElasticIsotropic　4　26000　0.2**

注意：用于杆件的材料类型与用于壳体、平面的单元最好是分开的，这样 ETO 生成的命令流中，可以稍作修改就可以将一维材料变成二维、三维材料而不会影响杆件的材料属性。

（3）增加记录节点 203 位移和单元 330 内力的命令流：

**recorder Node -file node203.out -time -node 203 -dof 1 2 3 disp**

**recorder Element -file ele330.out -time -ele 330 localForce**

（4）修改弹性时程分析的代码：

**set iGMfile "dm1x.txt";**

**set iGMfact "1.0";**

**set dt 0.02;**

**set dispSeries1 "Series -dt $dt -filePath $iGMfile -factor   $iGMfact";**

**set iGMfile "dm2x.txt";**

**set iGMfact "1.0";**

**set dt 0.02;**

**set dispSeries2 "Series -dt $dt -filePath $iGMfile -factor   $iGMfact";**

dm1x. txt 文件是与 gm1x. txt 定义的加速度时程对应的位移时程；dm2x. txt 文件是考虑了行波效应的位移时程，认为地震波从节点 1、3 传播到节点 2、4 的时间为 2s，故在 dm1x. txt 文本的开头增加 100 行，每行的值均为 0，并另存为 dm2x. txt。如图 4-16-9 所示，两个位移时程有时间差。

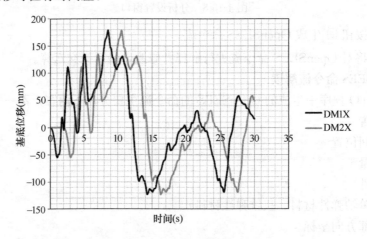

图 4-16-9　基底位移时程曲线

注：位移时程是通过对加速度时程进行两次积分得到的（频域积分比时域积分的效果好）。在地震结束后，一般情况下地面位移、速度和加速度应该归零。但由于低频误差等因素的存在，通过两次积分得到的位移时程在终点时刻非零，即基线漂移，因此需要进行基线校正。基线校正的方法有两类：一是滤波，即将加速度记录中不合适的波拼过滤掉，此方法会在一定程度上改变加速度、速度和位移之间的自然积分关系，且加速度的峰值也会发生改变；二是更改加速度的初始值或调整加速度的记录，使加速度积分后的位移时程为零。

ELCENTROL 地震波基线调整前后位移时程对比如图 4-16-10 所示。

OpenSEES 输入多点激励的地震位移时程的命令流如下：

**pattern　MultiSupport　1　{**

　　**groundMotion　1　Plain　-disp　$dispSeries1**

　　**imposedMotion　1　1　1**

　　**imposedMotion　3　1　1**

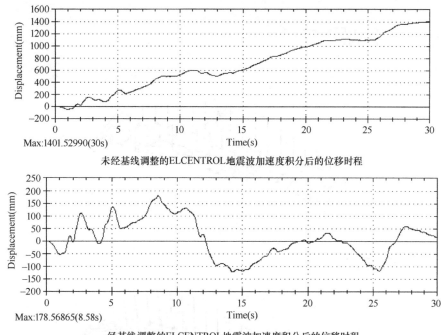

Max:1401.52990(30s)

未经基线调整的ELCENTROL地震波加速度积分后的位移时程

Max:178.56865(8.58s)

经基线调整的ELCENTROL地震波加速度积分后的位移时程

图 4-16-10　ELCENTROL 地震波基线调整前后对比

```
}
pattern  MultiSupport  2  {
    groundMotion  2  Plain  -disp  $dispSeries2
    imposedMotion  2  1  2
    imposedMotion  4  1  2
}
```

上面的代码定义了两个多点激励的工况。例如：

**groundMotion  2  Plain  -disp  $dispSeries2** 定义了输入位移时程的地震动，其编号为 1；

**imposedMotion  4  1  2** 给节点 4 施加了沿 X 方向(自由度为 1)编号为 2 的地震动。

(5)本实例采用的求解线性方程组的算法改为

**system SparseSPD**

该算法是一种并行求解稀疏矩阵线性方程组的方法。

(6)综上所述，完成命令流修改后，可以提交进行分析，修改后的文件可查看"Exam16 \ OpenSEES \ Exam16. tcl"。

**5)OpenSEES 分析及分析结果**

(1)打开 OpenSEES 前后处理程序 ETO，点击按钮，显示结构变形。在弹出的窗口中点击【Load Node Deform Data】按钮，选取 EXAM16. tcl 文件，【Scaling Factor】取1000，【load step】取输入节点位移时程峰值对应的 433 步，结构变形对比如图 4-16-11

**201**

所示。

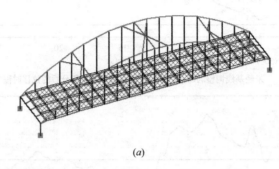

(a)

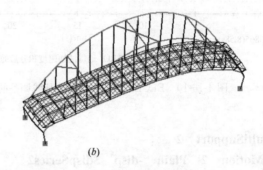

(b)

图 4-16-11　结构变形对比

(a)地震波加速度输入；(b)地震波位移输入多点激励

(2)节点 203 在多点激励下和一致激励下的位移对比如图 4-16-12 所示。

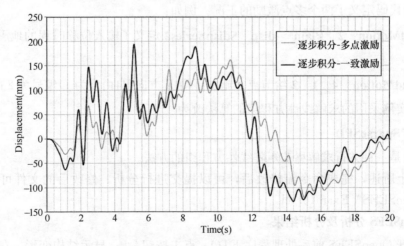

图 4-16-12　节点 203 位移时程对比

(3)杆件 330 轴力时程对比如图 4-16-13 所示。

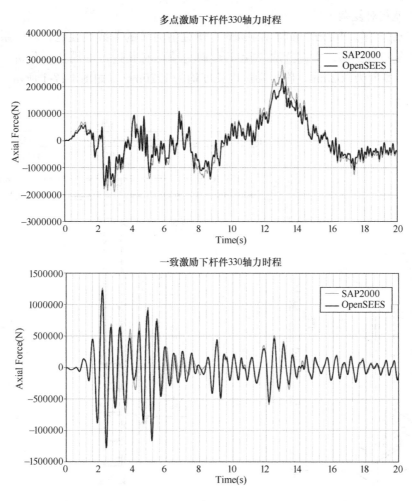

图 4-16-13　杆件 330 轴力时程对比

由图 4-16-13 看出，SAP2000 和 OpenSEES 的计算结果相当接近。

**6）知识点回顾**

（1）SAP2000 多点激励时程分析的方法；

（2）基线调整，基底位移时程，行波效应等概念介绍；

（3）OpenSEES 中梁柱单元与壳单元耦合建模；

（4）OpenSEES 中多点激励时程分析；

（5）OpenSEES 中 SparseSPD 算法的应用。

## 4.17　实例 17　剪力墙低周往复分析

**1）问题描述**

本算例通过一个剪力墙试验的算例进行介绍剪力墙的建模，高宽比较高的剪力墙可以通过 dispBeamColumn 单元（基于位移法的纤维单元）进行模拟，由于剪切弹塑性对高宽比剪力墙的影响较小，在工程分析的角度可以忽略。对于高宽比较小的剪力墙（低矮剪力墙）

其分析方法就相对复杂了。

**算例：** 1995 年，Thomsen 与 Wallace 为研究剪力墙的非线性性能，对一系列剪力墙进行低周往复荷载试验。本例选取一片 T 形剪力墙，对其进行低周往复分析，该剪力墙高 3660mm，厚度为 102mm，腹板和翼缘长度均为 1220mm，如图 4-17-1 所示。剪力墙截面配筋如图 4-17-2 所示。

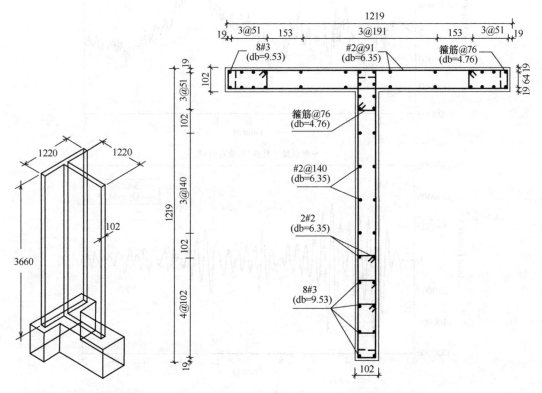

图 4-17-1　实例示意图　　　　　图 4-17-2　剪力墙截面配筋图

假定剪力墙的轴压比为 0.075，施加轴力为 730kN。装置加载至设定的轴力后进行力控制往复加载，随后进行位移往复加载，每级位移控制值约为 20mm、40mm、60mm、80mm、100mm。

**2)ETABS 模型建模**

(1)打开 ETABS，将单位设置为 N-mm。如图 4-17-3 所示，编辑轴网数据：轴线 A、B、C 的坐标分别为 0、558.5 和 1117，轴线 1、2 的坐标分别为 0、1219。

(2)编辑楼层数据：STORY1 为控制层，STORY2、STORY3、STORY4 均相似于 STORY1，各层层高均为 915mm，如图 4-17-4 所示。之所以分为四层，是为了确保剪力墙底部区高度约等于悬臂式剪力墙的截面高度，与塑性铰长度理论接近，分析结果趋于稳定。

(3)定义材料 C35 和 Q345，定义框架截面"C35W102×558"(高 558mm、宽 102mm)、"C35W102×1219"(高 102mm、宽 1219mm)和"ERIGID"(高 400mm、翼缘宽度 200mm、腹板和翼缘厚度为 20mm)。

注意，Q345 材料的弹性模量由 2.06e5 改为 2.06e8(MPa)，放大了 1000 倍，表示材料设置为刚性材料，即构造出刚臂。

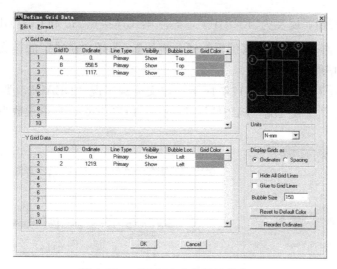

图 4-17-3 ETABS 中编辑轴线窗口

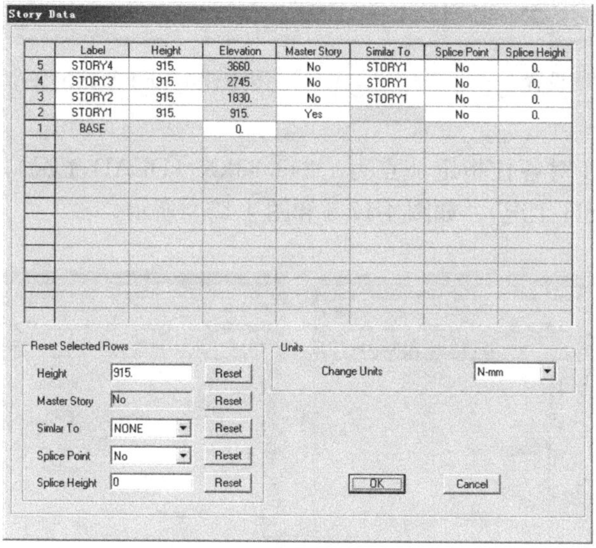

图 4-17-4 ETABS 中编辑楼层数据窗口

（4）在平面视图中切换至楼层 STORY1，将编辑模式设置为"相似层"，点击 ▦ 按钮，如图 4-17-5 所示，属性为"C35W102×1219"，平面偏移 X 设置为 0、平面偏移 Y 设置为 −609.5，在点 B2 处布置柱；将属性切换为"C35W102×558"，平面偏移 X 设置为 −279.25，平面偏移 Y 设置为 0，在点 B2 和 C2 处分别布置柱；并对柱底节点指定固端约束。

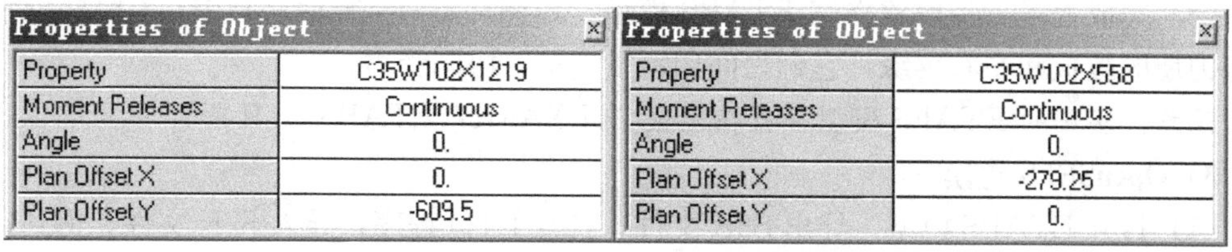

| Properties of Object | |
| --- | --- |
| Property | C35W102×1219 |
| Moment Releases | Continuous |
| Angle | 0. |
| Plan Offset X | 0. |
| Plan Offset Y | -609.5 |

| Properties of Object | |
| --- | --- |
| Property | C35W102×558 |
| Moment Releases | Continuous |
| Angle | 0. |
| Plan Offset X | -279.25 |
| Plan Offset Y | 0. |

图 4-17-5 ETBAS 中绘制柱参数设置

**205**

(5)点击 按钮，属性为"ERIGID"，绘制梁线连接点 A2 和 C2、B1 和 B2。切换至三维视图，选择所有构件，点击【编辑】→【分割线】，选择"在选定的相交处分割线和点"（图 4-17-6），点击确定。

（6）定义荷载工况，如图 4-17-7 所示。定义荷载工况"DEAD"，类型为"DEAD"，自重乘数为 0；定义荷载工况"PUSH"，类型为"OTHER"，自重乘数为 0。

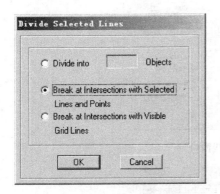

图 4-17-6　分割线设置

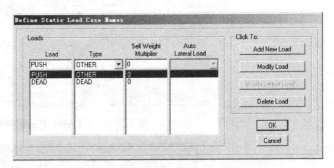

图 4-17-7　ETABS 定义荷载工况窗口

（7）在 STORY1 对各柱指定节点力－243.33kN（DEAD 工况），对节点 B2 指定 Y向水平力 1kN（PUSH 工况）。如图 4-17-8 和图 4-17-9 所示。

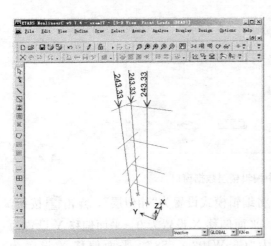

图 4-17-8　ETABS 中 DEAD 工况竖向荷载

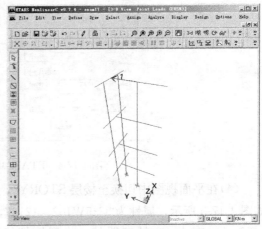

图 4-17-9　ETABS 中 PUSH 工况水平荷载

（8）完成上述步骤后建立完 ETABS 模型，如图 4-17-10 所示。其中，3 根柱分别代表剪力墙的腹板和左右翼缘，它们之间用钢梁连接，协同受力。

注意：实例的 ETABS 模型存放在光盘"/EXAM17/ETABS/"目录。

**3）OpenSEES 建模**

（1）打开 ETABS 模型，导出 S2K 文件。打开 ETO 程序，导入 S2K 文件，得到转化的 OpenSEES 模型，如图 4-17-11 所示。

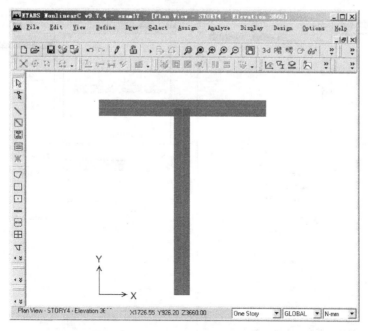

图 4-17-10　ETABS 中剪力墙截面图

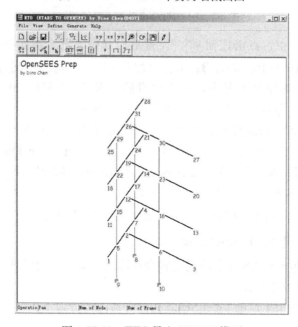

图 4-17-11　ETO 导入 ETABS 模型

（2）点击按钮 ⊡，按表 4-17-1 设置截面参数，如图 4-17-12 所示。

截面参数设置　　　　　　　　　　　　　　　　　　　　　　表 4-17-1

| 截面名称 | 框架类型 | 材料 | X-bar | Y-bar | Divide FX | Divide FY | Bar Nun NX | Bar Num NY | Cover |
|---|---|---|---|---|---|---|---|---|---|
| C35W102×558 | Disp BeamColumn | C35 | 116.16 | 232.32 | 5 | 5 | 2 | 4 | 19 |
| C35W102×1219 | Disp BeamColumn | C35 | 728.65 | 0 | 5 | 5 | 13 | 0 | 19 |

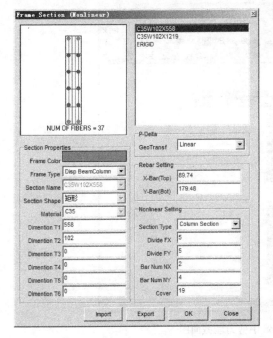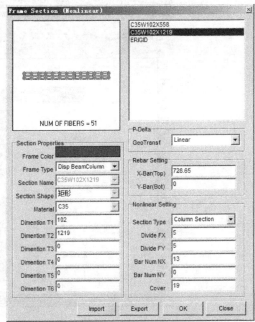

图 4-17-12　ETO 中截面参数设置

（3）在 ETO 程序中，点击按钮 SET，设置结构分析工况。本实例选择 OpenSEES 的分析类型为【Greavity ＋ PushOver】；力控制加载工况中，荷载工况为 DEAD，荷载步为 1，荷载因子为 1；位移控制工况中，加载向量的工况为 PUSH 工况，控制节点为节点 26，控制自由度为 2，分析步数为 100。如图 4-17-13 所示。

注意：DispBeamColumn 的积分点数，不一定越多越好，如果单元划分合理，采用 3～4 个积分点就可以了，本实例采用的积分点为 4 个，在【Force/Disp Beam Column numintgrPts】输入【4】，在 ETO 点击【Torsional Constant and Shear Area】，ETO 程序自动将抗剪、抗扭弹性本构与纤维单元组装在一起。

（4）点击按钮 out，勾选 "Displacement of All Nodes" 选项。

（5）点击按钮 📄 生成 OpenSEES 命令流。

（6）以下将对 OpenSEES 命令流进行解释并修改，最后提交运算。

**4）OpenSEES 命令流解读**

（1）从 ETO 程序中生成的 OpenSEES 的命令流主要分以下内容，不一一详细列出。

- 初始设置
- 节点空间位置
- 支座条件（柱底为固端支座）
- 材料（弹性材料、Steel01、Concrete01）
- 纤维截面
- 杆件局部方向坐标
- 杆件定义

上述部分为结构的刚度模型的建立，然后的内容就是：

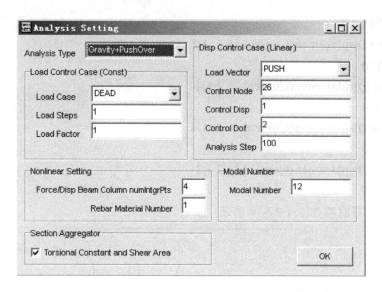

图 4-17-13　分析设置窗口

- 记录输出定义
- 重力荷载定义
- 重力荷载分步分析（施加后重力荷载恒定不变）
- 侧向荷载定义
- 基于位移的低周往复分析定义

（2）ETO 生成的命令流，做几处修改：

将材料 1 由弹性材料改为 Steel01 材料：

**uniaxialMaterial Steel01 1 395 200000 0.0185**

将材料 4 由弹性材料改为 Concrete01 材料：

**uniaxialMaterial Concrete01 4　-30　-0.0028　-15　-0.015**

增加记录节点 26 位移的命令流：

**recorder Node -file node26.out -time -node 26 -dof 1 2 3 disp**

完成竖向荷载加载后，保持不变：

**loadConst 0.0**

增加低周往复分析的命令流：

**integrator DisplacementControl 26 2 0.2**
**analyze 100**
**integrator DisplacementControl 26 2 -0.4**
**analyze 100**
**integrator DisplacementControl 26 2 0.6**
**analyze 100**
**integrator DisplacementControl 26 2 -0.8**
**analyze 100**
**integrator DisplacementControl 26 2 1.0**

```
analyze 100
integrator DisplacementControl 26 2 -1.2
analyze 100
integrator DisplacementControl 26 2 1.4
analyze 100
integrator DisplacementControl 26 2 -1.4
analyze 100
integrator DisplacementControl 26 2 1.2
analyze 100
```

低周往复加载时程如图 4-17-14 所示。

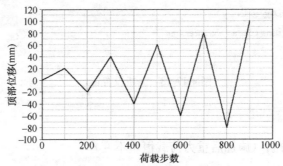

图 4-17-14　低周往复加载时程

（3）本例采用的材料本构、单元和低周往复分析的方法之前的实例已介绍过，这里主要介绍采用纤维截面模拟 T 形剪力墙的方法。为简便起见，混凝土强度和钢筋的分布均不考虑约束区与非约束区的区别。

```
##C35W102X558
section Fiber 1 {
fiber -4.080E+001 -2.232E+002 2.277E+003 4
……
fiber 3.200E+001 1.560E+002 5.808E+001 1
}
```

对于左右翼缘，将混凝土划分为 5×5 共 25 块纤维；分布钢筋总面积为 696.97mm²，平均每块纤维的面积为 58.08mm²。

```
##C35W102X1219
section Fiber 2 {
fiber -4.876E+002 -4.080E+001 4.974E+003 4
……
fiber 5.905E+002 3.200E+001 5.605E+001 1
}
```

对于腹板部分，同样将混凝土划分为 5×5 共 25 块纤维；分布钢筋总面积为 1457.24mm²，用 2×13 块纤维来模拟，平均每块纤维的面积为 56.05mm²。

**element　elasticBeamColumn　4　25　29　1.520E+004　2.060E+008　7.923E+004　2.133E+006　3.955E+008 2.693E+007 4**

刚性梁采用弹性梁柱单元模拟，为了能够协同墙肢与左右翼缘、左翼缘与右翼缘的受力，要求刚性梁具有较大的轴向刚度和抗弯刚度，从弹性模量上可知，Q345 的材料为了使其变成刚性材料，将弹性模量放大了 1000 倍，为**2.060E+008**MPa。

（4）综上所述，完成命令流修改后，可以提交进行分析，修改后的文件可查看"Exam17 \ OpenSEES \ Exam17. tcl"。

### 5）OpenSEES 分析及分析结果

（1）打开 OpenSEES 前后处理程序 ETO，点击按钮 ，显示结构变形。在弹出的窗口中点击【Load Node Deform Data】按钮，选取 EXAM17. tcl 文件，【Scaling Factor】取 100，【load step】分别取 101、201……、901，结构变形如图 4-17-15 所示。

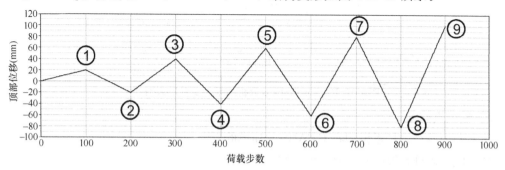

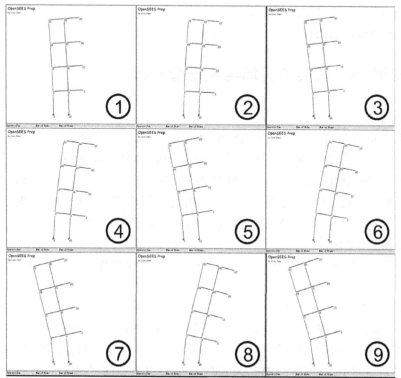

图 4-17-15　剪力墙在水平荷载作用下的变形

（2）分析结果与试验结果的对比

由图 4-17-16 可以看出，分析结果与试验结果较为接近。由于分析时采用的混凝土轴心抗压强度与试验实际强度延性值不尽相同，分析存在一些差别。整体上看，基本上满足分析大高宽比的剪力墙的弹塑性行为的要求。

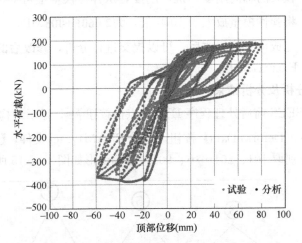

图 4-17-16　OpenSEES 分析结果与试验结果对比

**6）知识点回顾**

（1）剪力墙结构杆系模型在 ETABS 的建模的方法；

（2）OpenSEES 采用杆系分析剪力墙；

（3）OpenSEES 刚臂单元的使用；

（4）OpenSEES 低周往复试验的代码修改。

# 4.18　实例 18　框架剪力墙结构推覆分析

**1）问题描述**

本例主要介绍在 OpenSEES 中对框架-剪力墙结构进行 Push-over 分析的方法。如图 4-18-1 所示，一 13 层的框架-剪力墙结构，各层层高均为 3m，混凝土采用 C35，钢筋采用 HRB400，梁截面为 B300×500，柱截面为 C500×500，墙厚 300mm，楼板厚度为 100mm，附加恒荷载 DEAD 为 3kN/m²，附加活荷载 LIVE 为 2kN/m²，重力荷载代表值组合为 1.0×DEAD+0.5×LIVE。构件尺寸与配筋如图 4-18-2 所示。

**2）ETABS 模型建模**

（1）打开 ETABS，将单位设置为 N-mm。编辑楼层数据：STORY1～STORY13 层层高均为 3000。

（2）定义材料 C35、RIGID，其中 RIGID 的弹性模量 2.0E+07，重度和密度均为 0（图 4-18-3）。定义框架截面，"DB300×500"（材料为 C35）、"DC500×500"（材料为 C35）、"DC300×1150"（材料为 C35）、"DC1850×300"（材料为 C35）和 "ERIGID-BEAM"（尺寸为 "100×100"，材料为 RIGID）；定义面截面 "S100"，厚度均为 100mm，类型为膜，材料采用 C35。

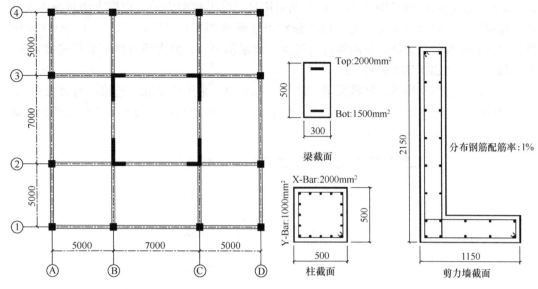

图 4-18-1　实例示意图　　　　　　　图 4-18-2　构件尺寸与配筋

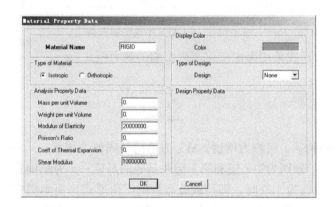

图 4-18-3　材料"RIGID"定义

（3）定义静荷载工况。"DPL"工况类型为"DEAD"，自重乘数为 1，为重力荷载代表值；"PUSH"工况类型为"OTHER"，自重乘数为 0，如图 4-18-4 所示。

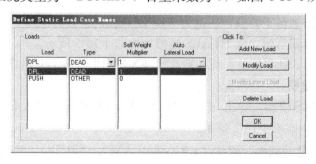

图 4-18-4　ETABS 中定义静荷载工况

（4）建立几何模型，所有钢筋混凝土梁均采用"DB300×500"；在每层沿高度将柱分为 3 段，端部的两段长度均为 500mm，采用截面"DC500×500"，中间的 1 段长度为

**213**

2000mm，采用截面"EC500×500"；本例采用柱单元模拟剪力墙，建模方法可参考实例17，每层沿高度将剪力墙均分为 3 段，分别用柱截面"DC300×1150"、"DC1850×300"模拟竖向和横向的剪力墙，并用刚臂将混凝土梁端部节点、剪力墙（柱）节点连接起来，刚梁截面采用"ERIGIDBEAM"。

（5）定义混凝土楼板，材料采用 C35，100mm 厚，采用膜单元。选取所有楼板单元，指定"DPL"工况下均布荷载 $4kN/m^2$，即由 1 倍的楼面附加恒荷载和 0.5 倍的楼面活荷载组合而成。如图 4-18-5 所示。

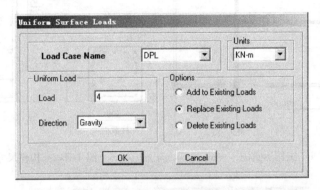

图 4-18-5　ETABS 中施加板荷载

（6）本例的侧力模式采用考虑楼层高度影响的侧力模式：

$$\Delta F_i = \frac{\omega_i h_i^k}{\sum_{j=1}^{n} \omega_j h_j^k} \Delta V_b$$

其中，$\Delta F_i$ 为结构第 $i$ 层侧力增量；$\Delta V_b$ 为结构基底剪力增量；$\omega_i$、$\omega_j$ 分别为第 $i$ 层和第 $j$ 层的重量；$h_i$、$h_j$ 分别为第 $i$ 层和第 $j$ 层距基底的高度；$n$ 为结构总层数；$k$ 为楼层高度修正系数，当 $k$ 取值为 1.0 时，即荷载分布为倒三角形式，而本例中 $k$ 取值为 1.3。在各楼层以下坐标节点处指定沿 X 向的节点力：（0，0）、（0，7000）、（0，14500）、（0，21500）。从 STORY1 到 STORY13 层，节点力的大小依次为 4170、10270、17400、25290、33800、42840、52350、62270、72570、83230、94200、105490、117050，总的基底剪力为 2883000 N。

（7）定义质量源来自于荷载，工况为"DPL"，比例系数为 1。

（8）完成上述步骤后建立完 ETABS 模型，如图 4-18-6 所示。

注意：实例的 ETABS 模型存放在光盘"/EXAM18/ETABS/"目录。

**3）OpenSEES 建模**

（1）打开 ETABS 模型，导出 S2K 文件。打开 ETO 程序，导入 S2K 文件，得到转化的 OpenSEES 模型，如图 4-18-7 所示。

（2）点击 ，定义截面。除了"ERIGIDBEAM"、"EC500×500"外，其余截面均采用"DispBeamColumn"单元，如图 4-18-8 和图 4-18-9 所示。

（3）在 ETO 程序中，点击按钮 ，可以设置结构分析工况。本实例选择 OpenSEES的分析类型为【Gravity＋PushOver】，【Load Control Case（Const）】为重力荷载设置，

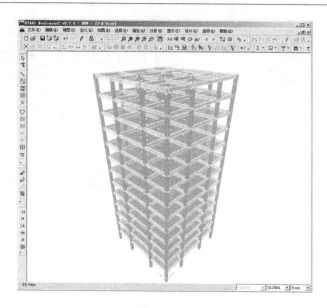

图 4-18-6  ETABS 模型三维图

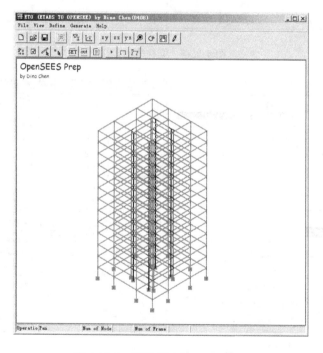

图 4-18-7  ETO 导入 ETABS 模型

选用"DPL"工况为重力荷载，分 10 步加载，总荷载为输入荷载的 1.0 倍。

【Disp Control Case（Linear）】为位移加载设置，选用 PUSH 工况为水平力荷载分布模式，分 500 步加载，控制节点为 40 号节点，每步位移为 1，自由度方向为 1，即 X 方向；勾选【Torsional Constant and Shear Area】。如图 4-18-10 所示。

（4）点击按钮 📄 生成 OpenSEES 命令流。

（5）以下将对 OpenSEES 命令流进行解释并修改，最后提交运算。

**215**

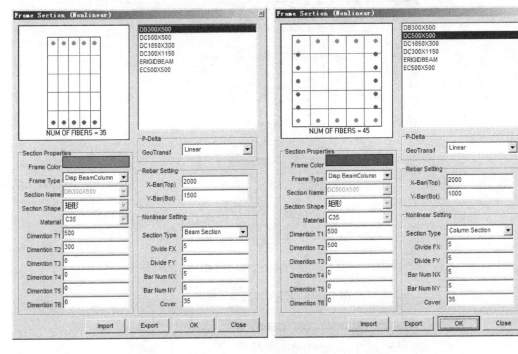

图 4-18-8　梁柱截面定义

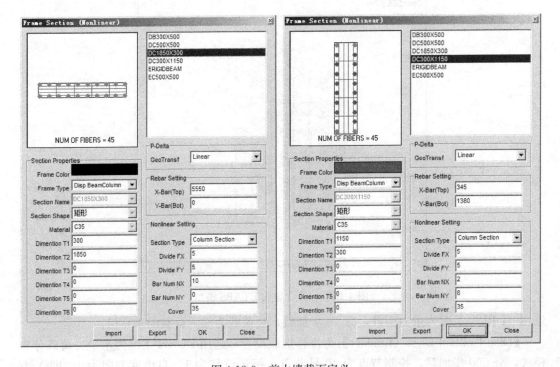

图 4-18-9　剪力墙截面定义

**4) OpenSEES 命令流解读**

(1) 从 ETO 程序中生成的 OpenSEES 的命令流主要分以下内容，不一一详细列出。

● 初始设置

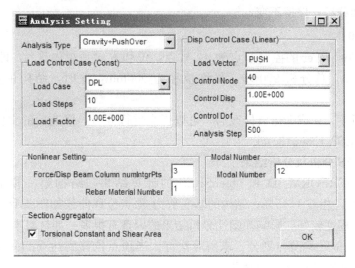

图 4-18-10　分析参数设置窗口

- 节点空间位置
- 节点质量
- 支座条件
- 材料
- 杆件局部方向坐标
- 杆件定义

上述部分为结构的刚度模型的建立，然后的内容就是：

- 记录输出定义
- 模态分析
- 重力荷载定义与分析设置
- 水平荷载定义与分析设置

（2）ETO 生成的命令流，做几处修改：

将材料 1 修改为 Steel01 材料：

**uniaxialMaterial Steel01 1 400 200000 0.01**

将材料 4 修改为 Concrete02 材料：

**uniaxialMaterial Concrete01 4 -23.4 -0.0015 -10 -0.006**

本例混凝土采用 C35，不考虑其受拉强度。

增加记录输出定义，包括节点 40 自由度 1、2、3 的位移和模态 1 的节点位移：

**recorder Node -file node40.out -time -node 40 -dof 1 2 3 disp**

**recorder Node -file eigen1_node.out -time -nodeRange 1956 -dof 1 "eigen 1"**

增加模态分析的代码：

**puts "Modal analysis..."**

**set numModes 39**

**set lambda [eigen    $numModes]**

**record**

重力荷载加载后，保持不变：

**loadConst 0.0**

（3）本例 Push-over 的控制节点为 40 号点，位移方向为自由度 1，即 X 方向平动，每步位移为 1mm，总分析 900 步，最终位移为 900mm，此时，结构顶点位移角约为 1/40。

（4）综上所述，完成命令流修改后，可以提交进行分析，修改后的文件可查看"Exam18 \ OpenSEES \ Exam18. tcl"。

**5）OpenSEES 分析及分析结果**

（1）对比 PERFORM-3D 和 OpenSEES 的计算结果，结构第一模态周期分别为 1.465s 和 1.448s，相差 1.15%；结构的基底剪力-顶点位移曲线如图 4-18-11 所示，两程序计算结果吻合程度较好，影响弹塑性分析结果的因素有很多：如材料本构模型（骨架曲线、滞回准则）、单元类型与划分、求解算法等。当顶点位移到达 500mm 时，未出现明显下降段，说明结构具有良好的延性。

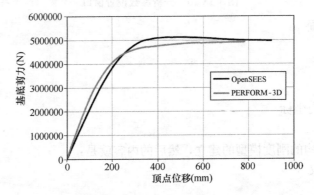

图 4-18-11　基底剪力-顶点位移曲线

（2）通过模态分析提取模态 1 各节点位移，又已知各节点的质量，可以计算出第 1 阶振型的振型参与系数：

$$\gamma_1 = \frac{\sum_{i=1}^{N}(m_i\varphi_{i1})}{\sum_{i=1}^{N}(m_i\varphi_{i1}^2)} = 54.93$$

第 1 阶振型的质量参与系数：

$$\alpha_1 = \frac{\left(\sum_{i=1}^{N}(m_i\varphi_{i1})\right)^2}{\sum_{i=1}^{N}(m_i\varphi_{i1}^2)\times\sum_{i=1}^{N}m_i} = 0.774$$

从而可以求得谱加速度和谱位移：

$$S_a = \frac{V_1/M}{\alpha_1}$$

$$S_d = \frac{\Delta_{roof}}{\gamma_1\varphi_{1,roof}}$$

需求谱由我国规范八度设防、II 类场地土第一分组、阻尼比为 0.05 的大震反应谱转换而成，不考虑折减，即：

$$S_a = \alpha g$$

$$S_d = \frac{T_i^2}{4\pi^2} S_a g$$

如图 4-18-12 所示，性能点对应的基底剪力约为 4734260N，顶点位移约为 288mm，位移角约为 1/135，满足我国抗震规范的要求。

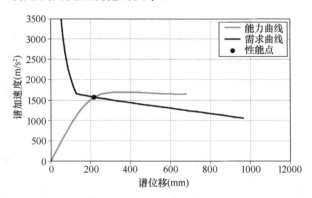

图 4-18-12　结构性能曲线

**6）知识点回顾**

（1）框架-剪力墙结构杆系模型在 ETABS 中的建模方法；

（2）OpenSEES 中考虑楼层高度影响侧力模式下的推覆分析；

（3）基底剪力-顶点位移曲线转换为 ADRS 格式的能力曲线的方法；

（4）需求曲线及性能点的确定方法。

## 4.19　实例 19　带黏滞阻尼器的框架动力分析

**1）问题描述**

本例主要介绍采用 OpenSEES 对带黏滞阻尼器的钢框架进行动力分析的方法。框架的布置与截面如图 4-19-1 所示，沿 X 向和 Y 向均为两跨，跨度分别为 4m 和 3.5m，共 5 层，层高均为 3m；所有梁截面均为 H200×600×20×20，所有柱截面均为 H600×600×20×20；楼板混凝土采用 C30，厚度为 120mm，均布恒载和活载分别为 3.5kN/m² 和 2.0kN/m²。在②轴框架布置黏滞阻尼斜撑，刚度为 100kN/mm，阻尼为 3kN（s/m），阻尼指数为 1。

注：Dr. Dimitrios G. Lignos（McGill University）在 OpenSEES 开发了 Maxwell 单元，运用该单元可以对黏滞阻尼器进行模拟。黏滞阻尼器的模拟建议采用 Maxwell 单元（图 4-19-2），而不是采用 Viscous 单元，Maxwell 单元的收敛性较好。

**2）ETABS 模型建模**

（1）打开 ETABS，将单位设置为 N-mm。编辑轴网数据：轴线 A、B、C 的坐标分别为 0、4000 和 8000，轴线 1、2、3 的坐标分别为 0、3500、7000。

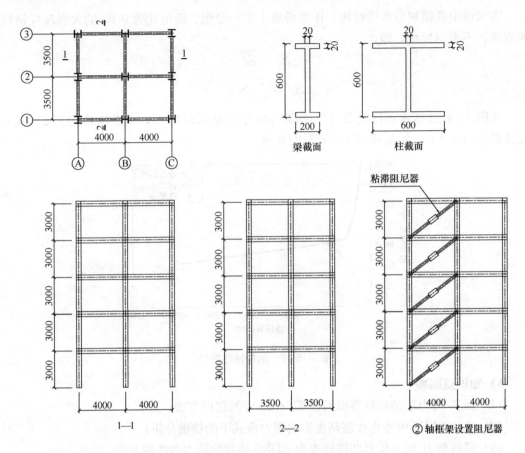

图 4-19-1　实例示意图

（2）编辑楼层数据：STORY1 层至 STORY5 层的层高均为 3000。

（3）定义材料 C30、Q345；定义框架截面，"EH200×600×20×20"、"EH600×600×20×20" 和 "NDAMPER"（尺寸为 "H200×400×10×10"）均采用材料 Q345；定义面截面 "SLAB1"，厚度均为 120mm，类型为膜，材料采用 C30。

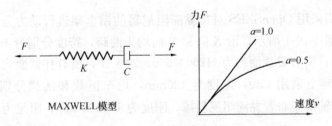

图 4-19-2　Maxwell 模型示意图

（4）定义连接属性。属性名称为 "DAMP"，类型为 "Damper"，其质量、重量和各个方向的转动刚度均为 0；仅勾选方向 U1 及其非线性选项，点击"修改/显示 U1"按钮，设置其线性有效刚度为 10，线性有效阻尼为 0，非线性刚度为 100000，非线性阻尼为 3000，阻尼指数为 1，如图 4-19-3 所示。

注：黏滞阻尼器在 ETABS 中同样采用 Maxwell 模型，不同的是 ETABS 采用的是

图 4-19-3　黏滞阻尼器参数设置

FNA 快速模态积分法求解个别构件（阻尼器）的非线性。模态积分点也就需要提供非线性阻尼器单元的线性等效刚度，一般的做法是，先输入一个较小的刚度放入 ETABS 进行第一次的非线性计算，计算完以后取出阻尼器的滞回曲线，采用滞回曲线（力与位移的关系）计算出等效刚度，再代入 ETABS 进行第二次计算，如此类推。本实例先采用一个较小的刚度值代入进行非线性计算。

　　实例中，非线性阻尼器的参数为 100000N/mm，串联构件的刚度足够大，才能使阻尼器发挥最大的功效。阻尼系数 $C$ 为 3000N/(mm/s)，阻尼指数 $a$ 为 1.0。阻尼器出力的公式为：

$$F = Cv^a$$

（5）在布置好梁柱和楼板、指定好约束后，将视图切换至②轴立面视图，绘制斜撑，并指定"DAMP"连接属性。如图 4-19-4 所示。

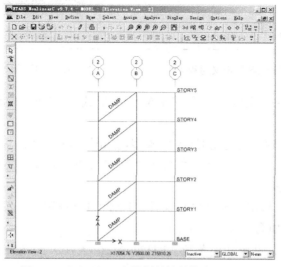

图 4-19-4　ETABS 中绘制斜撑并指定连接属性

**221**

（6）定义静荷载工况。恒载"DEAD"的自重乘数为1，如图 4-19-5 所示。

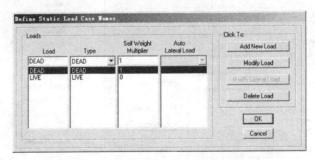

图 4-19-5　ETABS 中定义静荷载工况

（7）选择所有楼板，在"DEAD"工况和"LIVE"工况下分别指定均布面荷载 3.5kN/m² 和 2.0kN/m²。

（8）定义时程函数"GM1X"，选择函数文件来自"EXAM19/OpenSEES"目录下的"GM1X.txt"文件，等间隔值为 0.02。定义时程工况"HIST1"，分析类型为"Nonlinear"所有振型的阻尼均为 0.02，输出的时间步数为 2000，输出步长为 0.01s；荷载方向为"acc dir 1"，函数为"GM1X"，放大系数为 5，其他参数为 0。如图 4-19-6 所示。

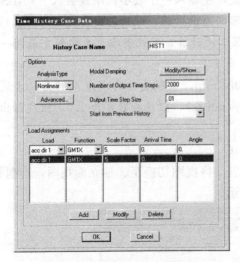
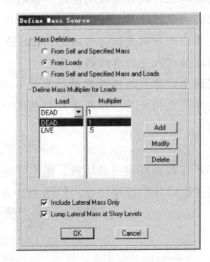

图 4-19-6　ETABS 中定义时程工况　　　　图 4-19-7　ETABS 中定义质量源

（9）定义质量源来自荷载，恒载"DEAD"和活载"LIVE"的乘数分别为 1 和 0.5。如图 4-19-7 所示。

（10）完成上述步骤后建立完 ETABS 模型，如图 4-19-8 所示。

注意：实例的 ETABS 模型存放在光盘"/EXAM19/ETABS/"目录。

**3）OpenSEES 建模**

（1）打开 ETABS 模型，导出 S2K 文件。打开 ETO 程序，导入 S2K 文件，得到转化的 OpenSEES 模型，如图 4-19-9 所示。

（2）点击按钮 ，设置截面参数，EH200×600×20×20 和 EH600×600×20×20 均采用 Nonlinear BeamConlumn Element，NDAMPER 截面采用 Nonlinear BeamConlumn

图 4-19-8　ETABS 中钢框架示意图

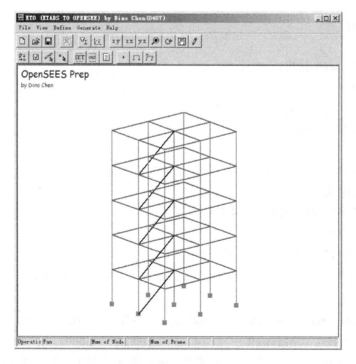

图 4-19-9　ETO 导入 ETABS 模型

Element。

（3）在 ETO 程序中，点击按钮 <u>SET</u>，设置结构分析工况。本实例选择 OpenSEES 的分析类型为【Time History Analysis】；并勾选 Section Aggregator 下的 Torsional Constant and Shear Area 选项。如图 4-19-10 所示。

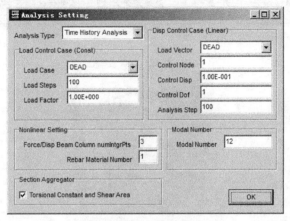

图 4-19-10　分析设置窗口

（4）点击按钮 ▤ 生成 OpenSEES 命令流。

（5）以下将对 OpenSEES 命令流进行解释并修改，最后提交运算。

**4）OpenSEES 命令流解读**

（1）从 ETO 程序中生成的 OpenSEES 的命令流主要分以下内容，不一一详细列出。

- 初始设置
- 节点空间位置
- 支座条件
- 材料（Maxwell 材料）
- 纤维截面
- 截面抗剪、抗扭组装
- 杆件局部方向坐标
- 杆件定义

上述部分为结构的刚度模型的建立，然后的内容就是：

- 记录输出定义
- 荷载定义（单向地震波工况定义）
- 分析参数设置

（2）ETO 生成的命令流，做几处修改：

将材料 4 由弹性材料改为用于模拟黏滞阻尼器滞回响应的 Maxwell 材料（线性弹簧与阻尼器串联）：

| # uniaxialMaterial Maxwell | $matTag | $K | $C | $a | $Length |
|---|---|---|---|---|---|
| uniaxialMaterial Maxwell | 4 | 100000 | 3000 | 1 | 1 |

这里阻尼器的轴向刚度取值 K＝100000/mm，阻尼取值 C＝3000N（s/mm）[a]，a 为阻尼指数，这里取为 1，参数与 ETABS 一致，那么前提条件就是在 OpenSEES 输入的构件的纤维截面面积必须等于构件的长度，即 A/L＝1mm。A 是构件的截面面积，L 是构件的实际长度，实例中为 5000mm，那么截面面积 A 要等于 5000mm$^2$，因此按以下命令

修改黏滞阻尼器的面积。

修改黏滞阻尼斜撑的纤维截面定义：

```
section Fiber 3 {
fiber   0.01    0.01    1250    4
fiber  -0.01    0.01    1250    4
fiber  -0.01   -0.01    1250    4
fiber   0.01   -0.01    1250    4       }
```

增加记录单元 110 局部坐标下的内力、节点 45 沿 X 向的位移和速度、节点 14 沿 X 向的位移的命令流：

```
recorder Element -file ele110.out -time -ele 110 localForce
recorder Node -file disp45.out -time -node 45 -dof 1    disp
recorder Node -file vel45.out -time -node 45 -dof 1     vel
recorder Node -file disp14.out -time -node 14 -dof 1    disp
```

修改结构的阻尼比、指定地震波数据文件名和地震波放大系数：

```
set xDamp 0.02;
……

set iGMfile "GM1X.txt";
set iGMfact "5";
```

（3）综上所述，完成命令流修改后，可以提交进行分析，修改后的文件可查看"Exam19 \ OpenSEES \ Exam19. tcl"。

**5）OpenSEES 分析及分析结果**

（1）提取 ETABS 时程分析的结果：STORY1 层节点 9 在 X 向的位移和速度、STORY1 层斜撑 L6 的轴力、STORY5 层节点 7 在 X 向的位移。

（2）对比 ETABS 和 OpenSEES 计算的首层黏滞阻尼斜撑轴力-位移曲线及轴力-速度曲线，结果较为接近，如图 4-19-11 和图 4-19-12 所示。

从图 4-19-11 可以看出，该阻尼器的滞回曲线形状类似于倾斜的椭圆，较为饱满，说明阻尼器具有较好的耗能能力；黏滞阻尼器本身并不具有刚度，由于采用 Maxwell 模型，与线性弹簧串联后，具有一定刚度，通过椭圆主轴的倾角可以反映。

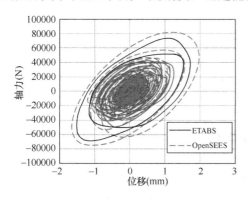
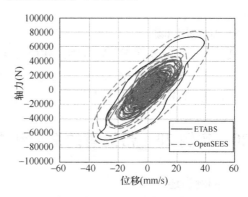

图 4-19-11　首层黏滞阻尼斜撑轴力-位移曲线　　图 4-19-12　首层黏滞阻尼斜撑轴力-速度曲线

从图 4-19-12 可以看出，该阻尼器的轴力-速度曲线呈"梭"形，大体上反映了黏滞阻尼器作为速度相关型阻尼器的特征。

（3）对比 ETABS 和 OpenSEES 计算的结构整体位移（ETABS 模型中 STORY5 层的节点 7 在 X 向的水平位移、OpenSEES 模型中节点 14 在 X 向的水平位移）如图 4-19-13 和图 4-19-14 所示。

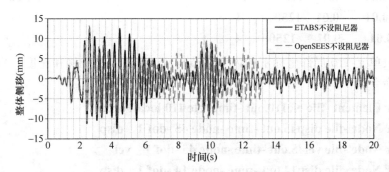

图 4-19-13　不设阻尼器时结构整体侧移对比

ETABS 分析无阻尼器情况下，钢框架的顶点位移最大值为 12.5mm，与 OpenSEES 的分析结果是一致的。过程曲线不同是由于在 ETABS 采用模态阻尼与模态积分法，而在 OpenSEES 采用逐步积分法及瑞利阻尼，两者分析有所不同。

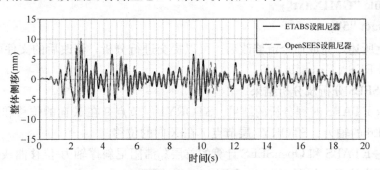

图 4-19-14　设置阻尼器时结构整体侧移对比

ETABS 分析有阻尼器情况下，钢框架的顶点位移最大值为 10.2mm，与 OpenSEES 的分析结果是一致的。表明顶点位移由于加了阻尼器以后，减小了 2.3mm，体现出减振的效果。

**6）知识点回顾**

（1）粘滞阻尼器在 ETABS 中的建模方法；

（2）OpenSEES 的 Maxwell 黏滞阻尼器材料介绍；

（3）OpenSEES 中阻尼器单元的建模方法。

## 4.20　实例 20　带隔震的框架动力分析

**1）问题描述**

本例主要介绍带隔震支座的框架结构在 OpenSEES 中进行动力分析的方法。一带隔震支座钢筋混凝土框架结构的布置如图 4-20-1 所示，沿 X 向和 Y 向均为两跨，跨度分别为 4m 和 5m，共 12 层，首层层高为 3.5m，其余层高均为 3m；所有梁截面均为 250mm×450mm，所有柱截面均为 450mm×450mm；楼板厚度为 250mm，均布恒载和活载分别为 2.5kN/m² 和 2.0kN/m²。

注：主要采用的零长度单元（Zero Length Element）与 equal Dof 的命令流。

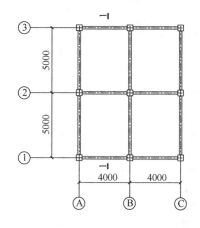
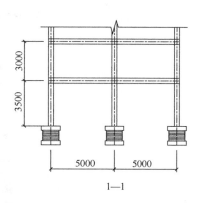

图 4-20-1  实例示意图

**2）ETABS 模型建模**

（1）打开 ETABS，将单位设置为 N-mm。编辑轴网数据：轴线 A、B、C 的坐标分别为 0、4000 和 8000，轴线 1、2、3 的坐标分别为 0、5000、10000。

（2）编辑楼层数据：STORY1 层层高 3500，其余楼层层高均为 3000。

（3）定义材料 CONC、STEEL；定义框架截面，"EB250×450"（材料为 CONC）、"EC450×450"（材料为 CONC）和 "RIGID"（尺寸为 "200×200"，材料为 STEEL）；定义面截面 "SLAB1"，厚度均为 250mm，类型为膜，材料采用 CONC。

（4）定义静荷载工况。恒载 "DEAD" 的自重乘数为 1，如图 4-20-2 所示。

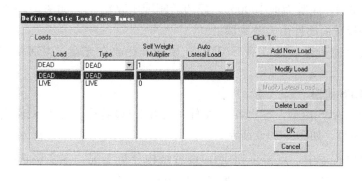

图 4-20-2  ETABS 中定义静荷载工况

（5）定义时程函数 "GM1X"，选择函数文件来自 "EXAM20/OpenSEES" 目录下的 "GM1X. txt" 文件，等间隔值为 0.02。定义时程工况 "HIST1"，分析类型为 "Nonlinear" 所有振型的阻尼均为 0.02，输出的时间步数为 2000，输出步长为 0.01s；荷载方向为 "acc dir 1"，函数为 "GM1X"，放大系数为 10，其他参数为 0。

（6）在布置好梁柱和楼板后，选择所有楼板，指定恒载 $2.5kN/m^2$ 和活载 $2.0kN/m^2$。

（7）选择首层所有柱，将其分割成两段（图 4-20-3）；选择首层所有柱的下半段，指定截面"RIGID"并释放其 I 端（在 BASE 层的那端）的弯矩 M2、M3。本操作是为了让 ETO 在首层柱底生成零长度单元。

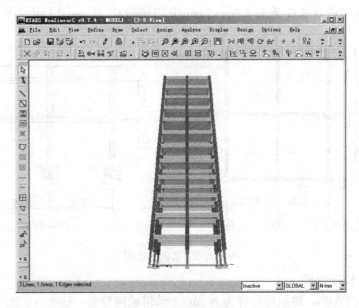

图 4-20-3　分割首层柱

（8）完成上述步骤后建立完 ETABS 模型。

注意：实例的 ETABS 模型存放在光盘"/EXAM20/ETABS/"目录。

（9）将 ETABS 模型导入 SAP2000，定义连接/支座属性"NLPR1"，类型为"Rubber Isolator"，激活其各方向属性：其中 U1、R1、R2 和 R3 均勾选固定；U2、U3 勾选非线性，并点击按钮修改属性，有效刚度均取 2000，距 J 端的距离取 100，非线性分析工况初始刚度取 2000，屈服力取 100000，屈服后刚度比取 0.15。如图 4-20-4 所示。

（10）将楼板截面属性由壳改为膜。

（11）完成上述步骤后建立完 SAP2000 模型，存放在光盘"/EXAM20/SAP2000/"目录。

**3）OpenSEES 建模**

（1）打开 ETABS 模型，导出 S2K 文件。打开 ETO 程序，导入 S2K 文件，得到转化的 OpenSEES 模型，如图 4-20-5 所示。

（2）在 ETO 程序中，点击按钮 ，设置结构分析工况。本实例选择 OpenSEES 的分析类型为【Time History Analysis】。如图 4-20-6 所示。

（3）点击按钮 生成 OpenSEES 命令流。

（4）以下将对 OpenSEES 命令流进行解释并修改，最后提交运算。

**4）OpenSEES 命令流解读**

（1）从 ETO 程序中生成的 OpenSEES 的命令流主要分以下内容，不一一详细列出。

● 初始设置

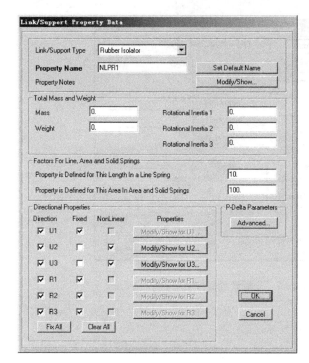

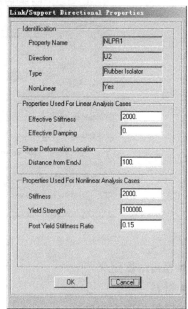

图 4-20-4　隔震支座参数设置

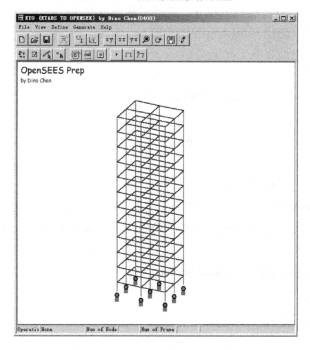

图 4-20-5　ETO 导入 ETABS 模型

- 节点空间位置
- 节点质量
- 支座条件

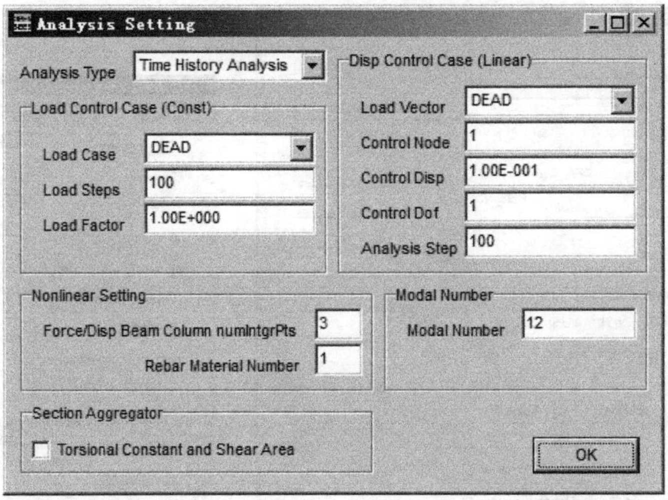

图 4-20-6　分析设置窗口

- 等自由度定义
- 材料
- 杆件局部方向坐标
- 杆件定义（elasticBeamColumn 和 zeroLength）

上述部分为结构的刚度模型的建立，然后的内容就是：

- 记录输出定义（记录 zeroLength 的变形）
- 荷载定义（单向地震波工况定义）
- 分析参数设置

（2）ETO 生成的命令流，做几处修改：

修改等自由度定义：

**equalDOF　109　118　3　4　5　6**

······

**equalDOF　117　126　3　4　5　6**

注意：这个部分的代码，就像 SAP2000 或 ETABS 设置连接单元的 FIXED 功能，锁定自由度，也就是说这个连接单元的两个点的这几个自由度不发生变形及转动。

将材料 1 改为 Steel02 材料：

**uniaxialMaterial Steel02 1 100000 2000 0.15**

修改 zeroLength 单元定义：

**element zeroLength 260 117 126 -mat 1　1　-dir 1　2**

······

**element zeroLength 246 110 119 -mat 1　1　-dir 1　2**

注意：以上代码表示，连接单元的 1 自由度与 2 自由度（两个方向的平动）采用单轴本构曲线 1（即隔震器的力-变形本构曲线）。

输出节点 2、118 的位移，单元 244、245 的内力及单元 244 的剪切变形

```
recorder Node -file node2.out -time -node 2 -dof 1 2 3 disp
recorder Node -file node118.out -time -node 118 -dof 1 2 3 disp
recorder Element -file ele244.out -time -ele 244 localForce
recorder Element -file ele245.out -time -ele 245 localForce
recorder Element -file ele244d.out –time -ele 244 deformation
```

指定地震波数据文件名和地震波比例系数：

```
set iGMfile "GM1X.txt";
set iGMfact "10";
```

（3）本例采用 zeroLength 单元模拟隔震支座。首先进行等自由度定义，根据隔震支座的受力特点，将单元两端节点的 3、4、5、6 自由度（全局坐标系下）进行耦合；然后定义 zeroLength 单元，通过材料 1（Steel02 材料）赋予其两个水平方向（即 1、2 自由度，在不定义 zeroLength 单元方向向量的情况下，默认局部坐标轴与全局坐标轴相同）的刚度。

隔震支座的设计原则是：使其屈服力略大于小震作用下柱底的剪力，从而保证隔震支座在小震作用下保持弹性，通过试算确定材料的屈服力为 100000，其强化率为 0.15，初始刚度为 2000。

注意：本算例只是模拟的隔震支座的刚度与强度的影响，没有考虑其阻尼的影响效果。隔震器的刚度与强度影响主要体现在三个参数，屈服力 FY，弹性刚度 K，及屈服后硬化率 b，这三个参数与 STEEL01 的参数是一致的，所以为了简化可以采用 STEEL01 去模拟隔震器的本构。

（4）综上所述，完成命令流修改后，可以提交进行分析，修改后的文件可查看 "Exam20 \ OpenSEES \ Exam20. tcl"。

**5）OpenSEES 分析及分析结果**

（1）对比普通钢筋混凝土结构和带隔震支座钢筋混凝土结构的周期，如图 4-20-7 所示，后者周期比前者延长 20.45%。

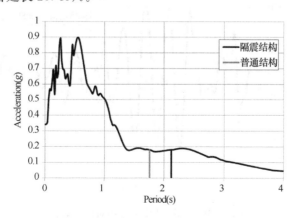

图 4-20-7　不同结构周期对比

（2）如图 4-20-8 和图 4-20-9 所示，对比 OpenSees 和 SAP2000 的计算结果，对于普通结构和隔震结构，无论顶点位移还是首层柱轴力，偏差均较小，说明了模型的准确性。

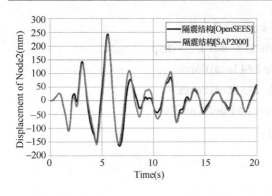 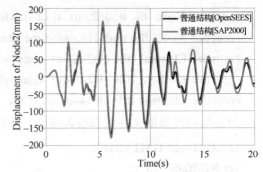

图 4-20-8　结构顶点 X 向位移时程

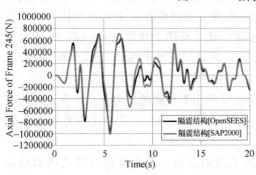 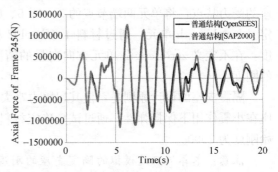

图 4-20-9　结构首层柱轴力时程

（3）隔震支座会减小结构的刚度，因此加了隔震支座后结构顶点绝对位移的增大是不可避免的。但可以发现：由于隔震支座的存在，大大减小了输入到上部结构的地震能量，对比隔震结构和普通结构顶点相对于柱底的平均位移，前者比后者减小了 36.6%；同时，结构构件的内力也大大减小——对比首层柱轴力的平均值，前者比后者减小了 37%。如图 4-20-10 和图 4-20-11 所示。

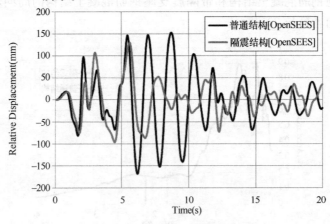

图 4-20-10　不同结构顶点相对位移对比

（4）如图 4-20-12 所示，隔震支座的滞回曲线虽然不是十分饱满，但也反映其具有一定耗能能力，当剪力约为 100000 时隔震支座进入塑性状态，此时剪切变形约为 50，与其初始刚度为 2000 的定义相符。此外，虽然在 OpenSEES 和 SAP2000 中隔震支座的参数取

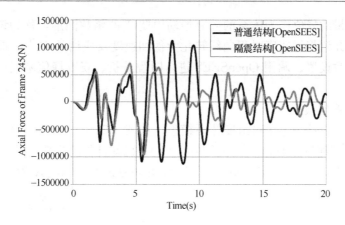

图 4-20-11　不同结构首层柱轴力对比

值相同，但可以看到两者计算的滞回曲线有一定差别；这是由于 SAP2000 采用的 Rubber Isolator 单元考虑了非线性双向剪切的耦合，而 OpenSEES 中只是简单地通过 Steel02 材料定义了隔震支座两个剪切方向的塑性行为，没有考虑它们的耦合。

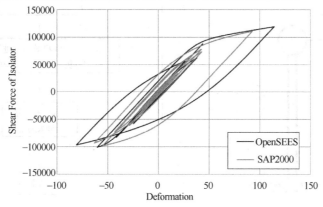

图 4-20-12　隔震支座滞回曲线

注意：本算例只是通过简单的本构模拟隔震器的弹塑性行为，不包括阻尼力，如果更加精细化地分析隔震器的本构，可以采用 BOUN-WEN 本构及采用关联的阻尼材料（VISCOUS 材料）模拟阻尼效果。

**6）知识点回顾**

（1）SAP2000 使用 Rubber Isolator 连接单元分析隔震支座的实例；

（2）OpenSEES 采用 zeroLength 单元模拟隔震支座；

（3）OpenSEES 采用 EqualDOF 锁定自由度。

## 4.21　实例 21　时程曲线转化为反应谱方法

**1）问题描述**

当大家需要将时程曲线转化为反应谱时，通常首先想到的是 Bispec 或者 SeismoSignal。其实，只要根据反应谱的概念对 OpenSEES 进行小小的二次开发，也能实现这样的功能。某个反应量的峰值作为体系的固有振动周期 $T$ 的函数图形，称为该反应量的反应谱。本实例主要介绍将加速度时程曲线转化为伪加速度反应谱的方法：通过 Delphi 编写窗体程序进行参数设置、调用 OpenSEES 进行时程分析、获取峰值基底剪力并生成伪加速度反应谱数据。

**2）OpenSEES 建模**

（1）首先，要设计一个单自由度体系模型，如图 4-21-1 所示，一根无质量的悬臂杆长 1000 mm，在端部节点处有一集中质量 $m$（$T$），已知杆件的弹性模量 $E=2.0e+05$ N/mm$^2$ 和截面惯性矩 $I=1.0e+09$ mm$^4$，可以计算出体系的侧向刚度 $K$ 为 6.0e+05 N/mm。

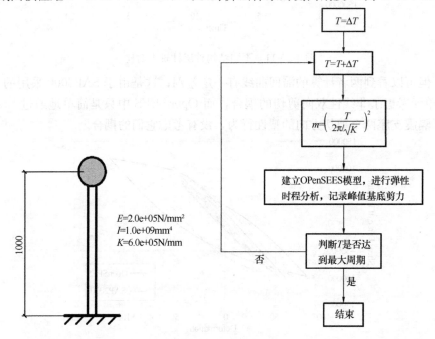

图 4-21-1　实例示意图

（2）根据 $T=\dfrac{2\pi}{\omega}=2\pi\sqrt{\dfrac{m}{K}}$，得到：$m(T)=\left(\dfrac{T}{2\pi/\sqrt{K}}\right)^2$。

其中，$\dfrac{2\pi}{\sqrt{K}}=0.00811557$。

因此，以 $T$ 为自变量，例如：从 0.1 递增至 6.0，步长为 0.1，可以计算出对应的节点质量 $m$（$T$），从而确定单自由度体系的相关参数，建立每一个 T 对应的 OpenSEES 模型，进行弹性时程分析，得到基底剪力包络值 $V_{bo}$（即节点 1 方向 1 的反力），再根据公式 $A_{ps}=V_{bo}/m$ 求得伪加速度。而实际上，更习惯将伪加速度无量纲化，便得到了大家熟知的地震影响系数（也称为基底剪力系数）$\alpha=A_{ps}/g$。

（3）根据以上思路，通过 Delphi 编写窗体程序实现以上流程图，相关代码如下：（其中高亮加粗部分为 OpenSEES tcl 命令流）

```
FOR J:=1 TO KV DO          //循环次数 KV = max Period/ΔT
BEGIN
TT:= StrToFloat(edit3.Text)*J;          //edit3 用于输入周期步长 ΔT, TT 即为当前循环中的 T
MASS:=Sqr(TT/0.00811557);          //根据体系的周期计算出相应的节点质量 m(T)
DATA.Clear;                    //DATA 为 Delphi 中的 TStringList 类型
DATA.Add('wipe');
DATA.Add('model basic -ndm 3 -ndf 6 ');
DATA.Add('node 1 0.000E+000 0.000E+000 0.000E+000');
DATA.Add('node 2 0.000E+000 0.000E+000 1000');
DATA.Add(FORMAT('mass 2  %0.5E  %0.5E  0.000E+000  0.000E+000  0.000E+0000.000E+000',
        [MASS,MASS]));
```

//Format(string,TVarRec[])方法用于字符串格式化，两个 **"%0.5E"** 分别表示数组 **[MASS,MASS]** 中的索引 0 和索引 1 对应的值，且将其截断为 5 位数字（不含小数点）

```
DATA.Add('fix 1 1 1 1 1 1 1;');
DATA.Add('geomTransf Linear 1 1.000 0.000 0.000');
DATA.Add('element elasticBeamColumn 1 1 2 1.600E+005 2.000E+005 7.923E+004 3.605E+009
 1.000E+009  1.000E+009 1');
DATA.Add(FORMAT('recorder EnvelopeNode -file Vbo_%D.out -node 1 -dof 1 reaction',[J]));
DATA.Add('set xDamp '+ edit1.Text +';');          //edit1 用于输入阻尼比
DATA.Add('set nEigenI 1; ');
DATA.Add('set nEigenJ 1; ');
DATA.Add('set lambdaN [eigen [expr $nEigenJ]];');
DATA.Add('set lambdaI [lindex $lambdaN [expr $nEigenI-1]]; ');
DATA.Add('set lambdaJ [lindex $lambdaN [expr $nEigenJ-1]]; ');
DATA.Add('set omegaI [expr pow($lambdaI,0.5)];');
DATA.Add('set omegaJ [expr 0.0]');
DATA.Add('set alphaM [expr $xDamp*(2*$omegaI*$omegaJ)/($omegaI+$omegaJ)];');
DATA.Add('set betaKcurr [expr 2.*$xDamp/($omegaI+$omegaJ)];');
DATA.Add('rayleigh $alphaM $betaKcurr 0 0');
DATA.Add('set IDloadTag 1001; ');
DATA.Add('set iGMfile "GM1X.txt";');
DATA.Add('set iGMdirection "1"; ');
DATA.Add('set iGMfact "1";');
DATA.Add('set dt 0.02; ');
DATA.Add('foreach GMdirection $iGMdirection GMfile $iGMfile GMfact $iGMfact {');
DATA.Add('incr IDloadTag;');
DATA.Add('set GMfatt [expr 1*$GMfact]; ');
DATA.Add('set AccelSeries "Series -dt $dt -filePath $iGMfile -factor    $GMfatt"; ');
```

```
DATA.Add('pattern UniformExcitation  $IDloadTag  $GMdirection -accel  $AccelSeries; ');
DATA.Add('} ');
DATA.Add('constraints Transformation;');
DATA.Add('numberer Plain; ');
DATA.Add('system UmfPack;');
DATA.Add('test EnergyIncr 1.0e-6 200; ');
DATA.Add('algorithm Newton    ');
DATA.Add('integrator Newmark 0.5 0.25   ');
DATA.Add('analysis Transient');
DATA.Add('analyze 1000 0.02 ');
DATA.SaveToFile(FORMAT('T%D.tcl',[J]));//将 DATA 中的数据存入文件'T% D. tcl'中,% D表示 J
//pname:=pCHAR(FORMAT('opensees.exe T%D.tcl',[J]));          //Delphi 7
pname:=PAnsiCHAR(AnsiString(FORMAT('opensees.exe T%D.tcl',[J])));        //Delphi 2010
winexec(pname,SW_SHOW); //通过 windows api 中的 WinExec 函数调用 OpenSEES 运行模型文件
END;
```

由以上代码可以看到,通过窗体程序生成指定数量的 tcl 脚本文件,并调用 OpenS-EES 进行弹性时程分析,并将各模型计算的基底剪力输出到指定文件。

(4) 获取基底剪力后,还需要将其换算为地震影响系数,通过以下代码实现:

```
DATA:=TSTRINGLIST.Create;
  if combobox1.ItemIndex =0 then g:=9.8;           加速度的单位为 m/s²
  if combobox1.ItemIndex =1 then g:=980;           加速度的单位为 gal
  if combobox1.ItemIndex =2 then g:=9800;          加速度的单位为 mm/s²
MEMO1.Clear;
  FOR J:=1 TO KV DO
  BEGIN
    DATA.LoadFromFile(FORMAT('Vbo_%D.out',[J]));    //读取周期为 0.1*J 的模型的计算结果
    VW:=STRTOFLOAT(DATA.Strings[2]);                //获取峰值基底剪力
    VW:=VW/SQR(strtofloat(edit3.Text)*J/0.00811557)/g; //求得伪加速度并将其无量纲化得到地震影
                                            响系数,加速度的单位为 mm/s²,故此处 g = 9800 mm/s²
    MEMO1.Lines.Add(FORMAT('%0.4F,%0.4F',[strtofloat(edit3.Text)*J,VW]));    //将周期及地震
影响系数添加进去文本
  END;
```

(5) 窗体程序界面如图 4-21-2 所示。

**3) OpenSEES 命令流解读**

(1) 从 ETO 程序中生成的 OpenSEES 的命令流主要分以下内容,不一一详细列出。

- 节点空间位置
- 节点质量
- 支座条件
- 杆件局部方向坐标

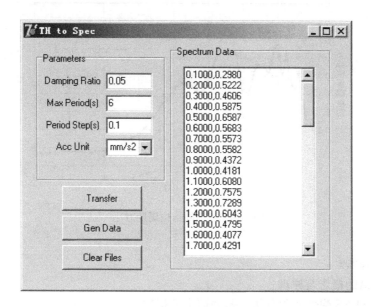

图 4-21-2　窗体程序界面

- 杆件定义（elasticBeamColumn）

上述部分为结构的刚度模型的建立，然后的内容就是：

- 记录输出定义（recorder EnvelopeNode 记录节点响应包络值）
- 荷载定义（单向地震波工况定义）
- 分析参数设置

（2）由于需要记录的是时程分析过程中，质量点处的峰值加速度，因此使用了 recorder EnvelopeNode 命令：

**recorder EnvelopeNode <-file $fileName> <-xml $fileName> <-precision $nSD> <-time> <-timeSeries $tsTag> <-node $node1 $node2 ...> <-nodeRange $startNode $endNode> <-region $regionTag> -dof ($dof1 $dof2 ...) $respType'**

例如，周期为 0.1s 对应的模型中：

**recorder EnvelopeNode -file Vbo_1.out -node 1 -dof 1 reaction**

表示记录节点 1 的沿全局 X 轴的反力的包络值，即基底剪力 $V_{bo}$。需要注意的是，输出的结果文本中，有三个值，第一个为负包络值，第二个为正包络值，第三个为前两者绝对值中的较大值。

（3）设置弹性时程分析的命令流可参考实例 6 框架结构弹性时程分析，由于该模型为单自由度体系，故定义瑞利阻尼时的两个主振型均为振型 1：

**set nEigenI 1;**
**set nEigenJ 1;**

**4）OpenSEES 分析及分析结果**

如图 4-21-3 所示，通过对比 SeismoSignal 和 OpenSEES 计算的地震影响系数，两者吻合度很高，验证了模型的准确性。

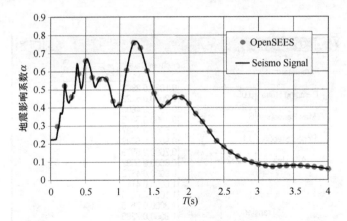

图 4-21-3　不同结构周期对比

**5）知识点回顾**

（1）反应谱的概念与原理；

（2）OpenSEES 弹性时程分析、基底剪力的提取；

（3）Delphi 窗体编程思路、调用 OpenSEES 计算并提取数据的方法。

# 4.22　实例 22　截面 PM 曲线分析方法

**1）问题描述**

本例主要介绍 OpenSEES 实现构件截面 PM 曲线的分析方法。截面 PM 曲线是反应轴力与截面屈服弯矩之间的关系曲线，即在变化的轴力 P 作用下得到截面的屈服弯矩为 M，将所有情况的轴力 P 与对应的屈服弯矩 M 连成曲线，即为 PM 曲线；当考虑双向弯矩作用时，即为 PMM 曲面。

PM 曲线有两个主要功能：

（1）判断构件受力是否使构件截面屈服，用于截面验算；

（2）指定构件的塑性铰用于弹塑性分析。

本例通过对 OpenSEES 进行简单的二次开发，制作了一个绘制钢筋混凝土柱矩形截面 PM 曲线的程序，介绍了其中的原理及 PM 曲线在截面验算中的应用。

**2）PM 曲线实现原理**

如图 4-22-1 所示，采用 OpenSEES 进行截面分析的方法包括以下几个步骤：

（1）采用零长度纤维单元进行分析，分析环境为二维。

（2）施加恒定的重力荷载，使截面有一定的轴力 $P$。

（3）施加弯曲（转动，二维系统中的第三个自由度的变形），属于变形控制的 Push-over 分析，使构件的截面产生弯曲变形，并得到结构的外力倍数与变形的关系，外力倍数就是弯矩值。

（4）通过单位弯矩与力的倍数 time 计算得到截面弯矩 $M$；

（5）搜索整个截面弯矩曲率曲线中最大屈服弯矩 $M$，由于假定采用简单的混凝土本构，且钢材的本构不存在下降段，因此截面出现最大弯矩 $M$ 时，对应的应变分布为截面的最外边纤维达到混凝土的极限压应变化。

（6）不断改变轴力 $P$，得到对应的屈服弯矩 $M$，将不同的 $PM$ 值连线得到 $PM$ 曲线。

**3）标准模型及命令流的介绍**

（1）在 OpenSEES 中，截面分析的标准
模型主要包括以下内容：

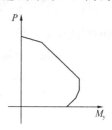

图 4-22-1　实例示意图

- 初始设置
- 节点空间位置
- 节点质量
- 支座条件
- 材料参数
- 纤维截面定义
- 零长度纤维单元定义（zeroLengthSection）。

上述部分为结构的刚度模型的建立，然后的内容就是：

- 定义轴向荷载工况
- 轴向荷载作用下分析参数设置
- 记录输出定义
- 定义弯矩工况
- 弯矩作用下的分析参数设置

（2）如下所示，标准模型的分析体系为二维三自由度体系。由于采用零长度单元，故
节点 1 和节点 2 的坐标一致。约束节点 1 三个方向的自由度，由于轴向荷载和弯矩均施加
于节点 2，故需要释放节点 2 方向 1 和方向 3 的自由度。

```
wipe
model basic -ndm 2 -ndf 3;
node 1 0.0 0.0
node 2 0.0 0.0
fix 1 1 1 1
fix 2 0 1 0
```

（3）材料和纤维截面的定义大家已十分熟悉，就不再赘述。这里定义了起点和终点为
1 和 2、截面编号为 1001 的零长度纤维截面单元。

```
uniaxialMaterial Concrete01 1 -3.500E+001 -2.000E-003 -1.500E+001 -3.300E-003
uniaxialMaterial Steel02 2 3.000E+002 2.150E+005 1.000E-004
section  Fiber  1001 {
fiber -2.824E+002  -2.321E+002  1.261E+003   1
fiber -2.471E+002  -2.321E+002  1.261E+003   1
……
}
```

（4）零长度单元的定义如下：

实例：**element zeroLengthSection   1   1   2   1001**

**element zeroLengthSection    $Num    $i    $j    $FiberSection**

其中，**$Num** 为组装后的截面编号，**$i** 代表开始节点，**$j** 代表结束节点，这两个节点的空间位置一般是相同的，所以单元是零长度。**$FiberSection** 为对应的纤维截面号。

（5）荷载与分析参数的定义主要包括两部分：

大小恒定的轴向荷载工况。

线性增长的弯矩工况。为了单位转换（N-mm→kN-m）的方便，可将弯矩工况的向量定义为（0，0，1e6），采用位移控制，分析 100 步。

具体命令流如下：

```
pattern Plain 1 Constant {
load 2 1.130E+006 0.0 0.0
}
integrator LoadControl 0.1
system SparseGeneral -piv;
test EnergyIncr 1e-10 200
numberer Plain
constraints Plain
algorithm Newton
analysis Static
analyze 10
recorder Node -file P1_mom_cur.out -time -node 2 -dof 3 disp
pattern Plain 2 Linear {
load 2 0.0 0.0 1e6
}
integrator DisplacementControl 2 3 2.000E-007
analyze 100
```

**4）OpenSEES 截面分析程序介绍**

采用 OpenSEES 进行截面分析的原理并不复杂，但存在几个繁琐的问题：纤维截面定义中纤维坐标的输入、多个结果文件的处理等。为了更方便直观地进行截面分析，对 OpenSEES 进行二次开发的截面分析程序 OSA 便应运而生：用户可以通过 OSA 定义混凝土和钢筋的材料参数、设置截面尺寸和配筋面积、对截面进行划分、启动 OpenSEES 进行批量分析、整理并显示 OpenSEES 的计算结果。

程序编制原理：

（1）编写图形界面，读取材料与截面的参数，生成纤维单元的数据，如图 4-22-2 所示。

（2）通过编程，实现动态生成命令流，并保存成不同的文件名，如轴力为 P1 的情况下，生成的计算命令流文件为 p1. tcl 文件。

（3）程序控制 OpenSEES，并输入命令：source p1. tcl，依次运行 OpenSEES 程序，分析不同轴力对应的 tcl 文件。

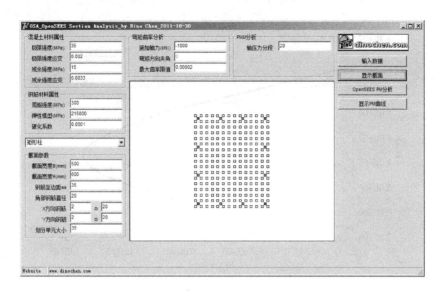

图 4-22-2　OSA 程序图形界面

（4）由于不同轴力的 tcl 文件，生成的计算结果的名字也不同，如 P1 轴力对应的截面分析命令流文本的分析结果文件就是 P1_mom_cur.out。

（5）通过编程，程序读取所有轴力情况的 P_mom_cur.out，读取弯矩倍数的最大值，通过换算得到屈服弯矩。

（6）将不同轴力及其对应的屈服弯矩，连成曲线，在图形界面显示出来，如图 4-22-3 所示。

当前版本的 OSA 仅支持矩形截面柱，如图 4-22-3 所示。

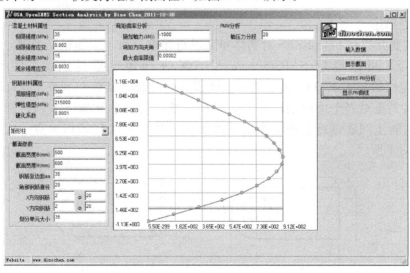

图 4-22-3　OSA 程序显示 PM 曲线

**5）验算算例**

以图 4-22-3 中的钢筋混凝土矩形截面柱为例，并建立 Xtract 模型与之对比，两程序计算的 PM 曲线如图 4-22-4 所示。

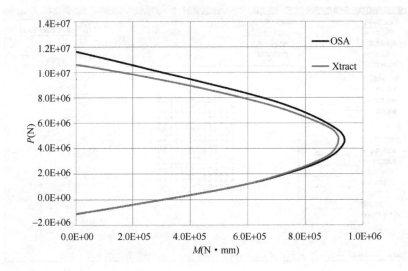

图 4-22-4　OSA 与 XTRACT 计算的 PM 曲线对比

**6）知识点回顾**

（1）OpenSEES 实现 PM 曲线分析的原理；

（2）OpenSEES 第一类二次开发的原理及介绍；

（3）OpenSEES 的零长度单元的使用。

# 4.23　实例 23　实体单元的建模及应用

**1）问题描述**

本例主要介绍在 OpenSEES 对实体单元进行建模，由于实体单元的节点较多，空间关系复杂，可以借用 SAP2000 或 ANSYS 进行建模后导入。本实例介绍在 SAP2000 建模后导入 ETO，再导入 OpenSEES 的过程。实体单元在 OpenSEES 中非常重要，特别是对岩土类问题的分析，采用三维的实体单元加入多轴材料非线性本构，可以对岩土问题进行分析。本实例以弹性分析作为入门的切入点。实体单元示意如图 4-23-1 所示。

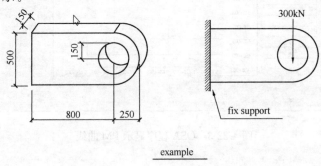

图 4-23-1　实例示意图

**2) SAP2000 模型建模**

（1）打开 SAP2000，将单位设置为 N-mm。在立面的示图编辑如图 4-23-1 的形状（可以在 AUTOCAD 中进行建模生成 DXF 然后导入 SAP2000）（图 4-23-2）采用壳单元对构件进行基本的剖分。所得结果如图 4-23-3 所示。

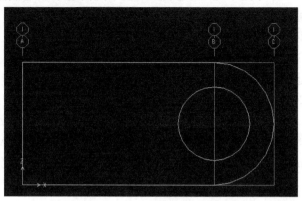

图 4-23-2　SAP2000 导入 DXF 线框

（2）选择全部的壳单元（面单元），在 SAP2000 的菜单选择"Extrude"，点选"Extrude Area to solids"即拉伸面单元变成实体单元。拉伸后如图 4-23-4 所示。

（3）将实体单元的左边全部节点选中，指定为固定支座，选择加载位置的 3 个节点，每个节点赋予节点荷载为 100kN，总共 300kN。

（4）定义材料：实体单元采用 STEEL 材料，弹性模量为 205000MPa，

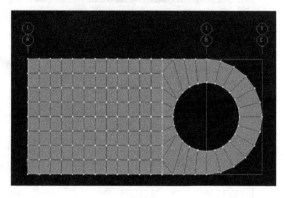

图 4-23-3　SAP2000 建模形成简单面单元

泊松比为 0.3。SAP2000 完成建模后可以进行静力分析。分析结果为：加载点处的竖向位移 为 **0.295mm**。（图 4-23-5）。

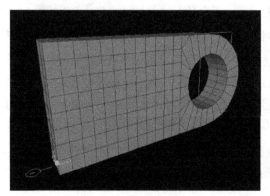

图 4-23-4　SAP2000 将面单元拉伸为实体单元

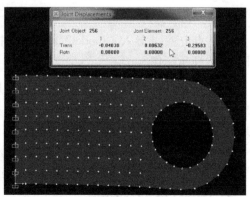

图 4-23-5　SAP2000 显示构件的变形

（5）导出 s2k 文件之前，需要多一步操作，对 SAP2000 模型里面的实体单元及节点单元重新排号，以保证单元与单元之间，节点与节点之间不存在"跳号"的问题，选中全部单元与节点，点击【Edit】→【Change Labels】出现图 4-23-6 所示对话框。选择【Element Labels Solid】，在菜单选取【Auto Relabel】→【All in List】，完成操作。该操作完成了实体单元的重编号，同样对节点进行相同处理即可。

（6）完成上述步骤后建立完 SAP2000 模型。

注意：实例的 SAP2000 模型存放在光盘"/EXAM23/SAP2000/"目录。

**3）OpenSEES 建模**

（1）打开 SAP2000 模型，导出 s2k 文件，命名为"model1. s2k"。打开 ETO 程序，在菜单选中"File"，"SAP2000 v14 to SAP2000 v6"，SAP2000 从高版本转换低版本的工具，其功能就是将 SAP2000v14 的实体单元代码，转成低版本的 SAP2000 代码，用于 ETO 的导入。将"model1. s2k"导入后，出现图 4-23-7 所示界面，完成导入，成功导入为 248 个实体单元，点"save s2k"将 SAP2000v6 版本的 s2k 另存为"model2. s2k"文件。

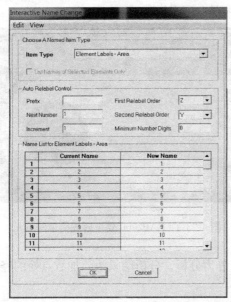
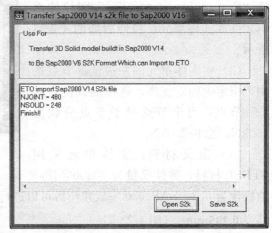

图 4-23-6　SAP2000 对节点单元的重编号操作窗口　　　图 4-23-7　ETO 进行 s2k 版本的转换

（2）点击 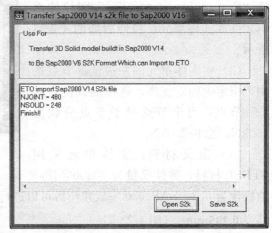，导入"model2. s2k"文件到 ETO，完成实体单元的导入，导入后出现图 4-23-8 所示图像。

（3）在 ETO 程序中，点击按钮 SET，可以设置结构分析工况。本实例选择 OpenSEES 的分析类型为【Single Load Control】，全部参数采用默认设置，本实例只是采用一荷载步的静力分析。分析步为 1 步，荷载倍数为 1.0。如图 4-23-9 所示。

（4）点击按钮 生成 OpenSEES 命令流。

（5）以下将对 OpenSEES 命令流进行解释并修改，最后提交运算。

**4）OpenSEES 命令流解读**

（1）从 ETO 程序中生成的 OpenSEES 的命令流主要分以下内容，不一一详细列出。

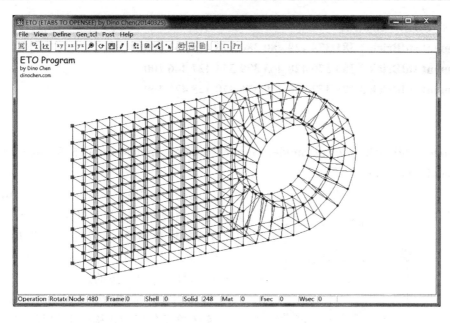

图 4-23-8　实体单元三维图

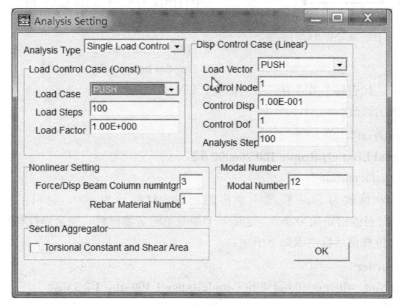

图 4-23-9　ETO 静力分析设置

- 初始设置
- 节点空间位置
- 支座条件
- 材料
- 记录输出定义
- 重力荷载定义与分析设置

以上内容均为静力荷载分析的内容，详细可参考以前的实例内容。

（2）ETO 生成的关于实体单元的代码为如下：

**245**

```
puts "SOLID element"
element stdBrick 1 381 378 429 480 380 376 428 463 100
element stdBrick 2 380 376 428 463 379 374 427 446 100
element stdBrick 3 378 372 426 429 376 370 425 428 100
……
```

```
element stdBrick $eleTag $node1 $node2 $node3 $node4 $node5 $node6 $node7
$node8 $matTag
```

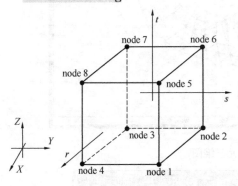

图 4-23-10　单元节点编号顺序

代码的意思很简单，单元类型为 stdBrick，然后是单元编号，接着为单元的节点 1～节点 8，最后是材料编号。8 个节点的顺序如图 4-23-10 所示，与通用的有限元，包括 SAP2000 程序的编号顺序是一致的。

（3）ETO 生成的命令流，作两处修改：

实体单元分析中，构件上的每个节点只有三个自由度 UX、UY 和 UZ，所以需要在整个自由度系统进行修改，修改后的代码如下：

```
puts "System"
model basic -ndm 3 -ndf 3
```

上述代码，代表每个节点有三个自由度，UX、UY 和 UZ。

多轴材料的修改：

```
puts "material"
nDMaterial ElasticIsotropic 100 206000 0.3
puts "transformation"
```

将材料 100 修改为 Stee 新增一个多轴材料，材料号为 100，材料的弹性模量为 206000MPa，材料的柏松比为 0.3。这是一个最简单的多轴材料，完全弹性材料。

（4）节点位移记录自生成如下所示：

```
puts "recorder"
recorder Node -file node0.out -time -nodeRange 1 100 -dof 1 2 3 disp
recorder Node -file node1.out -time -nodeRange 101 200 -dof 1 2 3 disp
……
recorder Node -file node4.out -time -nodeRange 401 480 -dof 1 2 3 disp
```

以上内容记录了全部节点的变形，可用于显示构件变形。

补充多一件单个节点记录，用于与 SAP2000 进行对比

```
recorder Node -file snode101.out -time -node 101 -dof 1 2 3 disp
```

以上代表，记录加载点处 101 节点的 UX、UY、UZ 的位移值，保存在 snode101.out 文件中。

（5）综上所述，完成命令流修改后，可以提交进行分析，修改后的文件可查看

"Exam23 \ OpenSEES \ Exam23. tcl"。

**5）OpenSEES 分析及分析结果**

（1）运行 OpenSEES 后，按"source Exam18. tcl"程序读取 Exam18 的命令流文件后，生成节点变形文件，该文件可通过 ETO 的后处理进行显示。

（2）打开 ETO 程序，导入刚才的模型文件"model2. s2k"，然后打开菜单【POST】后处理→【Deformation】显示变形。

点击按钮【Load Node Deform Data】，打开文件所在目录，选取 node0. out，完成导入，在【Scaling Factor】输入 500，即显示变形的倍数输入 500。得到构件的变形图如图 4-23-11 所示。

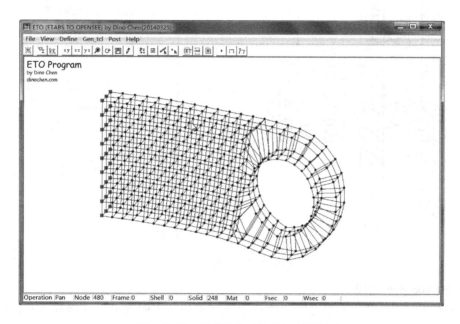

图 4-23-11　整体结构（构件）变形图

（3）查看加载点处的变形，打开文件如下所示，可知，加载点的竖向位移为 0.276mm，接近 SAP2000 分析所得的 0.295mm。

| 1 | -0.0413032 | 0.00564429 | -0.276373 |

**6）知识点回顾**

（1）SAP2000 的实体单元的建模方法；

（2）OpenSEES 最简单的多轴材料弹性材料的定义；

（3）OpenSEES 实体单元的命令流；

（4）ETO 程序对实体单元的图形后处理的介绍。

# 4.24　实例 24　三维钢结构节点应力分析

**1）问题描述**

本例主要介绍在 OpenSEES 中进行三维钢结构节点弹塑性分析的方法，通过采用弹塑性材料使壳元具有非线性行为。钢结构节点一般由板件组成，包括一些加劲肋，采用简单的二折线本构足够模拟钢材的非线性行为，通过弹塑性分析可以得到节点的屈服荷载。如图 4-24-1 所示，钢梁和钢柱的截面均为 H300×500×20×20，加劲肋厚 20mm，柱高 2000mm，柱顶和柱底采用固端约束，加载点到柱边的距离为 700mm，荷载样式为 2000kN，位移加载至破坏。

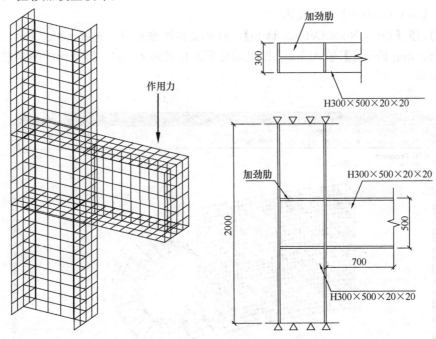

图 4-24-1　实例示意图

### 2) ETABS 模型建模

（1）在 ETABS 中，采用壳单元模拟钢梁和钢柱。本例既可以直接在 ETABS 中建模，也可以考虑在 AutoCAD 中用三维面实体将壳单元细分好后另存为 dxf 文件再导入 ETABS，建立几何模型的具体方法就不再赘述。由于本实例需要将壳单元细分，而 ETABS 默认的自动合并容差较大，需要将它适当改小，避免细分面单元时出错，点击【选项】—【首选项】—【尺寸/容差】，将自动合并容差的值改为 1mm，如图 4-24-2 所示。

（2）定义材料 Q345；定义面截面 "SHELL20"，厚度均为 20 mm，类型为壳，材料采用 Q345；选中所有面单元，指定面截面 "SHELL20"。

（3）选中柱顶和柱底节点，指定节点约束。

（4）定义静荷载工况 "PUSH"，类型为

图 4-24-2　尺寸/容差定义窗口

248

"OTHER", 自重乘数为 0, 如图 4-24-3 所示。

(5) 选择所有梁端上部节点, 指定节点荷载, 工况为 "PUSH", 大小为 −400 kN, 如图 4-24-4 所示。

(6) 完成上述步骤后建立完 ETABS 模型, 如图 4-24-5 所示。

注意: 实例的 ETABS 模型存放在光盘 "/EXAM24/ETABS/" 目录。

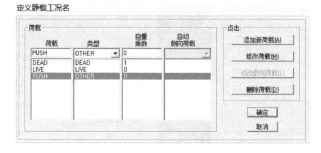

图 4-24-3　ETABS 中定义静荷载工况

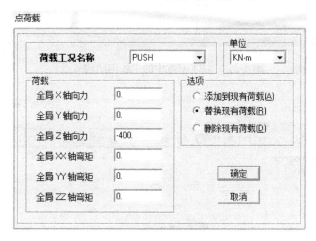

图 4-24-4　施加节点荷载

**3）OpenSEES 建模**

(1) 打开 ETABS 模型, 导出 s2k 文件。打开 ETO 程序, 导入 s2k 文件, 得到转化的 OpenSEES 模型, 如图 4-24-6 所示。

(2) 在 ETO 程序中, 点击按钮 ⌗, 设置结构分析工况。本实例选择 OpenSEES 的分析类型为【Single Displacement Analysis】, 选用 "PUSH" 工况的荷载作为加载向量, 控制节点为 101, 控制位移增量为 −0.1 mm, 控制自由度为 3, 分析步数为 200 步。如图 4-24-7 所示。

(3) 点击按钮 ⌗ 生成 OpenSEES 命令流。

(4) 以下将对 OpenSEES 命令流进行解释并修改, 最后提交运算。

**4）OpenSEES 命令流解读**

(1) 从 ETO 程序中生成的 OpenSEES 的命令流主要分以下内容, 不一一详细列出。

● 初始设置

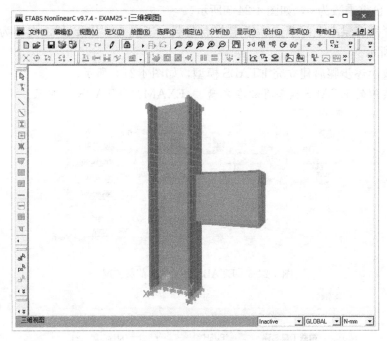

图 4-24-5　ETABS 中的三维钢结构节点

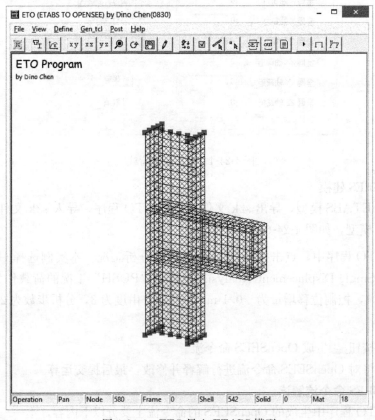

图 4-24-6　ETO 导入 ETABS 模型

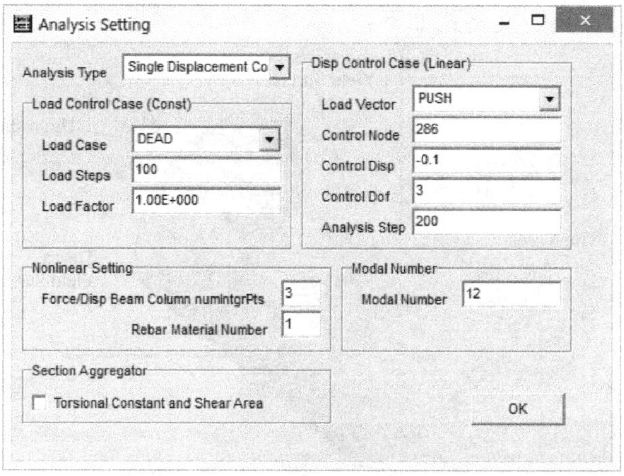

图 4-24-7　分析设置窗口

- 节点空间位置
- 支座条件
- 材料（nDMaterial 弹塑性材料）
- 截面定义（section PlateFiber）
- 壳单元定义

上述部分为结构的刚度模型的建立，然后的内容就是：

- 记录输出定义
- 荷载定义（Single Load Control 加载）
- 分析参数设置

（2）ETO 生成的关于壳单元的代码如下：

```
puts "shell element"
element ShellMITC4 0 14 18 28 35 701
element ShellMITC4 1 35 28 30 36 701
.......
element ShellMITC4 $eleTag $node1 $node2 $node3 $node4 $matTag
```

代码的意思很简单，单元类型为 ShellMITC4，然后是单元编号，接着为单元的节点 1～节点 4，最后是材料编号。

（3）ETO 生成的命令流，作几处修改：

将材料 4 由轴向弹性材料改为三维的 J2Plasticity 材料：

```
#uniaxialMaterial Elastic 4 2.060E+005
nDMaterial J2Plasticity 4 171666 79231 200 300 1.0 1.0
##SHELL20
nDMaterial PlateFiber 601 4
section PlateFiber 701 601 20.00
```

在实例 13 中，已经介绍过各向同性的弹性 nDMaterial 材料；本实例中采用的是一种简单的 EPP（简单弹塑性本构）材料 **J2Plasticity**，该材料遵从 von Mises 屈服准则和等向强化原则（图 4-24-8），其定义格式如下：

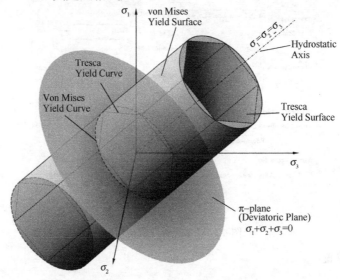

图 4-24-8　J2 塑性本构示意图

**nDmaterial J2Plasticity $matTag $K $G $sig0 $sigInf $delta $H**

**$matTag** 为材料编号，本例中材料编号为 4；**$K** 为屈曲模量，用于衡量材料抵抗三向均匀压力的能力，已知 $K = \dfrac{E}{3(1-2\upsilon)} = \dfrac{2.06 \times 10^5}{3 \times (1-2 \times 0.3)} = 171667$ MPa；**$G** 为剪变模量，已知 $G = \dfrac{E}{2(1+\upsilon)} = \dfrac{2.06 \times 10^5}{2 \times (1+0.3)} = 79231$ MPa；**$sig0** 为初始屈服应力，大小为 $0.67 f_y = 200$ MPa；**$sigInf** 为最终饱和屈服应力，大小为 $f_y = 300$ MPa；**$delta** 为指数强化参数，此处取 1；**$H** 为线性强化参数，此处取 1。

增加记录节点 101 的位移，用于与 ETABS 的计算结果比较。

**recorder Node -file node101.out -time -node 101 -dof 1 2 3 disp** 另外，增加一个提取单元应变的记录命令流：

**recorder Element -file Stress366.out -time -ele 366 stresses** 命令流的意思为：记录单元 366 号的应力（图 4-24-9），一般 OpenSEES 的 Shell 壳单元为 4 节点单元，有 4 个高斯积分点，分别轴出单元的高斯积分点处的单元内力，共 8 个数据，这 8 个数据 p11、p22、p1212、m11、m22、m12、q1、q2 分别为 11 轴的轴向力、22 轴的轴向力、12 轴的轴向力、11 轴的弯矩、22 轴的弯矩、12 轴的弯矩、1 轴剪力、2 轴剪力。

（4）综上所述，完成命令流修改后，可以提交进行分析，修改后的文件可查看 "Exam24 \ OpenSEES \ Exam24. tcl"。

**5）OpenSEES 分析及分析结果**

（1）运行 OpenSEES 后，按 "source Exam24. tcl" 程序读取 Exam24 的命令流文件后，生成节点变形文件，该文件可通过 ETO 的后处理进行显示。

（2）打开 ETO 程序，导入刚才的模型文件 "model. s2k"，然后打开菜单【POST】

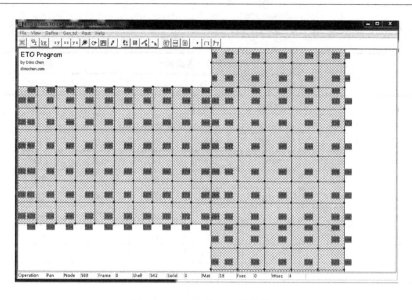

图 4-24-9　单元 366 所在位置

后处理→【Deformation】显示变形。点击按钮【Load Node Deform Data】，打开文件所在目录，选取 node0. out，完成导入，在【Load Step】输入 10，显示位移加载最后一步的变形，在【Scaling Factor】输入 500，即显示变形的倍数输入 500。得到构件的变形图如图 4-24-10 所示。

（3）打开文件 node286. out，提取竖向位移与加载倍数的关系，得到图 4-24-11 所示PUSHOVER 图表。屈服荷载为 0.5 倍的 2000kN，即为 1000kN，反计算弯矩可以得到，节点处截面的弯矩值 M＝0.7×1000＝700kN/m，如果不考虑节点效应，工字钢构件作为悬臂式构件，其承受最大弯矩 My＝W×fy ＝ 300×3938000＝1180kNm，证明存在明显的节点效应。

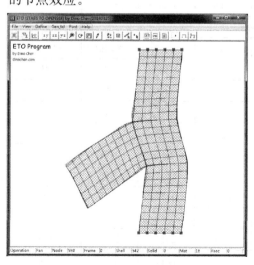

图 4-24-10　最后加载步结构变形图

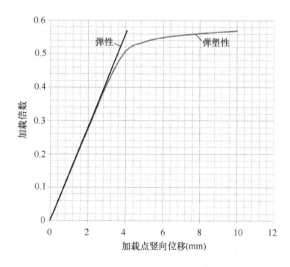

图 4-24-11　弹性模型与弹塑性模型的力位移曲线对比

（4）打开文件 Stress366. out，通过 EXCEL 进行整理得到以下表格，绘制成加载过程中单元的应力变化曲线如图 4-24-12 所示。

| 加载步 | 荷载倍数 | P11（各高斯点） | | | | P11 | S11（MPa） |
|---|---|---|---|---|---|---|---|
| | | 1 | 2 | 3 | 4 | 平均值 | 平均值 |
| 1 | 0.1381 | −409 | −434 | −359 | −334 | −384 | −19 |
| 2 | 0.2761 | −817 | −867 | −717 | −667 | −767 | −38 |
| 3 | 0.4092 | −1297 | −1394 | −1115 | −1018 | −1206 | −60 |
| 4 | 0.5083 | −1577 | −1739 | −1430 | −1242 | −1497 | −75 |
| 5 | 0.5361 | −1039 | −1281 | −990 | −674 | −996 | −50 |
| 6 | 0.5493 | −689 | −968 | −698 | −363 | −680 | −34 |
| 7 | 0.5561 | −600 | −848 | −522 | −221 | −548 | −27 |
| 8 | 0.5612 | −617 | −828 | −400 | −133 | −494 | −25 |
| 9 | 0.5656 | −680 | −855 | −311 | −76 | −481 | −24 |
| 10 | 0.5695 | −779 | −917 | −251 | −43 | −497 | −25 |

| 加载步 | 荷载倍数 | P22（各高斯点） | | | | P22 | S22（MPa） |
|---|---|---|---|---|---|---|---|
| | | 1 | 2 | 3 | 4 | 平均值 | 平均值 |
| 1 | 0.1381 | −325 | −408 | −386 | −303 | −356 | −18 |
| 2 | 0.2761 | −651 | −817 | −772 | −606 | −711 | −36 |
| 3 | 0.4092 | −931 | −1254 | −1170 | −847 | −1050 | −53 |
| 4 | 0.5083 | −1033 | −1635 | −1558 | −933 | −1290 | −64 |
| 5 | 0.5361 | −542 | −1468 | −1516 | −434 | −990 | −50 |
| 6 | 0.5493 | −322 | −1208 | −1235 | −212 | −744 | −37 |
| 7 | 0.5561 | −295 | −972 | −934 | −150 | −588 | −29 |
| 8 | 0.5612 | −297 | −828 | −721 | −102 | −487 | −24 |
| 9 | 0.5656 | −314 | −738 | −561 | −63 | −419 | −21 |
| 10 | 0.5695 | −341 | −688 | −443 | −30 | −375 | −19 |

| 加载步 | 荷载倍数 | P12（各高斯点） | | | | P12 | S12（MPa） |
|---|---|---|---|---|---|---|---|
| | | 1 | 2 | 3 | 4 | 平均值 | 平均值 |
| 1 | 0.1381 | 422 | 447 | 416 | 391 | 419 | 21 |
| 2 | 0.2761 | 845 | 894 | 831 | 782 | 838 | 42 |
| 3 | 0.4092 | 1328 | 1419 | 1298 | 1207 | 1313 | 66 |
| 4 | 0.5083 | 2032 | 2093 | 1907 | 1798 | 1957 | 98 |
| 5 | 0.5361 | 2250 | 2167 | 2177 | 2118 | 2178 | 109 |
| 6 | 0.5493 | 2284 | 2220 | 2225 | 2302 | 2258 | 113 |
| 7 | 0.5561 | 2291 | 2249 | 2262 | 2307 | 2277 | 114 |
| 8 | 0.5612 | 2290 | 2261 | 2282 | 2310 | 2286 | 114 |
| 9 | 0.5656 | 2286 | 2265 | 2294 | 2311 | 2289 | 114 |
| 10 | 0.5695 | 2279 | 2262 | 2301 | 2311 | 2288 | 114 |

**6）知识点回顾**

（1）ETABS 对钢结构节点的壳体单元的建模方法；

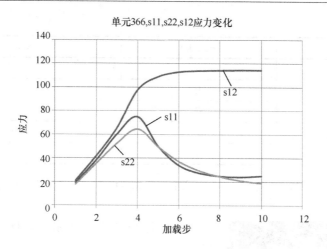

图 4-24-12　加载过程中单元的应力变化曲线

（2）OpenSEES 中简单的弹塑性多轴材料 J2 Plasticity 的定义；

（3）OpenSEES 的壳元应力结果的查看方法；

（4）ETO 程序对壳体单元的图形后处理的介绍。

# 4.25　实例 25　桥梁结构的影响线分析方法

### 1）问题描述

本例主要介绍采用 OpenSEES 实现桥梁结构的影响线分析方法。首先介绍 ETABS 对拉索桥的简单建模，然后通过 ETO 导入 OpenSEES，通过编程命令流实现影响线的分析。

如图 4-25-1 所示为某对称大跨斜拉桥，为考虑移动荷载对其受力的影响，需要对其进行影响线分析，具体尺寸参见 ETABS 模型。

影响线：即移动荷载的位移与结构某个响应的关系曲线，响应可以包括单元的内力、节点的位移、支座的反力等等。

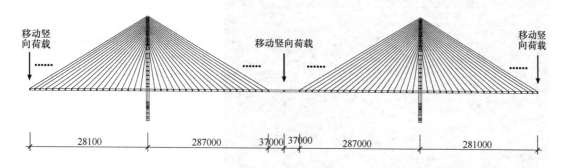

图 4-25-1　实例示意图

### 2）ETABS 模型建模

（1）打开 ETABS，将单位设置为 kN·m。按表 4-25-1 定义轴网数据。

| 方向 | 轴线 ID | 坐标（m） |
|---|---|---|
| X 向轴线 | A | −605 |
| | B | 0 |
| | C | 605 |
| Y 向轴线 | 1 | −16.8 |
| | 2 | 16.8 |

轴网 ID 及间距　　　　　　　　　　　　　　　　　　表 4-25-1

（2）编辑楼层数据，共两层，STORY1 层层高为 200 m；在编辑参考平面中定义一高度为 30 m 的参考面。

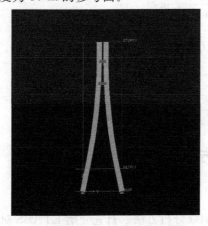

图 4-25-2　桥墩立面

（3）定义材料和框架截面，具体的参数设置详见 ETABS 模型。

（4）将视图切换至 30m 高度处的参考平面，通过带属性复制功能布置纵肋（截面为 GIRDER）与横肋（截面为 BEAM）。

（5）切换至三维视图，布置桥墩（截面为 COLUMN）和斜拉索（截面为 CABLE）。桥墩如图 4-25-2 所示。查看实例中的 ETABS 模型，会发现拉索的端部进行了处理，具体的操作方法，详细参考【实例 12】杆件铰接的处理方法，杆件的铰接通过在端部设 RIGID 单元与点铰进行实现，ETABS 模型中如图 4-25-3 所示处理。

（6）由于该桥梁是对称结构，在建好 1/4 模型后，可以通过两次镜像功能实现整个几何模型的建立，大大减小工作量。关于复制的功能，可以参考 ETABS 的基本操作指南。

菜单操作为【Edit】→【Replicate】，如图 4-25-4 所示。

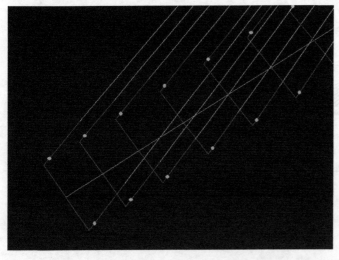

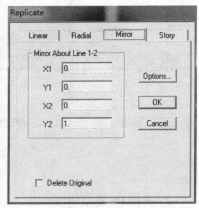

图 4-25-3　拉索与桥梁的铰接处理　　　　　　　图 4-25-4　ETABS 镜像复制对话框

（7）导出 E2K 文件，通过编辑文本，添加移动荷载工况"P1"、"P2"……"P77"，类型为"OTHER"，自重乘数为 0。同时对节点"271−1"、"272−1"……"347−1"施加竖向节点荷载，分别对应荷载工况"P1"、"P2"……"P77"。采用【UltraEdit】程序或写字板程序对 E2K 文件进行批量的编辑，如图 4-25-5 所示，提高建模的快捷与准确性。

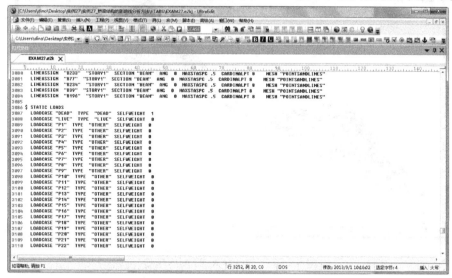

图 4-25-5　采用 UltraEdit 程序编辑 E2K 文件

（8）完成上述步骤后建立完 ETABS 模型，如图 4-25-6 所示。

注意：实例的 ETABS 模型存放在光盘"/EXAM25/ETABS/"目录。

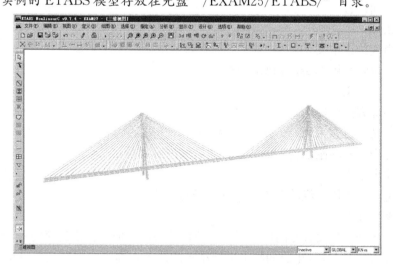

图 4-25-6　ETABS 中模型三维图

### 3）OpenSEES 建模

（1）打开 ETABS 模型，导出 s2k 文件。打开 ETO 程序，导入 s2k 文件，得到转化的 OpenSEES 模型，如图 4-25-7 所示。

（2）点击按钮 📄 生成 OpenSEES 命令流。

（3）以下将对 OpenSEES 命令流进行解释并修改，最后提交运算。

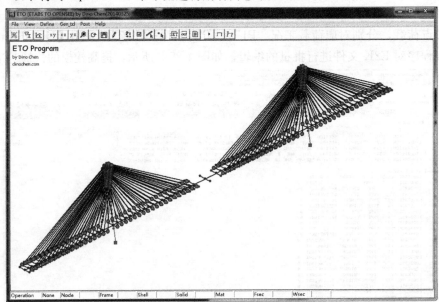

图 4-25-7　ETO 导入 ETABS 模型

**4）OpenSEES 命令流解读**

（1）从 ETO 程序中生成的 OpenSEES 的命令流主要分以下内容，不一一详细列出。

- 初始设置
- 节点空间位置
- 支座条件
- 等自由度约束定义
- 材料（拉索采用 ElasticPPGap 材料）
- 纤维截面定义
- 杆件局部方向坐标
- 杆件定义（拉索采用 trusssection 截面）

上述部分为结构的刚度模型的建立，然后的内容就是：

- 记录输出定义
- 荷载定义（作用在纵肋节点上的移动竖向荷载）
- 分析参数设置

（2）OpenSEES 并没有专门进行影响线分析的功能，但其提供建模的 tcl/tk 脚本语言功能强大，只需要对 ETO 生成的脚本进行小小的改动，即可实现影响线分析的目的。根据影响线的定义，需要不断改变移动竖向荷载的作用点，获取所关心的构件内力的变化情况。通过查看模型节点信息，可以确定移动荷载作用点的范围是 604 到 681。

因此，在脚本的开头加入以下代码：

**set num 604**

**while {$num<681} {**

同时在脚本的结束处加入以下代码：

```
  set num [expr {$num + 1}]
}
```

其中 **$num** 为移动荷载作用处的节点编号。

（3）将材料 18 由弹性材料改为缝（钩）材料：

**uniaxialMaterial ElasticPPGap　　18　　2.060E+011　　335 0**

本实例是弹性分析为主，如果要出现拉压变化的本构（也属于 EPP 模型），需要进行弹塑性分析才可以显示拉索的单拉性能，本实例进行单荷载步的弹塑性，所以考虑了拉索的只受拉的作用。

（4）增加记录单元 1、374、641 内力的代码：

```
set filename1 "Ele1-$num.out"
set filename374 "Ele374-$num.out"
recorder Element -file $filename1 -time -ele 1 localForce
recorder Element -file $filename374 -time -ele 374 localForce
```

其中 **$num** 为移动荷载作用处的节点编号。每次分析都会生成命名形式为"单元号-作用点"的结果文件。

单元 1 代表左桥墩，主要看轴力的变化。

单元 374 代表拉索，主要看拉力的变化 。如图 4-25-8 所示。

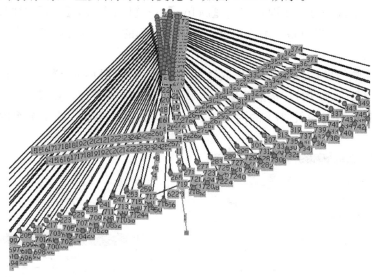

图 4-25-8　关键单元位置示意图

（5）修改荷载定义的代码：

```
puts "Loading At Node: $num"
pattern Plain $num Linear {
load $num 0.000E+000 0.000E+000 -1.000E+000 0.000E+000 0.000E+000 0.000E+000
}
```

即在每个循环中，将单位竖向力作用在编号为 **$num** 的节点上。

（6）综上所述，完成命令流修改后，可以提交进行分析，修改后的文件可查看"**Ex-am25 \ OpenSEES \ Exam25. tcl**"。

**5）OpenSEES 分析及分析结果**

（1）由于计算结果文件数量较多，本例提供小程序方便读者整理计算结果。通过输入单元编号、移动荷载起始和终止节点号即可将单元内力整理到"单元名 . OUT"的文件中。

（2）通过批量处理文本数据（可以采用简单的文本编程读写或采用 EXCEL VBA，或者各种程序对 EXCEL 的控制 Automation），得到影响线的结果。

（3）为了验证结果的准确性，采用 SAP2000 进行对比分析，ETABS 没有影响线的分析功能，采用 SAP2000 的桥梁功能就可以完成影响线的分析，由于 SAP2000 采用完全的弹性模型，对拉索的单拉本构不能进行模拟，也就是说 SAP2000 的分析结果的拉索是有压力的，这个从对比可以看出来。

（4）SAP2000 中影响线需要定义车道，如图 4-25-9 所示，将水平纵向的桥梁 FRAME 定义为车道 LANE。【Define】→【Bridge Load】→【Lane】，将 604 至 680 的单元列入车道。采用交互 EXCEL 表格的导入可以快速完成。定义完车道后，再定义车辆【Define Vehicles】与定义车辆类型【Define Vehicles Class】，如图 4-25-10 所示，采用普通默认定义就可以了，不会影响影响线的计算结果。

（5）输入影响线的分析工况，点击【Define】→【Load Case】，新增加移动荷载工况【Moving Load】（图 4-25-11），填入车道、车辆与车辆的类型就可以了。点击分析就完成了影响线的分析。

（6）要将影响线的结果显示将提取数据，可以点击【Display】→【Show Influence Line/Surface】（图 4-25-12），选取要显示的单元，如 374 号单元，点【Show Table】就可以显示移动荷载位置与单元 374 的内力（如轴力）的相互关系，这个关系的曲线就是影响线。

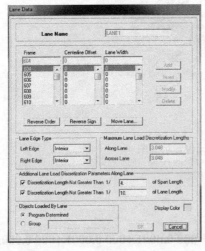 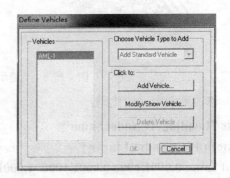

图 4-25-9　定义为车道 LANE　　　　图 4-25-10　定义车辆

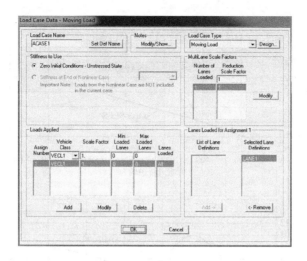

图 4-25-11　定义移动荷载分析工况

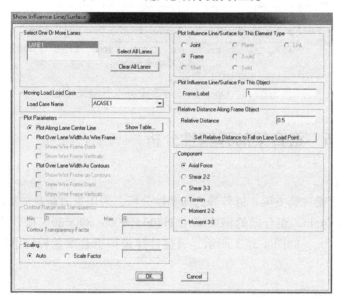

图 4-25-12　SAP2000 提取与显示影响线的对话框

（7）影响线的对比结果如图 4-25-13 所示，从影响线的对比来看，基本是吻合的。特别是 OpenSEES 能考虑拉索的弹塑性行为，所以不出现压力，而 SAP2000 采用完全弹性的分析出现压力，对比明显。

**6）知识点回顾**

（1）采用 ETABS 与 ETO 建立斜拉桥的建模方法；

（2）在 OpenSEES 采用 GAP 单元简单模拟拉索的弹塑性；

（3）在 OpenSEES 改动少量代码使其进行批量计算完成影响线的分析；

（4）介绍在 SAP2000 进行移动荷载及影响线分析方法；

（5）通过编程批量处理 OpenSEES 的结果的方法介绍。

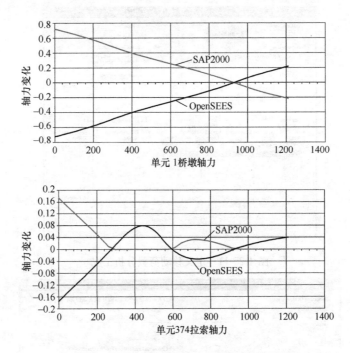

图 4-25-13　OpenSEES 与 SAP2000 影响线对比

## 4.26　实例 26　组合梁的弹塑性分析

### 1）问题描述

本例对一组合梁（简支梁）进行静力弹塑性分析。采用重力荷载加载。组合梁的楼板的有效宽度取 2000mm，组合梁的钢梁采用 H400×600×30×30。荷载为跨中集中力荷载。梁的跨度为 12m。如图 4-26-1 所示。通过计算模拟组合梁的栓钉滑移行为及最终的弹塑性行为。

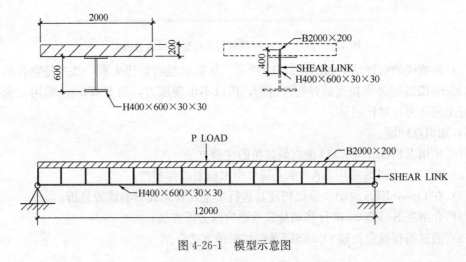

图 4-26-1　模型示意图

注意：本题主要介绍两种受弯变形构件在截面中的协调变形，通过指定连接单元的非线性去模拟组合梁中两种材料的非线性滑移行为。通过该模型也体现出采用宏观单元去模拟构件的方法的特别之处。

**2) ETABS 模型建模**

（1）建立 ETABS 模型，建立梁柱混凝土截面及建立几何模型，如图 4-26-2、图 4-26-3 所示。梁柱截面定义时，名字的首字母应为"D"，本实例采用基于刚度法的纤维单元。

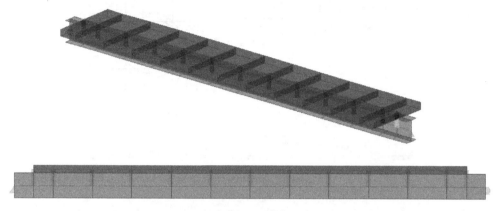

图 4-26-2　ETABS 建立组合梁的几何模型

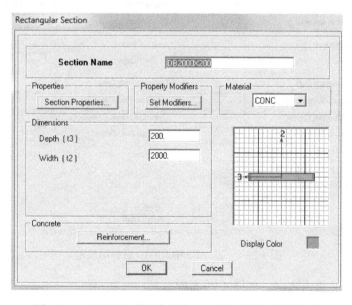

图 4-26-3　ETABS 截面定义窗口，楼板采用矩形梁单元

（2）定义连接单元的截面，本例采用钢管截面，如图 4-26-4 所示。

注意：在 OpenSEES 中的连接单元会采用 DispBeamColumn Element 也就是基于刚度法的纤维单元，采用受弯非线性去代替受剪非线性。

连接单元的截面采用 RIGID 的材料（图 4-26-5），让材料的强度大于 100 倍的钢材强度。

（3）选取跨中节点，点击菜单【Assign】→【Joint/Point loads】→【Force】，施加

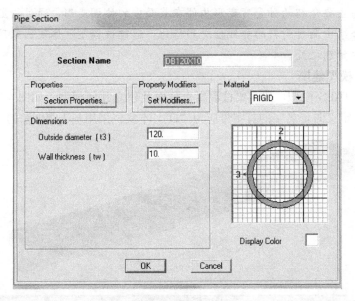

图 4-26-4　连接单元截面定义

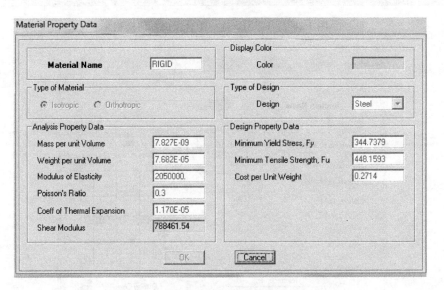

图 4-26-5　ETABS 中 RIGID 材料的设定

单位荷载 1000kN，重力方向。如图 4-26-6 所示。

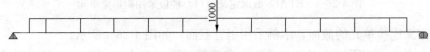

图 4-26-6　ETABS 荷载定义

注意：荷载工况 DEAD 的自重系数需要调为 0，不考虑结构自重。

（4）完成上述步骤后建立完 ETABS 模型。

注意：实例的 ETABS 模型存放在光盘"/EXAM26/ETABS/"目录。

**3）ETABS 分析结果**

（1）完成 ETABS 模型后，运行分析。分析完成后，点击按钮 ↗，可显示结构的变形图，如图 4-26-7、图 4-26-8 所示：组合梁跨中竖向变形为 29.85mm。

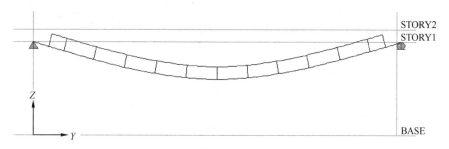

图 4-26-7　组合梁竖向变形图（跨中竖向变形为 29.85mm）

图 4-26-8　不考虑楼板效应纯钢梁的竖向变形图（跨中竖向变形为 78.95 mm）

（2）小结：完全粘结的情况下（栓钉不产生任何滑移的情况）钢梁的刚度大大提高，跨中竖向位移从 78.95mm 减少至 29.85mm。

**4）OpenSEES 建模**

（1）打开 ETABS 模型，导出 S2K 文件。打开 ETO 程序，导入 S2K 文件，得到转化的 OpenSEES 模型，如图 4-26-9 所示。再打开转化 TCL 按钮，将模型转化成 OpenSEES 代码，如图 4-26-9 所示。将代码另存为"Exam26.tcl"。

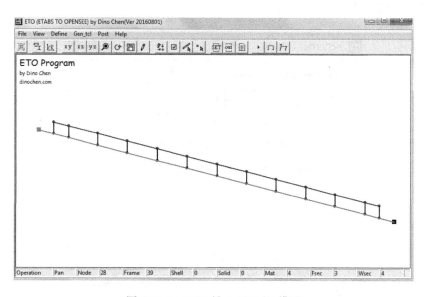

图 4-26-9　ETO 导入 ETABS 模型

（2）在 ETO 程序中，点击按钮 SET，可以设置结构分析工况。如图 4-26-10 所示。本实例选择 OpenSEES 的分析类型为【Single Disp Control】，即位移加载模式。控制点为 8 号点，位移自由度为 3，竖向位移。

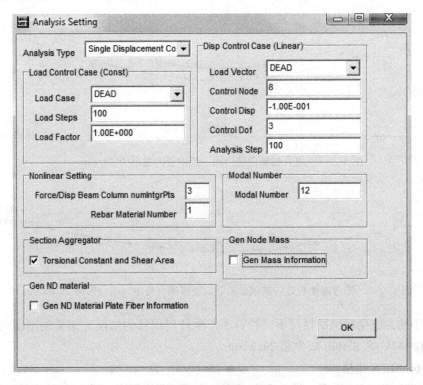

图 4-26-10　分析设置窗口

（3）点击按钮 out，可设置 OpenSEES 的输出命令（Recorder），勾选如图 4-26-11 所示，需要输出位移结果。

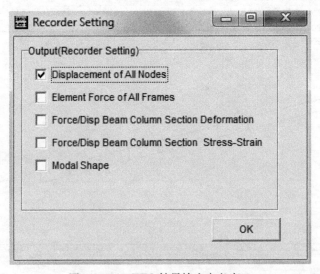

图 4-26-11　ETO 结果输出定义窗口

（4）点击按钮 ▣ 生成 OpenSEES 命令流。

（5）以下将对 OpenSEES 命令流进行解释并修改，最后提交运算。

**5）OpenSEES 命令流解读**

（1）从 ETO 程序中生成的 OpenSEES 的命令流如下所示。

```
wipe
puts "System"
model basic -ndm 3 -ndf 6
puts "restraint"
node 1 0.000E+000 1.200E+004 3.000E+003
node 2 0.000E+000 0.000E+000 3.000E+003
··············
··············
node 27 0.000E+000 1.150E+004 3.000E+003
node 28 0.000E+000 5.000E+002 3.000E+003
puts "rigidDiaphragm"
puts "mass"
mass 1 7.866E-002 7.866E-002 0.000E+000 0.000E+000 0.000E+000 0.000E+000
··············
··············
mass 28 1.573E-001 1.573E-001 0.000E+000 0.000E+000 0.000E+000 0.000E+000
puts "node"
fix 1 0 0 1 0 0 0;
fix 2 1 1 1 0 0 0;
puts "Equal DOF"
puts "material"
uniaxialMaterial Elastic 1 1.999E+005
uniaxialMaterial Elastic 2 2.482E+004
uniaxialMaterial Elastic 3 1.999E+005
uniaxialMaterial Elastic 4 2.050E+007
##DB400x600x30
section Fiber 1 {
fiber -1.600E+002 -2.850E+002 2.400E+003 1
··············
··············
fiber 0.000E+000 2.160E+002 3.240E+003 1
}
##DB2000x200
section Fiber 2 {
fiber -8.000E+002 -8.000E+001 1.600E+004 2
··············
··············
fiber 9.650E+002 4.333E+001 2.000E+002 1
}
##DB120x10
section Fiber 3 {
fiber 5.500E+001 0.000E+000 1.728E+002 4
```

```
············
············
fiber 5.231E+001 -1.700E+001 1.728E+002 4
}

##WALL1
nDMaterial PlateFiber 601 2
section PlateFiber 701 601 250.00
##SLAB1
nDMaterial PlateFiber 602 2
section PlateFiber 702 602 250.00
puts "transformation"
geomTransf Linear 1 0.000 0.000 1.000
············
············
geomTransf Linear 39 0.000 0.000 1.000
puts "element"
element dispBeamColumn 1 14 15 3 2 1
element dispBeamColumn 2 15 16 3 2 2
············
············
element dispBeamColumn 39 28 2 3 1 39
puts "shell element"
puts "SOLID element"
puts "recorder"
recorder Node -file node0.out -time -nodeRange 1 28 -dof 1 2 3 disp
puts "loading"
## Load Case = DEAD
pattern Plain 1 Linear {
load 8 0.000E+000 0.000E+000 -1.000E+005 0.000E+000 0.000E+000 0.000E+000
}
puts "analysis"
constraints Plain
numberer Plain
system BandGeneral
test EnergyIncr 1.0e-6 200
algorithm Newton
integrator LoadControl 1.000E-002
analysis Static
analyze 100
```

（2）ETO生成的命令流中大部分不需要修改，那么需要修改如下内容，进行试算分析：

先假定钢材、混凝土截面内的混凝土及钢筋均为弹性，属性如下：

```
uniaxialMaterial Elastic 1 2.05E+005
uniaxialMaterial Elastic 2 3.000E+004
uniaxialMaterial Elastic 3 2.000E+005
```

材料1是钢材与钢筋材料，弹性模量为 2.05E+005 MPa

268

图 4-26-12 模型结点编号

材料 2 是混凝土材料，弹性模量为 3.00E+004 MPa

（3）在本例中需要模拟栓钉的滑移效应，因此，对连接单元的材料指定非线性属性，对材料 4（ETABS 中的 RIGID 材料）进行修改，如下所示：

**uniaxialMaterial Steel01 4 1000 2.05e6 0.00001**

材料 4 是混凝土材料，弹性模量为 2.05E+006 MPa，屈服的应力为 1000 MPa，硬化系数为 0.00001

注意：采用 STEEL01 材料而不采用 E-P-P 材料的原因是，STEEL01 材料有硬化系数，在非线性计算中收敛性较好。在 OpenSEES 中的连接单元会采用 DispBeamColumn Element，也就是基于刚度法的纤维单元，通过上述的非线性本构的设置，该连接单元只会发生受弯的非线性，即弯矩达到一定值后保持不变，而弯曲变形将继续增大。根据实际情况，连接单元应为剪切非线性，本实例之所以用弯曲非线性去等效剪切非线性，是由于连接单元尺寸较短，剪力与弯矩成正比例关系，只要我们计算出破坏时的剪力值，即可通过构件长度算出对应的破坏弯矩值。

（4）分析结果记录的命令流如下所示。只记录节点 8 的变形过程：

```
puts "recorder"
recorder Node -file node8.out -time -node 8 -dof 1 2 3 disp
```

该命令流用于输出位移，即 UX，UY，UZ 的位移值。

（5）静力弹塑性分析设置的命令流如下：

```
## Load Case = DEAD
pattern Plain 1 Linear {
load 8 0.000E+000 0.000E+000 -1.000E+005 0.000E+000 0.000E+000 0.000E+000
}
puts "analysis"
constraints Plain
```

```
numberer Plain
system BandGeneral
test EnergyIncr 1.0e-6 200
algorithm Newton
integrator DisplacementControl 8 3 -15.000E-001
analysis Static
analyze 100
```

其中命令流的意义是对节点 8 进行位移控制，每一步加载 1.5mm 竖向位移，总共加载 100 步，目标位移为 150mm（竖向变形）

（6）综上所述，完成命令流修改后，可以提交进行分析，修改后的文件可查看"Exam26 \ OpenSEES \ Exam26. tcl"。

**6）OpenSEES 分析及分析结果**

（1）打开 OpenSEES 程序，输入命令：

**source Exam26**

（2）运行后，提取节点 8 的变形与内力结果如图 4-26-13 所示：

```
uniaxialMaterial    Elastic    1    2.05E+005
uniaxialMaterial    Elastic    2    3.000E+004
uniaxialMaterial    Elastic    3    2.000E+005
uniaxialMaterial    Steel01    4    1000    2.05e6    0.00001
```

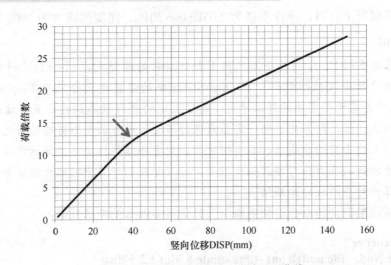

图 4-26-13　荷载-竖向位移（节点 8）曲线

本例中除了连接单元采用非线性材料，其余单元均采用弹性材料。从图 4-26-13 中可注意到，随着逐步加载，当节点 8 的竖向位移达到 40mm 时，结构抗力发生了变化，这是连接单元进入非线性后刚度减小、栓钉开始滑移所导致的。

（3）在原来的分析 TCL 文件中修改材料参数，使钢梁构件有非线性属性，混凝土处于弹性（假定），而栓钉也考虑非线性，参数如下：

以下代码是考虑钢梁的弹塑性，同时考虑栓钉的非线性滑移

| uniaxialMaterial | Steel01 | 1 | 450 | 2.05e5 | 0.0001 |
| uniaxialMaterial | Elastic | 2 | 3.000E+004 | | |
| uniaxialMaterial | Elastic | 3 | 2.000E+005 | | |
| uniaxialMaterial | Steel01 | 4 | 1000 | 2.05e6 | 0.00001 |

以下代码是考虑钢梁的弹塑性，不考虑栓钉的非线性滑移

| uniaxialMaterial | Steel01 | 1 | 450 | 2.05e5 | 0.0001 |
| uniaxialMaterial | Elastic | 2 | 3.000E+004 | | |
| uniaxialMaterial | Elastic | 3 | 2.000E+005 | | |
| uniaxialMaterial | Elastic | 4 | 2.000E+006 | | |

不同分析情况下，得到分析结果为：

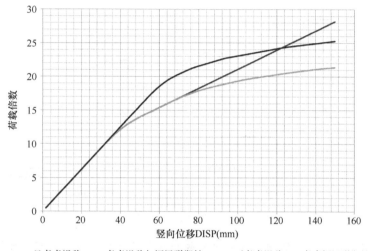

图 4-26-14　不同分析情况下荷载-竖向位移（节点 8）曲线

通过钢梁的 PUSH DOWN 曲线，可以看出是否考虑连接单元的非线性滑移本构对组合梁分析结果的影响。通过曲线对比，可以直接计算出滑移量。

本例说明：采用宏观单元去模拟组合梁是可行的，但需要通过试算来确定连接单元宏观本构的相应参数。

**7）知识点回顾**

（1）ETABS 中组合梁宏观模型的建模方法；

（2）OpenSEES 中组合梁的建模方法；

（3）ETO 程序在组合梁分析中的应用；

（4）了解采用受弯非线性去模拟剪切非线性的方法；

（5）了解考虑滑移与不考虑滑移的 PUSH DOWN 曲线的不同及采用 OpenSEES 进行模拟的方法。

# 4.27　实例 27　型钢混凝土柱的静力弹塑性分析

**1）问题描述**

本例对一型钢混凝土柱进行静力弹塑性分析（PUSHOVER 分析）。型钢混凝土柱的

尺寸如图 4-27-1 所示，柱高度为 3m。加载模式为：先施加恒定的竖向荷载，大小为 10000kN，再进行水平位移加载。钢筋材料的屈服强度为 400MPa，型钢材料的屈服强度为 360MPa，混凝土材料内核与保护层均采用普通的混凝土材料 CONCRETE 01 模型，$f_{c1} = -27.5$MPa，$f_{c2} = -10.0$ MPa，$e_{c1} = -0.002$，$e_{c2} = -0.0035$。

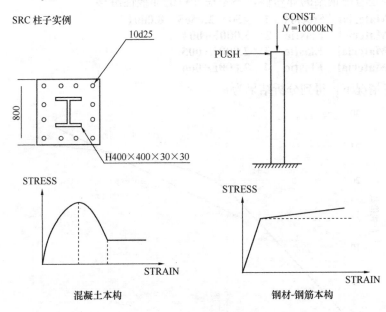

图 4-27-1 模型示意图

注意：本例主要介绍当型钢混凝土组合截面包含多种材料（本例有 4 种材料）时建立模型进行弹塑性分析的方法。在这个过程中，通过笔者开发的小程序 DINOSEC（可在 di-nochen.com 下载），可进行复杂的组合截面建模。本例的 4 种材料分别是保护层的混凝土，核心区的混凝土、钢筋材料、型钢材料。该方法适用于在 OpenSEES 中分析矩形或圆形钢管柱及钢骨柱。

**2) ETABS 模型建模**

(1) 建立 ETABS 模型，模型非常简单就是一个竖向的柱子，建立梁柱混凝土截面及建立几何模型，如图 4-27-2 所示。梁柱截面定义时，名字的首字母应为"N"（图 4-27-3），本实例采用基于柔度法（力法）的纤维单元。

注意：在 ETABS 中只建立普通的柱子即可，不需要定义复杂的截面，复杂的截面在 DINOSEC 小程序中去设置。

(2) 选柱顶节点，点击菜单【Assign】→【Joint/Point loads】→【Force】，施加单位荷载 —10000kN，重力方向。如图 4-27-4 所示。

注意：荷载工况 DEAD 的自重系数需要调为 0，不考虑结构自重。

(3) 完成上述步骤后建立完 ETABS 模型。

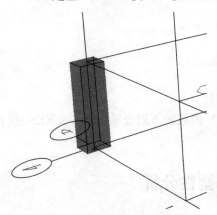

图 4-27-2 ETABS 建立型钢混凝土柱的几何模型

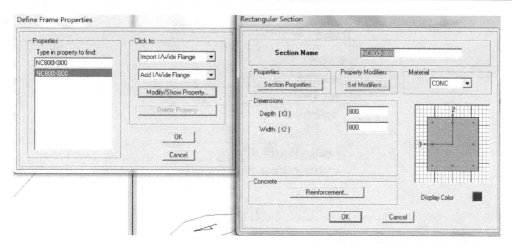

图 4-27-3　ETABS 截面定义窗口，单元名是 NC800×800

注意：实例的 ETABS 模型存放在光盘 "/EX-AM27/ETABS/" 目录。

**3）DINOSEC 程序中操作**

（1）打开 DINOSEC 程序，如图 4-27-5 所示，在初始界面下即可定义复杂截面。

（2）本算例需要建立的模型是型钢混凝土截面（钢骨梁柱截面），截面类型选取【矩形钢骨柱 2】，输入尺寸 800×800，再输入保护层厚度 40，定义截面划分参数 12×12，如图 4-27-6 所示，点击【输入截面】按钮，即可得到截面的实时输入的形状及纤维单元划分。

（3）再输入内置钢骨及钢筋的相关参数，如图

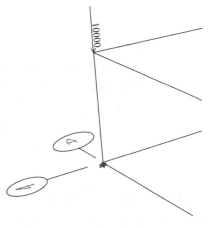

图 4-27-4　ETABS 荷载定义

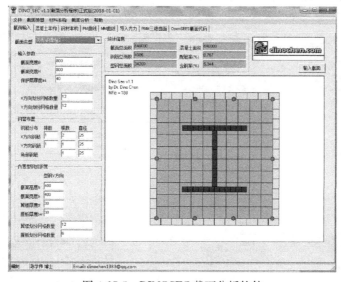

图 4-27-5　DINOSEC 截面分析软件

273

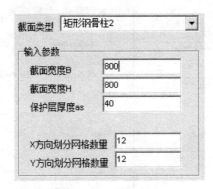

图 4-27-6　截面参数定义

4-27-7 所示。即最终得到需要输入的形状。

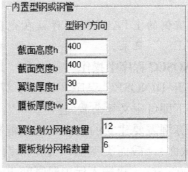

图 4-27-7　钢筋与型钢的布置与划分

（4）点击【混凝土本构】，在相对应的材料设置 OpenSEES 的材料编号（图 4-27-8），以便与以后的 OpenSEES 计算对应。初始设置为：

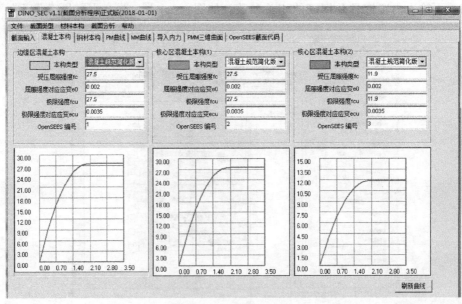

图 4-27-8　DINOSEC 程序中各种材料本构定义

保护层混凝土，对应材料号 1，颜色为黄色

非保护层混凝土，对应材料号 2，颜色为浅蓝色

钢筋，对应材料号 4，颜色为红色

型钢，对应材料号 5，颜色为蓝色

注意：不需要在 DINOSEC 进行材料强度的设置，OpenSEES 的材料参数最终通过修改命令流去实现。

（5）点击【OpenSEES 截面代码】，点击【生成 OpenSEES 命令流】即可得到这个截面的 Tcl/Tk 命令流（图 4-27-9），然后用这段命令流替换 ETO 自动生成的钢筋混凝土截面的命令流。

图 4-27-9　DINOSEC 程序生成组合截面 Tcl/Tk 命令流

### 4）OpenSEES 建模

（1）打开 ETABS 模型，导出 S2K 文件。打开 ETO 程序，导入 S2K 文件，得到转化的 OpenSEES 模型，如图 4-27-10 所示。再打开转化 TCL 按钮，将模型转化成 OpenSEES 代码，如下图所示。将代码另存为"Exam27. tcl"。

（2）在 ETO 程序中，点击按钮 SET，可以设置结构分析工况。本例选择 OpenSEES 的分析类型为【Gravity＋PushOver】，即先重力（分 10 步施加）后位移加载模式。控制点为 2 号点，位移自由度为 1，水平位移推动每一步为 0.4mm，共进行 100 步计算。如图 4-27-11 所示。

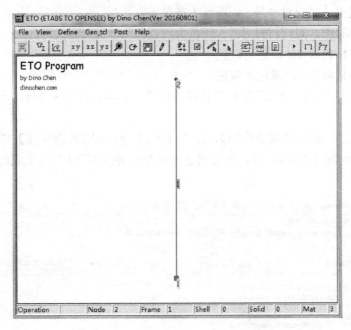

图 4-27-10  ETO 导入 ETABS 模型

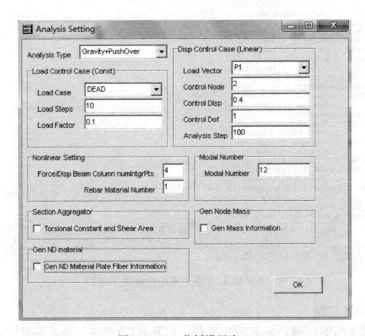

图 4-27-11  分析设置窗口

(3) 点击按钮 ⊡，可设置 OpenSEES 的输出命令 (Recorder)，勾选如图 4-27-12 所示，需要输出位移结果。

(4) 点击按钮 ⊟ 生成 OpenSEES 命令流。

(5) 以下将对 OpenSEES 命令流进行解释并修改，最后提交运算。

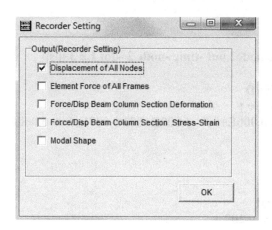

图 4-27-12　ETO 结果输出定义窗口

**5）OpenSEES 命令流解读**

（1）从 ETO 程序中生成的 OpenSEES 的命令流如下所示。

```
wipe
puts "System"
model basic -ndm 3 -ndf 6
puts "restraint"
node 1 0.000E+000 1.800E+004 0.000E+000
node 2 0.000E+000 1.800E+004 3.000E+003
puts "rigidDiaphragm"
puts "node"
fix 1 1 1 1 1 1 1;
fix 2 0 1 0 1 0 1;
puts "Equal DOF"

puts "material"
uniaxialMaterial Elastic 1 1.999E+005
uniaxialMaterial Elastic 2 2.482E+004
uniaxialMaterial Elastic 3 1.999E+005

##NC800X800
section Fiber 1 {
fiber -3.200E+002 -3.200E+002 2.560E+004 2
fiber -1.600E+002 -3.200E+002 2.560E+004 2
fiber 0.000E+000 -3.200E+002 2.560E+004 2
……………………………
}

puts "transformation"
geomTransf Linear 1 1.000 0.000 0.000
puts "element"
element nonlinearBeamColumn 1 1 2 4 1 1
puts "shell element"
puts "SOLID element"
```

```
puts "recorder"
recorder Node -file node2.out -time -node 2 -dof 1 2 3 disp
puts "gravity"
## Load Case = DEAD
pattern Plain 1 Linear {
load 2 0.000E+000 0.000E+000 -1.000E+007 0.000E+000 0.000E+000 0.000E+000
}
puts "analysis"
constraints Plain
numberer Plain
system BandGeneral
test EnergyIncr 1.0e-6 200
algorithm Newton
integrator LoadControl 0.1
analysis Static
analyze 10
loadConst 0.0
puts "pushover"
## Load Case = P1
pattern Plain 3 Linear {
load 2 1.000E+003 0.000E+000 0.000E+000 0.000E+000 0.000E+000 0.000E+000
}
puts "analysis"
constraints Plain
numberer Plain
system BandGeneral
test EnergyIncr 1.0e-6 200
algorithm Newton
integrator DisplacementControl 2 1 0.4
analysis Static
analyze 100
```

（2）ETO 生成的命令流中大部分不需要修改，主要是修改弹性材料变成弹塑性材料及修改普通混凝土柱的截面变成复杂的型钢混凝土柱的截面。

自动生成的代码

```
uniaxialMaterial Elastic 1 1.999E+005
uniaxialMaterial Elastic 2 2.482E+004
uniaxialMaterial Elastic 3 1.999E+005
```

修改成以下的材料代码：

```
uniaxialMaterial Concrete01 2 -27.5 -0.002 -10 -0.0035
uniaxialMaterial Concrete01 1 -27.5 -0.002 -10 -0.0035
uniaxialMaterial Steel01 4 400 205000 0.001
uniaxialMaterial Steel01 5 360 205000 0.001
```

（3）将 DINOSEC 生成的截面命令流 SECTION 01 代替原来的 SECTION 01。

自动生成的代码

```
##NC800X800
section Fiber 1 {
fiber -3.200E+002 -3.200E+002 2.560E+004 2
fiber -1.600E+002 -3.200E+002 2.560E+004 2
fiber 0.000E+000 -3.200E+002 2.560E+004 2
..........................
}
```

DINOSEC 生成的纤维截面代码：

```
section Fiber 1 {
fiber -3.2400E+002 -3.2400E+002 5.1840E+003 2
.............
fiber 3.2400E+002 3.2400E+002 5.1840E+003 2
fiber -3.6667E+002 -3.8000E+002 2.6667E+003 1
.............
fiber 3.8000E+002 3.3000E+002 2.4000E+003 1
fiber -1.2000E+002 -3.6000E+002 4.9063E+002 4
.............
fiber -3.6000E+002 3.6000E+002 4.9063E+002 4
fiber -1.8333E+002 -1.8500E+002 1.0000E+003 5
.............
fiber 0.0000E+000 1.4167E+002 1.7000E+003 5
}
```

（4）分析结果记录的命令流如下所示。只记录节点 2 的变形过程：

```
puts "recorder"
recorder Node -file node2.out -time -node 2 -dof 1 2 3 disp
```

该命令流用于输出位移，即 UX，UY，UZ 的位移值。

（5）其他需要注意的细节：

由于只对结构进行平面受力分析，因此，对 2 号点的自由度进行平面外的约束，提高收敛性。

```
fix 2 0 1 0 1 0 1;
```

以上表明，对于 2 号节点约束平面外 Y 方向的平动，且对应的转动分量。

在进行完重力分析以后，需要把重力荷载恒定，需要在重力分析后加上一句

```
loadConst 0.0
```

（6）综上所述，完成命令流修改后，可以提交进行分析，修改后的文件可查看"Exam27 \ OpenSEES \ Exam27. tcl"。

**6）OpenSEES 分析及分析结果**

（1）打开 OpenSEES 程序，输入命令：

```
source   Exam27.tcl
```

（2）运行后，提取节点 2 的变形与内力结果如图 4-27-13 所示。

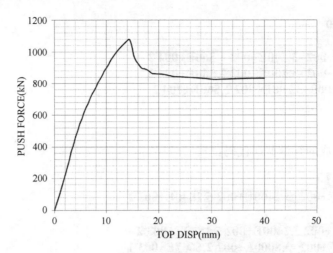

图 4-27-13　型钢混凝土柱的 PUSHOVER 结果

　　经分析可知，柱子的极限承载力为 1078kN，换算成弯矩 $M=3.0\times1078=3234$kN·m图 4-27-14 为 DINOSEC 的 PMM 分析结果，X 方向的极限弯矩约为 3800kN·m（轴力为10000kN 时），差异是由 DINOSEC 与 OpenSEES 混凝土本构略有不同引起的。

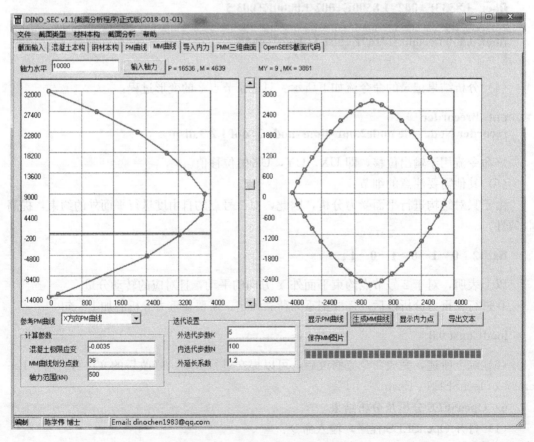

图 4-27-14　DINOSEC 程序计算结果

**7）知识点回顾**

（1）OpenSEES 对型钢混凝土柱的建模与分析；

（2）借用 DINOSEC 对型钢混凝土柱进行建模；

（3）对比 OpenSEES 和 DINOSEC 分析结果。

## 4.28　实例 28　带防屈曲钢支撑的钢结构低周往复分析

**1）问题描述**

本例主要介绍带防屈曲支撑的钢结构如何进行低周往复分析，与前面的实例 8 有点类似。在钢结构（弹性假定）中设置一组防屈曲支撑构件，在一定重力荷载和低周往复荷载作用下，考查防屈曲支撑帮结构进行能量耗散的整个力学过程。图 4-28-1 为两层带支撑的钢框架结构，各层高度为 3m，柱网为 6m×6m，无楼板。所有梁截面均为 H300×300×35×12，所有柱构件均为 H300×300×35×35，防屈曲支撑等效弹性截面为 H400×400×20×20。梁构件施加 12kN/m 的均布线荷载作为初始荷载，侧向力为倒三角分布。

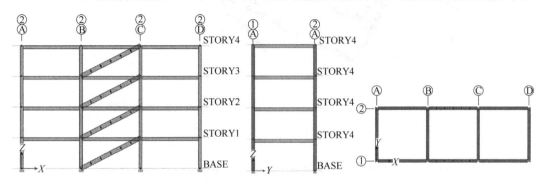

图 4-28-1　结构布置简图

**2）ETABS 模型建模**

（1）建立 ETABS 模型，定义材料和框架 H 型钢截面及建立几何模型，如图 4-28-2～

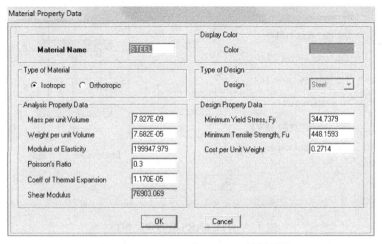

图 4-28-2　ETABS 中 STEEL 材料属性

图 4-28-4 所示。H 型钢截面定义时，名字的首字母应为"D"，即本实例采用基于刚度法的纤维单元（Disp Beam Column Element）模拟。对斜支撑构件进行划分，分为 6 小段，其他构件不进行划分。

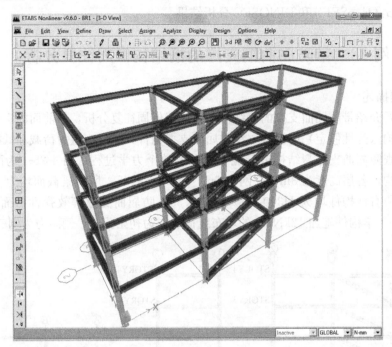

图 4-28-3　ETABS 建立框架的几何模型

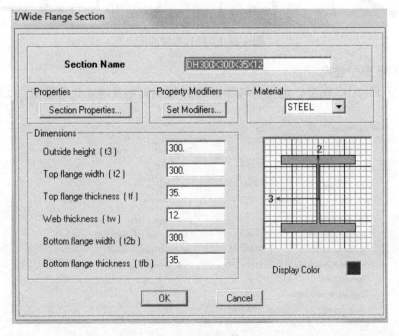

图 4-28-4　ETABS 截面定义窗口

注意：因为全部钢构件均为弹性，因此采用材料 STEEL，到时候在 OpenSEES 中把材料定义为弹性，而防屈曲支撑的材料，定义为 OTHER，在后面的操作中，把 OpenSEES 中的 OTHER 材料设置成非线性材料。

（2）之前的实例 8 有提到：基于刚度法的纤维单元模型的插值函数不能很好地描述端部屈服后单元的曲率分布；为减少误差，将每根支撑均匀分割成 6 段，如图 4-28-5 所示。

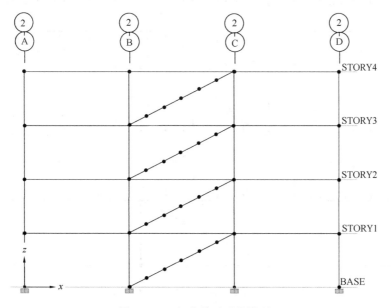

图 4-28-5　细分单元后的模型

（3）定义静荷载工况，如图 4-28-6 所示。恒载工况和活载工况的自重乘数分别为默认值 0 和 0，添加新荷载工况"PUSH"，类型为"OTHER"，自重乘数为 0。

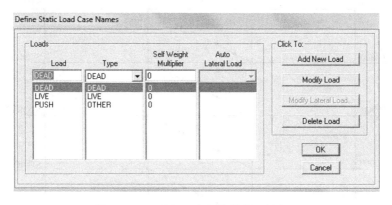

图 4-28-6　ETABS 定义静荷载工况窗口

（4）指定点荷载，如图 4-28-7 所示。对全部梁构件施加重力荷载 12kN/m，对四层的端节点施加水平推力模式，分别为 4 层 400kN，3 层 300kN，2 层 200kN，1 层 100kN，如图 4-28-8 所示。水平荷载为 PUSH 工况，即总顶部水平推力为 2000kN，这个荷载是位移控制的力分布模式，也就是单位力。

（5）完成上述步骤后建立完 ETABS 模型。

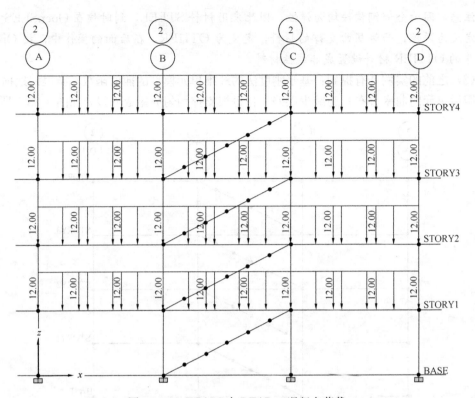

图 4-28-7　ETABS 中 DEAD 工况竖向荷载

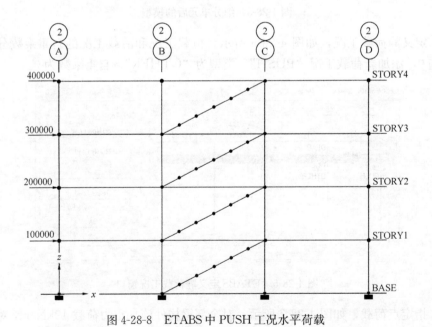

图 4-28-8　ETABS 中 PUSH 工况水平荷载

注意：实例的 ETABS 模型存放在光盘"/EXAM28/ETABS/"目录。

**3）OpenSEES 建模**

（1）打开 ETABS 模型，导出 S2K 文件。打开 ETO 程序，导入 S2K 文件，得到转化

的 OpenSEES 模型,如图 4-28-9 所示。再打开转化 TCL 按钮,将模型转化成 OpenSEES
代码,将代码另存为 "Exam28. tcl"。

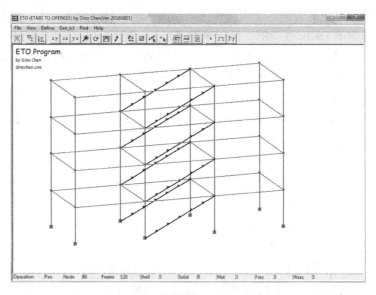

图 4-28-9　ETO 导入 ETABS 模型

(2) 在 ETO 程序输入纤维截面信息,以梁柱截面 H400×400×20 为例。纤维设置窗
口如图 4-28-10 所示。(点击 $^{\text{□}}_{\text{Ⅰ}}$ ,即弹出截面定义窗口)

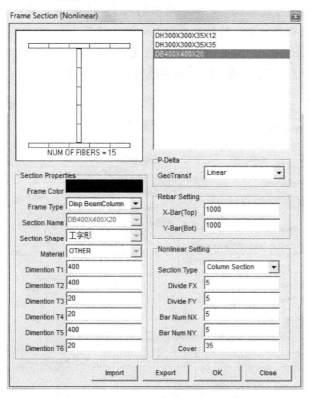

图 4-28-10　ETO 程序定义非线性截面

【Frame Type】选取【Disp BeamColumn】。

【GeoTransf】为局部坐标轴类型，一般的钢结构构件需要考虑屈曲行为的话，要采用【P DELTA】，但是本实例这个构件作为防屈曲的钢构件（钢阻尼器）的构件存在，那么它是不需要考虑 P-Delta 效应的，所以采用【Linear】。

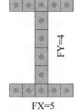

FX=5

FY=4

FX=5

图 4-28-11 工
字形截面纤维
划分示意图

【Section Type】由于本例采用的是 H 型钢，截面不含钢筋，故选择【Column Section】或【Beam Section】对分析无影响。

【Divide FX】表示 H 型钢翼缘沿 X 方向划分的纤维数，【Divide FY】表示 H 型钢腹板沿 Y 方向划分的纤维数，图 4-28-11 为【Divide FX】取 5、【Divide FY】取 4 时截面划分的情况；由于钢截面的板件厚度较小，建议板件厚度方向只划分一个纤维。

【Bar Num NX】和【Bar Num NY】表示 X、Y 方向的钢筋数，此处为 0；此参数只用于混凝土截面，对钢截面无意义。

【Cover】为纵筋至边缘距离，此处为 0；此参数用于混凝土截面，对钢截面无意义。

上述操作后，基本完成了纤维截面划分的定义。

（3）在 ETO 程序中，点击按钮 SET ，可以设置结构分析工况。本实例选择 OpenSEES 的分析类型为【Gravity＋PushOver】，即重力荷载再运行推覆分析。

注意：ETO 没有对低周往复荷载分析提供直接的荷载工况定义，建议在后面的 OpenSEES 代码进行修改，有时候低周往复的荷载分析需要配合计算结果及全收敛性进行调整，调整修改代码的可能性较大，举个简单的例子，如果在低周往复荷载加载过程中，不收敛，可以通过调整每一个位移加载步的大小进行调节。

在输入选项【Section Aggregator】中勾选【Torsional Constant and Shear Area】以后（图 4-28-12），ETO 程序自动生成截面的抗剪与抗扭刚度。

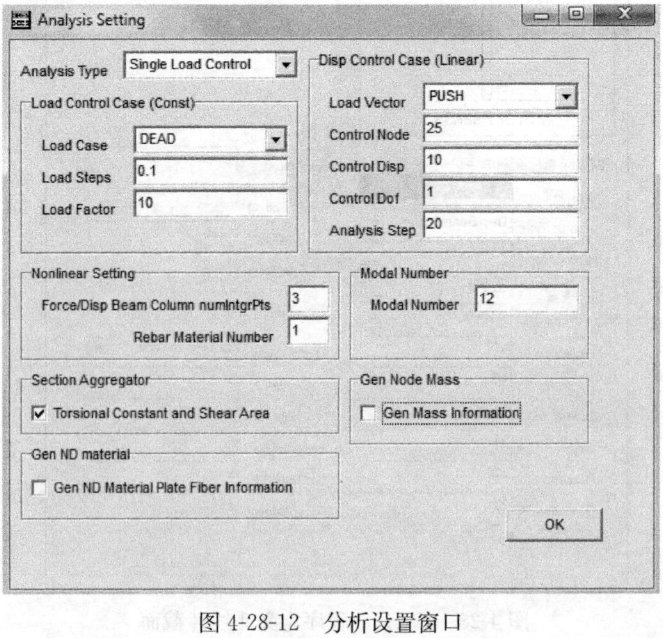

图 4-28-12 分析设置窗口

（4）点击按钮 ▤ 生成 OpenSEES 命令流。

（5）以下将对 OpenSEES 命令流进行解释并修改，最后提交运算。

**4）OpenSEES 命令流解读**

（1）从 ETO 程序中生成的 OpenSEES 的命令流主要分以下内容，不一一详细列出。

- 初始设置
- 节点空间位置
- 节点质量
- 支座条件（底部为固端支座）
- 材料（默认生成弹性材料）
- 截面抗扭抗剪属性
- 纤维截面
- 纤维截面与截面抗扭抗剪属性组装
- 杆件局部方向坐标（即 geomTransf）
- 杆件定义（注意类型为 dispBeamColumn）

上述部分为结构的刚度模型的建立，然后代码的内容就是：

- 记录输出定义
- 重力荷载分步分析（施加后重力荷载恒定不变）
- 侧向荷载分布定义
- 基于位移的低周往复分析定义

（2）ETO 生成的命令流，做 2 处修改：

由于全部钢构件（除了防屈曲支撑以外）都是弹性，因此材料 1 不要修改，属于弹性。

将 OTHER 材料 3 的弹性材料改为弹塑性材料，采用 STEEL01 模型：

```
uniaxialMaterial Elastic 1 1.999E+005
uniaxialMaterial Steel01 3 295 206000 0.05
```

记录框架的全部节点的位移及比较关心的 25 号节点（顶部节点）的位移，保存于以下文件中：

```
recorder Node -file node0.out -time -nodeRange 1 80 -dof 1 2 3 disp
recorder Node -file node25.out -time -node 25 -dof 1 2 3 disp
```

另外，我们需要考查防屈曲支撑的力与变形的关系，那么我们需要提取构件的内力与变形，如 85 号构件的轴力与轴压应变，提取代码如下：

```
recorder Element -file ele85a.out -time -ele 85 localForce
recorder Element -file ele85b.out -time -ele 85 section 1 deformation
```

（3）低周往复分析的代码可以在 D＋L＋Disp（重力荷载恒定后的基于位移加载的分析）的基础命令流上进行修改，如下所示，以下为普通的 D＋L＋Disp 的分析代码。

```
loadConst -time 0.0
puts "pushover"
## Load Case = PUSH
```

```
pattern Plain 3 Linear {
load 5 4.000E+005 0.000E+000 0.000E+000 0.000E+000 0.000E+000 0.000E+000
load 25 4.000E+005 0.000E+000 0.000E+000 0.000E+000 0.000E+000 0.000E+000
load 4 3.000E+005 0.000E+000 0.000E+000 0.000E+000 0.000E+000 0.000E+000
load 24 3.000E+005 0.000E+000 0.000E+000 0.000E+000 0.000E+000 0.000E+000
load 3 2.000E+005 0.000E+000 0.000E+000 0.000E+000 0.000E+000 0.000E+000
load 23 2.000E+005 0.000E+000 0.000E+000 0.000E+000 0.000E+000 0.000E+000
load 2 1.000E+005 0.000E+000 0.000E+000 0.000E+000 0.000E+000 0.000E+000
load 22 1.000E+005 0.000E+000 0.000E+000 0.000E+000 0.000E+000 0.000E+000
}
puts "analysis"
constraints Plain
numberer Plain
system BandGeneral
test EnergyIncr 1.0e-6 200
algorithm Newton
integrator DisplacementControl 25 1 4
analysis Static
analyze 50
```

以上的命令流的主要意思就是：在顶部荷载 **Plain 3** 的荷载模式下，对 25 号节点施加位移加载，每一个加载步为 4mm，推 50 步，合计 25 号节点往正方向推 $4 \times 50 = 200$mm 的侧移。完成这一分析只是进行了简单的 PUSHOVER 分析，如果需要进行低周往复分析，如果往下再加代码，由于上述采用的各种算法操作均没有变化，所以算法操作在每一步分析中需要修改，添加以下代码：

```
integrator DisplacementControl 25 1 -8
analyze 50
integrator DisplacementControl 25 1 12
analyze 50
integrator DisplacementControl 25 1 -16
analyze 50
```

我们通过图像来表述这个位移加载，如图 4-28-13 所示（只是示意，数值有所不同）。

（4）综上所述，完成命令流修改后，可以提交进行分析，修改后的文件可查看 "Exam28 \ OpenSEES \ Exam28. tcl"。

**5）OpenSEES 分析及分析结果**

（1）打开 OpenSEES 前后处理程序 ETO，点击按钮，显示结构变形。弹出窗口如图 4-28-14 所示。

点击【Load Node Deform Data】，选取 Exam28. tcl 文件，窗口显示结构变形。

【Scaling Factor】需要调整合适，如 10，可以显示合理的变形形状如图 4-28-15 所示。

【load step】为 200，即 200 步，即为最后一个循环时的变形。

（2）通过提取 25 号节点的变形数据 node25. out（详见 Recorder 设置），可以提取出荷载倍数与 25 号节点侧向位移的关系，我们将以下的图形称为滞加曲线，结构是弹性的，由于耗能支撑的存在，结构出现良好的耗能情况，如图 4-28-16 所示。

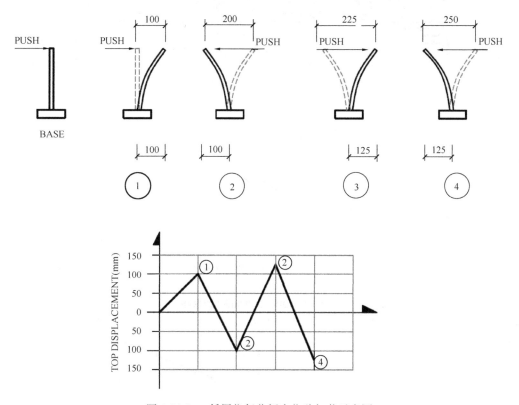

图 4-28-13　低周往复分析中位移加载示意图

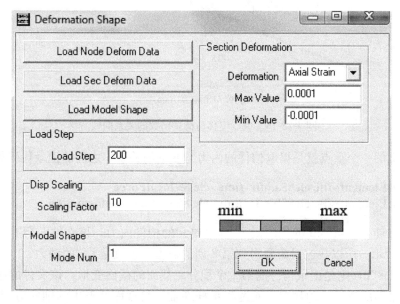

图 4-28-14　结构变形设置

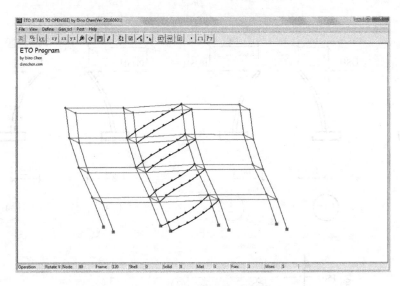

图 4-28-15 结构的整体变形

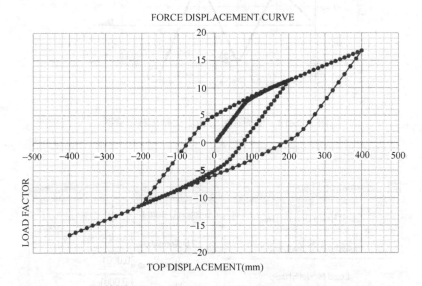

图 4-28-16 顶点位移与荷载倍数的关系曲线

（3）本文的一个重点就是提取构件的内力与变形的关系，之前的记录代码如下：

**recorder Element -file ele85a.out -time -ele 85 localForce**
**recorder Element -file ele85b.out -time -ele 85 section 1 deformation**

说明，文件 ele85a. out 的代码记录 85 号单元的构件内力，该文件一行有 13 个数据，如表 4-28-1 所示。所以我们只需要得到第 2 列的数据，也就是 i 端的轴力。

那么，ele85b，则是记录构件的第 1 个积分点截面的截面变形，该文件的第 2 行就是压应变值（轴向应变值）的数据。通过联系杆件轴力与截面变形中的轴向应变（表 4-28-2），就可以画出应力-应变曲线（防屈曲构件）（图 4-28-17）。应力＝力/面积，实例中面积为 23200mm²。

**290**

内力输出文件的对应输出内容表　　　　　　　　　　表 4-28-1

| 项 | 内容 | | 项 | 内容 | |
|---|---|---|---|---|---|
| 1 | TIME | | | | |
| 2 | 杆件 i 端 | P | 8 | 杆件 j 端 | P |
| 3 | 杆件 i 端 | VY | 9 | 杆件 j 端 | VY |
| 4 | 杆件 i 端 | VZ | 10 | 杆件 j 端 | VZ |
| 5 | 杆件 i 端 | T | 11 | 杆件 j 端 | T |
| 6 | 杆件 i 端 | MY | 12 | 杆件 j 端 | MY |
| 7 | 杆件 i 端 | MZ | 13 | 杆件 j 端 | MZ |

轴应变及曲率输出文件的对应输出内容表　　　　　　　表 4-28-2

| 项 | 内容 | |
|---|---|---|
| 1 | TIME | |
| 2 | eps | 轴应变 |
| 3 | ThetaZ1 | 绕 Z 弯曲曲率 |
| 4 | ThetaZ2 | — |
| 5 | ThetaY1 | 绕 Y 弯曲曲率 |
| 6 | ThetaY2 | — |
| 7 | ThetaX | 扭转曲率 |

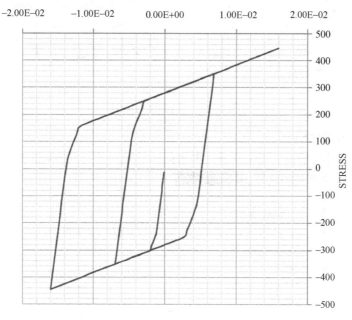

图 4-28-17　防屈曲构件的应力-应变曲线

（4）将上述的命令流保存为文件"Exam28.tcl"，或打开光盘目录"/Exam28/OpenSEES/"，找到"Exam28.tcl"文件，结构后处理放于 result.xls 中。

**6）知识点回顾**

（1）OpenSEES 中采用纤维模型去建造弹性单元；

（2）OpenSEES 中采用纤维单元去模拟 BRB（防屈曲支撑）构件；

（3）OpenSEES 中输出杆系内力与截面变形的方法；

（4）通过 OpenSEES 去绘制构件的应力-应变关系。

## 4.29 实例 29 框架结构拟倒塌试验分析

**1）问题描述**

本例对一栋四层的框架进行（爆破后）拟倒塌试验分析，即某个柱子失效后结构在重力荷载作用下整体响应，也称为抽柱法。以下是这个结构构件尺寸的描述：结构共四层，层高为 3m，柱子尺寸为 500mm×500mm，梁构件尺寸为 300mm×600mm。轴网区格尺寸为 X 方向 6m，Y 方向 6m。通过 ETABS 建模后的结构如图 4-29-1 所示。混凝土楼板厚度为 250mm，楼板上的恒载与活载共同考虑为 8.5kPa，不考虑结构自重。本算例会抽掉一个角柱进行静力弹塑性分析。

图 4-29-1 结构模型简图

**2）ETABS 模型建模**

（1）建立 ETABS 模型，定义材料、框架截面及建立几何模型，如图 4-29-2、图 4-29-3

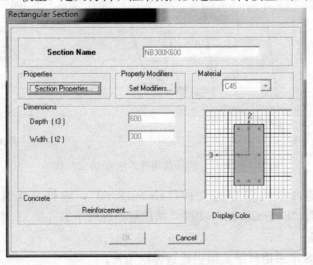

图 4-29-2 ETABS 中梁柱截面属性

所示。框架截面定义时，名字的首字母应为 "N"，即本实例采用基于柔度法的纤维单元模拟。第一次建立的模型是包括角柱的（也就是未抽柱之前的模型）。

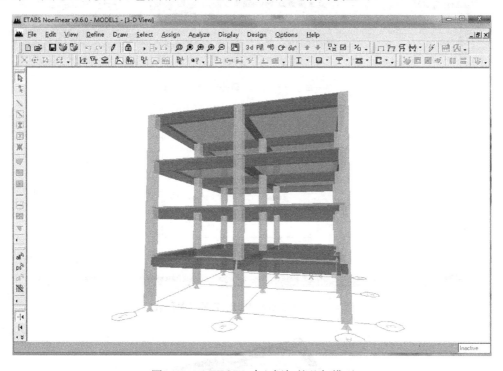

图 4-29-3　ETABS 建立框架的几何模型

（2）定义静荷载工况，如图 4-29-4 所示。恒载工况和活载工况合并成一个工况 DL，自重乘数分别为默认值，添加新荷载工况 "DL"，类型为 "DEAD"。

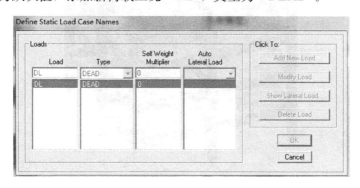

图 4-29-4　ETABS 定义静荷载工况窗口

（3）指定楼板荷载，如图 4-29-5 所示。对全部楼板施加 8.5kPa 的荷载。施加的工况为 DL 工况。施加楼板荷载时，需要注意荷载的单位是 $kN/m^2$。

（4）完成上述步骤后建立完 ETABS 整体模型（未抽柱之前的模型叫做模型 1）。然后，在模型 1 的基础上，把角柱去掉，这个称为模型 2。模型 2 如图 4-29-6 所示。

注意：实例的 ETABS 模型存放在光盘 "/EXAM29/ETABS/" 目录。

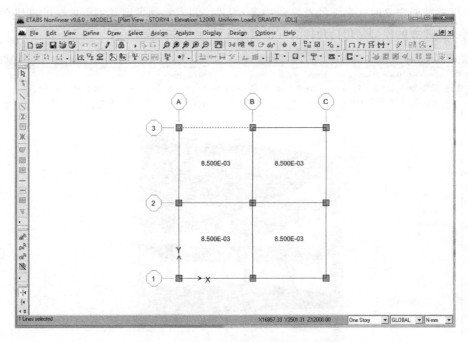

图 4-29-5　ETABS 中 DL 工况竖向荷载

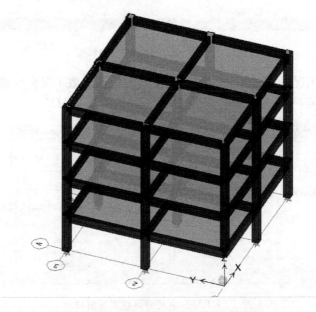

图 4-29-6　模型 2 中抽掉了角柱

### 3）ETABS 初步内力分析

抽柱分析法的要点在于把原来柱子的构件支承条件变成外荷载的支承条件，通过减少该柱子的竖向反力，模拟这根柱子被抽走后的结构响应（内力重分布）情况，如图 4-29-7 所示。

分析步骤：

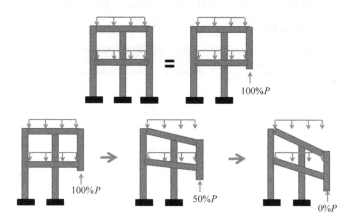

图 4-29-7　抽柱分析法示意图

（1）通过全模型计算得到在外荷载 DL 工况下，角柱的反力 $P$。

（2）建立结构弹塑性模型，不建角柱，施加向上的点荷载 $P$ 反力。另外其他梁板构件施加重力荷载 $g$。

（3）在重力荷载 $g$ 与反力 $P$ 的共同作用下，抽柱点的位移与全模型是一样的。基本没有竖向位移。

（4）在梁板荷载 $g$ 恒定不变的情况下，分步减少点荷载 $P$，从 100％逐步减少到 0，这是一个弹塑性的分析过程，可以观察抽柱点的竖向位移与 $P$ 值的关系，如果 $P$ 值没有明显变化的情况下，抽柱点的竖向位移突然变大，则说明结构倒塌。

通过 ETABS 分析模型 1 可知，柱子的反力 $P$ 约为 300kN。如图 4-29-8 所示。

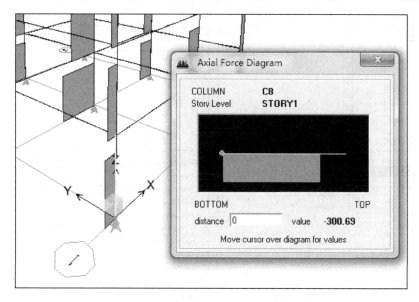

图 4-29-8　ETABS 模型中角柱轴力图

### 4）OpenSEES 建模

（1）打开 ETABS 的模型 2（抽柱模型），导出 S2K 文件。打开 ETO 程序，导入 S2K

文件，得到转化的 OpenSEES 模型，如图 4-29-9 所示。再打开转化 TCL 按钮，将模型转化成 OpenSEES 代码。将代码另存为"Exam29.tcl"。

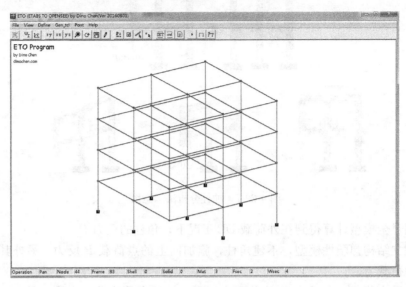

图 4-29-9　ETO 导入 ETABS 模型

（2）在 ETO 程序输入纤维截面信息，点击 ，即弹出截面定义窗口，如图 4-29-10 所示。梁截面 NB300×600，配筋采用梁配筋模型，顶筋与底筋都是 3d20，面积为 940mm²；柱截面 NC500×500，配筋模式采用柱配筋模式，X 向筋与 Y 向筋都是 5d20，面积为 1570mm²。

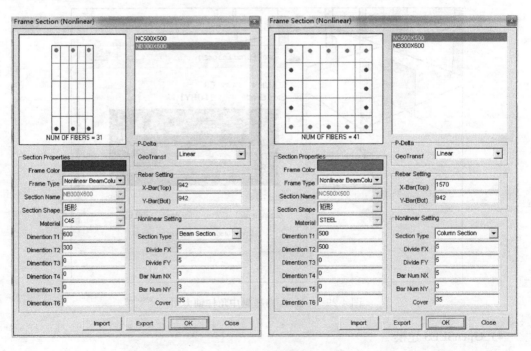

图 4-29-10　ETO 程序定义纤维截面

【Frame Type】选取【Nonlinear BeamColumn】。

上述操作后，基本完成了纤维截面划分的定义。

（3）在 ETO 程序中，点击按钮 ，可以设置结构分析工况，如图 4-29-11 所示。本实例选择 OpenSEES 的分析类型为【Single Load Control】，即分布静力荷载加载分析。

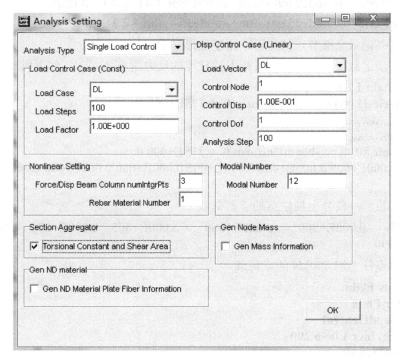

图 4-29-11　分析设置窗口

（4）点击按钮 生成 OpenSEES 命令流。

（5）以下将对 OpenSEES 命令流进行解释并修改，最后提交运算。

**5）OpenSEES 命令流解读**

（1）从 ETO 程序中生成的 OpenSEES 的命令流主要分以下内容，不一一详细列出。

- 初始设置
- 节点空间位置
- 支座条件（底部为固端支座）
- 材料（默认生成弹性材料）
- 截面抗扭抗剪属性
- 纤维截面
- 纤维截面与截面抗扭抗剪属性组装
- 杆件局部方向坐标（即 geomTransf）
- 杆件定义（注意类型为 nonlinearBeamColumn）

（2）修改弹塑性材料的定义

ETO 生成的命令流，做 3 处修改：

非线性材料修改，把弹性材料改成非线性材料，如钢筋与混凝土材料，做以下修改。

```
uniaxialMaterial Steel01 1    300    206000    0.01
uniaxialMaterial Concrete02 2    -20.0  -0.002  -5  -0.0033  0.1  2.2  1100
```

记录框架的抽柱节点的竖向位移及比较关心的 35 号节点的 Z 位移，保存于以下文件中：

```
recorder Node -file node0.out -time -nodeRange 1 44 -dof 1 2 3 disp
recorder Node -file node35.out -time –node35    -dof 1 2 3 disp
```

其中 node0 记录全部节点的变形，用于变形显示。

（3）第一步加载采用梁构件加载加上抽柱点的反力荷载 300kN，如下所示。

```
pattern Plain 1 Linear {
eleLoad -ele 11 -type -beamUniform 0 -6.375E+000 0
…………………
…………………
eleLoad -ele 80 -type -beamUniform 0 -6.375E+000 0
load 35 0.000E+000 0.000E+000 3.000E+005 0.000E+000 0.000E+000 0.000E+000
}
```

在荷载的最后一段补上抽柱点的节点荷载

```
load  35   0.000E+000   0.000E+000   3.000E+005   0.000E+000   0.000E+000
0.000E+000
```

代表抽柱点往上加 300kN 的点荷载

```
constraints Plain
numberer Plain
system BandGeneral
test EnergyIncr 1.0e-6 200
algorithm Newton
integrator LoadControl 0.1
analysis Static
analyze 10
```

以上的命令流的主要意思就是：采用静力荷载分布加载，每步加载 0.1 倍总荷载，总共加 10 步。

（4）第 2 步加载为基于第 1 步的加载恒定的情况下，加上"loadConst"代表保持第一次加载的外荷载不变。对抽柱节点施加 300kN 往下的荷载，代表抽柱节点的外力从 300kN 慢慢变成 0，模拟整个抽柱的过程。

```
loadConst   -time 0
pattern Plain 2 Linear {
load 35 0.000E+000 0.000E+000 -3.000E+005 0.000E+000 0.000E+000 0.000E+000
}
puts "analysis"
constraints Plain
numberer Plain
system BandGeneral
test EnergyIncr 1.0e-6 200
algorithm Newton
integrator LoadControl 0.01
analysis Static
analyze 100
```

以上的命令流的主要意思就是：采用静力荷载分布加载，每步加载 0.01 倍总荷载，总共加 100 步。

（5）综上所述，完成命令流修改后，可以提交进行分析，修改后的文件可查看"Exam29 \ OpenSEES \ Exam29. tcl"。

**6）OpenSEES 分析及分析结果**

（1）打开 OpenSEES 前后处理程序 ETO，显示结构变形，弹出窗口如图 4-29-12 所示。

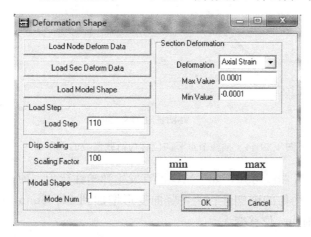

图 4-29-12　后处理的设置

点击【Load Node Deform Data】，选取 Exam29. tcl 文件，窗口显示结构变形。【Scaling Factor】需要调整合适，如 100，可以显示合理的变形形状如图 4-29-13 所示。【load step】为 110，即 110 步，即为最后一步的变形。

（2）通过提取 35 号节点的变形数据 node35. out（详见 Recorder 设置），可以提取出荷载倍数与 35 号节点侧向位移的关系，如图 4-29-14 所示。

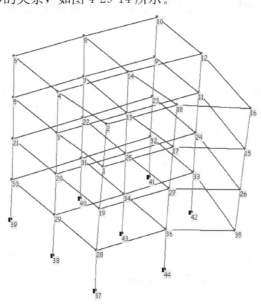

图 4-29-13　结构的整体变形图

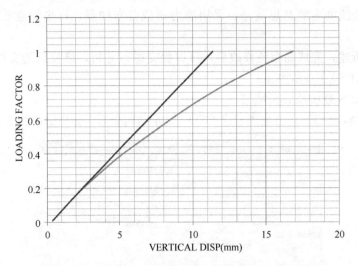

图 4-29-14　抽柱节点竖向位移与荷载倍数的关系曲线

从 PUSH-DOWN 曲线可知，如果结构没有发生弹塑性行为，抽柱节点的竖向位移抽柱后为 11mm，由于构件的弹塑性行为，竖向变形增加到 16.88mm，表明构件在抽柱的过程中发生一定的损伤，位移变大。

（3）将上述的命令流保存为文件"Exam29.tcl"，或打开光盘目录"/EXAM29/OpenSEES/"，找到"Exam29.tcl"文件，结构后处理放于 result.xls 中。

**7）知识点回顾**

（1）OpenSEES 中采用纤维模型进行拟倒塌的分析；

（2）介绍简单的抽柱法的拟倒塌分析方法。

# 4.30　实例 30　塑性铰纤维单元的弹塑性分析

**1）问题描述**

本例通过对一栋四层钢筋混凝土框架结构进行单调推覆分析，着重介绍基于塑性铰的纤维单元（beam with hinge element）的使用。结构共四层，层高为 3m，柱子尺寸为 500mm×500mm，梁构件尺寸为 300mm×600mm，无楼板。轴网区格尺寸为 X 方向 6m，Y 方向 6m。ETABS 模型如图 4-30-1 所示，在楼层节点施加侧向力，作为推覆分析的侧

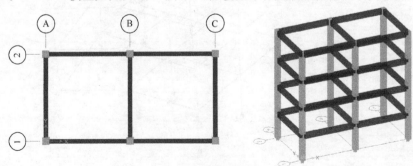

图 4-30-1　结构模型简图

向力模式。本算例还介绍 ETO 程序新增的截取结构变形动画的功能。

**2）ETABS 模型建模**

（1）建立 ETABS 模型，定义材料、框架截面及建立几何模型，如图 4-30-2、图 4-30-3 所示。梁柱截面定义时，名字的首字母应为 "H"，即本实例采用基于塑性铰的纤维单元（Beam with Hinge element）模拟。

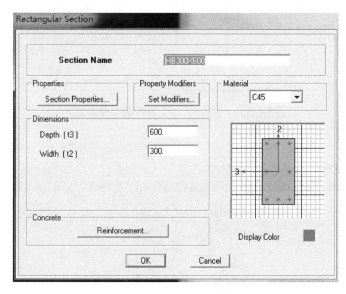

图 4-30-2　ETABS 中梁柱截面属性

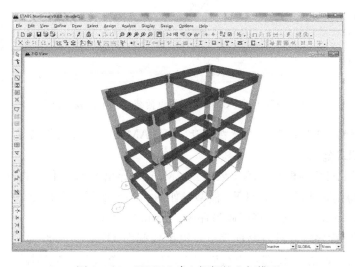

图 4-30-3　ETABS 建立框架的几何模型

（2）定义静荷载工况，如图 4-30-4 所示。添加新荷载工况 "PUSH"，类型为 "OTHER"，自重乘数为 0。

（3）指定 PUSH 荷载，如图 4-30-5 所示。对节点施加 400kN、300kN、200kN、100kN 的侧向荷载，代表倒三角形的荷载模型。

（4）完成上述步骤后建立完 ETABS 整体模型。

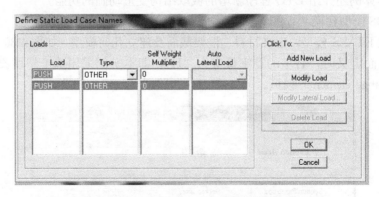

图 4-30-4　ETABS 定义静荷载工况窗口

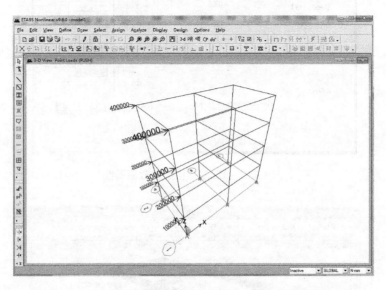

图 4-30-5　ETABS PUSH 工况的点荷载（图中荷载单位是 N）

注意：实例的 ETABS 模型存放在光盘 "/EXAM30/ETABS/" 目录。

**3）OpenSEES 建模**

（1）打开 ETABS 的模型（单位采用 N，MM），导出 S2K 文件。打开 ETO 程序，导入 S2K 文件，得到转化的 OpenSEES 模型，如图 4-30-6 所示。再打开转化 TCL 按扭，将模型转化成 OpenSEES 代码。将代码另存为 "Exam30.tcl"。

（2）在 ETO 程序输入纤维截面信息，以梁柱截面 HB300×600 为例。纤维设置窗口如图 4-30-7 所示（点击 ，即弹出截面定义窗口）。配筋采用梁配筋模型，顶筋与底筋都是 3d20，面积为 940mm² 。注意，这里采用的是塑性铰单元，所以单元的类型（FRAME TYPE）是 BEAM WITH HINGE。

（3）由于梁柱单元采用的是 BEAM WITH HINGE 塑性铰单元，需要在 ETO 程序中定义塑性铰长度，如图 4-30-8 所示。在 ETO 程序中，塑性铰长度默认取梁深的 1.0 倍，即截面高度为 600mm 的梁，塑性铰长度为 600mm。用户可以在 ETO 中自定义左右端的塑性铰长度。

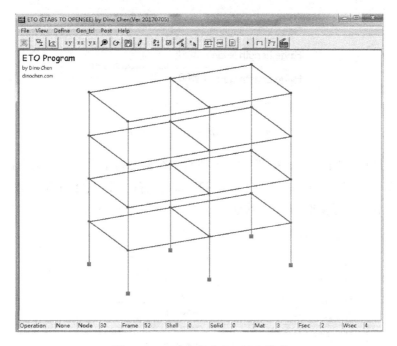

图 4-30-6　ETO 导入 ETABS 模型

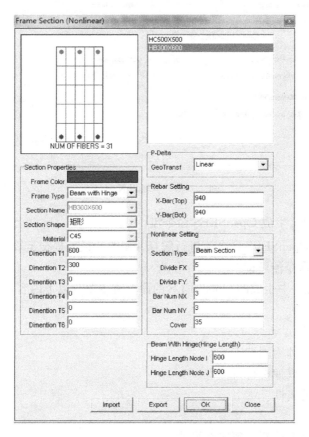

图 4-30-7　ETO 程序定义非线性截面

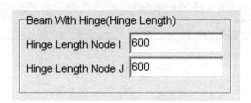

图 4-30-8　塑性铰长度的定义

（4）在 ETO 程序中，点击按钮 SET，可以设置结构分析工况。本实例选择 OpenSEES 的分析类型为【Single Displacement Control】，即分布静力 PUSH-OVER 分析。

控制 2 点节点，每步推 1mm，共推 100 步。如图 4-30-9 所示。

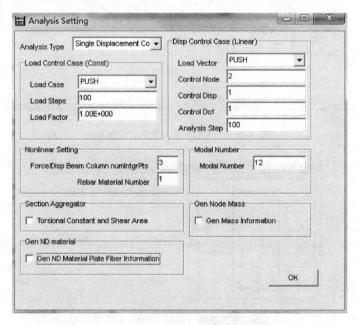

图 4-30-9　分析设置窗口

（5）点击按钮 ▤ 生成 OpenSEES 命令流。

（6）以下将对 OpenSEES 命令流进行解释并修改，最后提交运算。

**4）OpenSEES 命令流解读**

（1）从 ETO 程序中生成的 OpenSEES 的命令流主要分以下内容，不一一详细列出。

- 初始设置
- 节点空间位置
- 支座条件（底部为固端支座）
- 材料（默认生成弹性材料）
- 截面抗扭抗剪属性
- 纤维截面
- 纤维截面与截面抗扭抗剪属性组装
- 杆件局部方向坐标（即 geomTransf）

● **杆件定义(注意类型为 Beam With Hinge)**

（2）非线性材料的定义：

ETO 生成的命令流，把弹性材料改为非线性材料：

非线性材料修改，把弹性材料改成非线性材料，如钢筋与混凝土材料，做以下修改。

```
uniaxialMaterial Steel01 1    300    206000    0.01
uniaxialMaterial Concrete02 2   -20.0   -0.002   -5   -0.0033   0.1   2.2   1100
```

记录框架的顶点位移 2 号节点的 X 位移，保存于以下文件中：

```
recorder Node -file node0.out -time -nodeRange 1 30 -dof 1 2 3 disp
recorder Node -file node2.out -time –node2   -dof 1 2 3 disp
```

基中 node0 记录全部节点的变形，用于变形显示。

（3）ETO 生成的塑性铰的定义解说（图 4-30-10）：

```
element beamWithHinges  $eleTag  $iNode  $jNode  $secTagI  $Lpi  $secTagJ
$Lpj  $E  $A  $Iz  $Iy  $G  $J  $transfTag
```

塑性铰纤维单元可分为两部分：弹塑性段与弹性段

弹性段定义，需要定义截面的属性，即 **$E　$A　$Iz　$Iy　$G　$J**

分别是截面的弹性模量 **$E**，截面的面积 **$A**，截面绕 Z 轴的惯性矩 **$Iz**，截面绕 Y 轴的惯性矩 **$Iy**，剪切模量 **$G**，扭矩常数 **$J** 等。

非弹性段定义（或者叫做纤维段定义），即 **$secTagI　$Lpi　$secTagJ　$Lpj**

左端塑性铰采用的纤维截面号 **$secTagJ**，左端塑性铰区段的长度 **$Lpj**（例如 500mm）

右端塑性铰采用的纤维截面号 **$secTagJ**，右端塑性铰区段的长度 **$Lpj**（例如 500mm）

其他参数的意义分别如下：

＄eleTag 构件编号

＄iNode 左节点编号

＄jNode 右节点编号

＄transfTag 局部坐标轴（方向矢量）对应编号

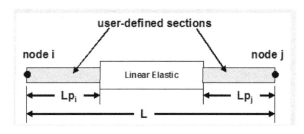

图 4-30-10　OpenSEES 塑性铰单元的分区示意图

以下是本算例的关于塑性铰的命令流：

**element beamWithHinges 1 1 2 1 500 1 500 2.000E+004 2.500E+005 5.208E+009 5.208E+009 8.333E+003 8.802E+009 1**

**element beamWithHinges 2 3 4 1 500 1 500 2.000E+004 2.500E+005 5.208E+009 5.208E+009 8.333E+003 8.802E+009 2**

**element beamWithHinges 3 5 6 1 500 1 500 2.000E+004 2.500E+005 5.208E+009 5.208E+009 8.333E+003 8.802E+009 3**

（4）综上所述，完成命令流修改后，可以提交进行分析，修改后的文件可查看"Exam30 \ OpenSEES \ Exam30. tcl"。

**5）OpenSEES 分析及分析结果**

（1）打开 OpenSEES 前后处理程序 ETO，点击按钮，显示结构变形。弹出窗口如图 4-30-11 所示。

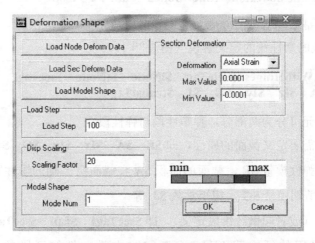

图 4-30-11　后处理变形显示设置

点击【Load Node Deform Data】，选取 Exam30. tcl 文件，窗口显示结构变形。

【Scaling Factor】需要调整合适，如 20，可以显示合理的变形形状如图 4-30-12 所示。

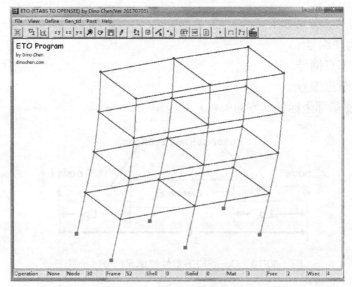

图 4-30-12　结构的整体变形

【load step】为 100，即 100 步，即为最后一步的变形。

（2）ETO 程序的显示动画功能，如图 4-30-13 所示。点击显示动画按钮 ，输入总步数 100 步，输入变形倍数 scale factor 50，点击 LOAD DISP DATA 按钮，选取文件 node0.out 位置，即可显示结构变形动画。

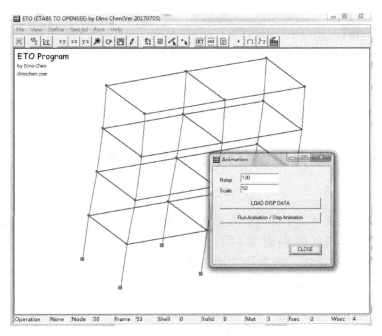

图 4-30-13　结构的整体变形的动画显示

（3）通过提取 2 号节点的变形数据 node2.out（详见 Recorder 设置），可以提取出荷载倍数与 2 号节点侧向位移的关系，我们将以下的图形称为静力弹塑性 PUSH-OVER 曲线，如图 4-30-14 所示。

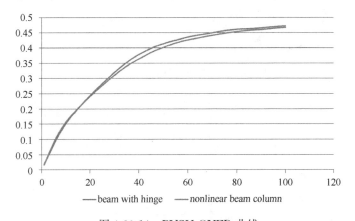

图 4-30-14　PUSH-OVER 曲线

图 4-30-14 列出了两个模型的 **PUSH-OVER** 曲线的对比，一个模型为采用 **beam with hinge** 的单元（塑性铰长度为 **1.0** 倍的梁深）的分析结果，另一个模型为采用 **nonlinear beam column element** 的模型（取 **3** 个积分点），两者分析结果接近。

由于 nonlinear beam column element 的传统纤维截元没有定义弹性段的截面，其截面的弹性模量，取决于纤维的弹性模型，采用 KENT-PARK 的非线性混凝土本构，其弹性模量为 $E_0=2f_c/e_0=2\times20/0.002=20000\text{MPa}$。

（4）将上述的命令流保存为文件"Exam30.tcl"，或打开光盘目录"/EXAM30/OpenSEES/"，找到"Exam30.tcl"文件，结构后处理放于 result.xls 中。

**6）知识点回顾**

（1）介绍 OpenSEES 的塑性铰纤维单元在弹塑性分析中的应用；

（2）对比塑性铰单元与普通纤维单元的计算结果；

（3）介绍塑性铰纤维单元的各个参数；

（4）介绍 ETO 显示结构变形动画的方法。

# 4.31 实例 31 单元生死在分析当中的应用

**1）问题描述**

本例以一个弹性壳体的平面内受力为例，在施加一定荷载后，拆除内部部分单元后查看结构的反应。这个与实例 30 有所不同，采用的方法是单元生死的方法，也就是在分析当中更新刚度矩阵的方法，该方法常用于施工模拟分析。图 4-31-1 为一片长 6m、高 3.5m、厚 300mm 的剪力墙构件。在施加均布的竖向荷载后，拆除剪力墙中间的一些单元（图 4-31-2），观察结构的变形。

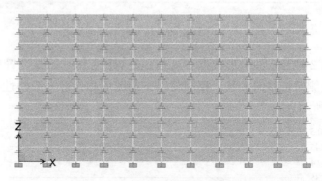

图 4-31-1　未开洞前的剪力墙构件

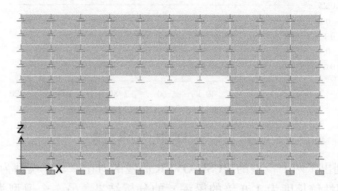

图 4-31-2　开洞后的剪力墙构件

**2) ETABS 模型建模**

（1）建立 ETABS 几何模型，建立一个 6000mm 宽，3000mm 高的剪力墙构件（图 4-31-3），定义材料为混凝土材料 CONC，剪力墙的划分如图 4-31-4 所示。剪力墙沿高度与长度均划分为 10 份。

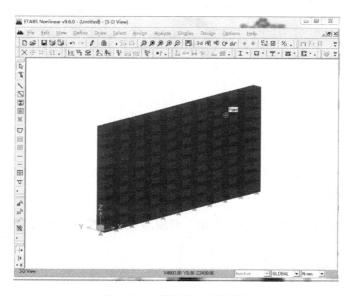

图 4-31-3　剪力墙三维模型图

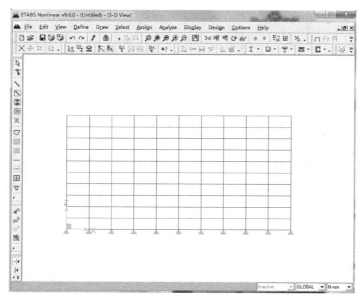

图 4-31-4　剪力墙的划分图

（2）剪力墙的厚度 300mm，采用壳单元，如图 4-31-5 所示。

（3）定义静荷载工况，如图 4-31-6 所示。添加新荷载工况"DEAD"，类型为"DEAD"，自重乘数为 0。

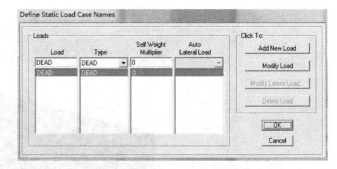

图 4-31-5　ETABS 中剪力墙截面
　　　　　 属性定义

图 4-31-6　ETABS 定义静荷载工况窗口

（4）指定重力荷载，如图 4-31-7 所示。对顶部节点施加 1000kN 的重力方向荷载。

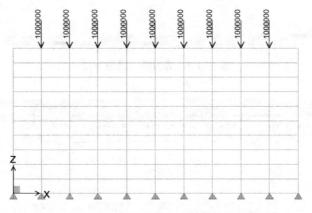

图 4-31-7　DEAD 工况的点荷载（图中荷载的单位是 N）

（5）支座条件：所有节点的 RX、RY、RZ 的自由度是锁定的，因为在 OpenSEES 采用的 SHELL 单元，每个节点都没有 RX、RY、RZ 的自由度，所以全部节点可以锁定（图 4-31-8）。

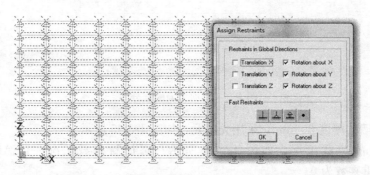

图 4-31-8　全部节点锁死 RX、RY、RZ 的自由度

底部节点为固定支座，也就是 UX、UY、UZ、RX、RY 与 RZ 全部锁定，最后指定如图 4-31-9 所示。

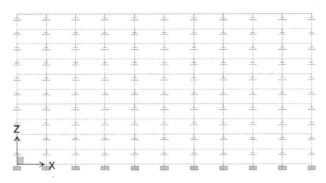

图 4-31-9　底部节点锁死全部自由度

（6）完成上述步骤后建立完 ETABS 整体模型（图 4-31-10）。

注意：实例的 ETABS 模型存放在光盘 "/EXAM31/ETABS/" 目录。

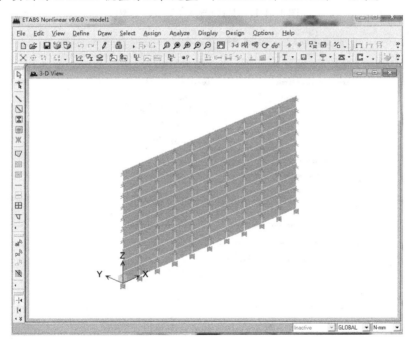

图 4-31-10　模型三维图

**3）OpenSEES 建模**

（1）打开 ETABS 的模型（单位采用 N，mm），导出 S2K 文件。打开 ETO 程序，导入 S2K 文件，得到转化的 OpenSEES 模型，如图 4-31-11 所示。再打开转化 TCL 按钮，将模型转化成 OpenSEES 代码。将代码另存为 "Exam31.tcl"。

（2）在 ETO 程序中，点击按钮 ，可以设置结构分析工况。本实例选择 OpenSEES 的分析类型为【Single Load Control】，即分布静力 DEAD 工况分析，分 10 步进行分析，如图 4-31-12 所示。

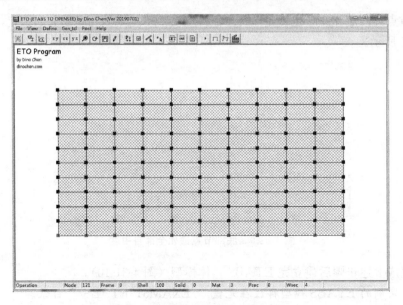

图 4-31-11    ETO 导入 ETABS 模型

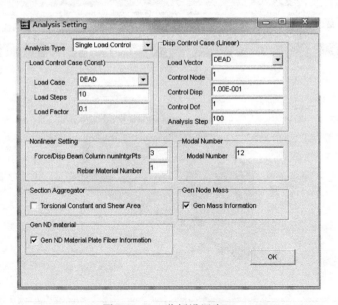

图 4-31-12    分析设置窗口

（3）点击按钮 ▤ 生成 OpenSEES 命令流。

（4）以下将对 OpenSEES 命令流进行解释并修改，最后提交运算。

**4）OpenSEES 命令流解读**

（1）从 ETO 程序中生成的 OpenSEES 的命令流主要分以下内容，不一一详细列出。

● 初始设置

● 节点空间位置

● 支座条件（底部为固端支座）

● 材料（默认生成弹性材料）

- 壳单元截面定义
- 全部壳单元定义
- 荷载工况
- 分析设置

（2）壳单元的三维材料的定义：

原 ETO 生成的命令流中关于 CONC 材料的定义如下：

**uniaxialMaterial Elastic　　2　　2.482E+004**

把 CONC 的单轴材料改成多轴材料定义如下：

**nDMaterial ElasticIsotropic　　2　　2.482E+004　　0.2**

以上命令流的意思为 弹性模量 $E = 2.482 \times 10^4 \mathrm{MPa}$，泊松比为 0.2。

（3）记录重力荷载作用下的结构（全部节点）变形：

**recorder Node -file node0.out -time -nodeRange 1 100 -dof 1 2 3 disp**
**recorder Node -file node1.out -time -nodeRange 101 121 -dof 1 2 3 disp**
**recorder Node -file node88.out -time -node 88 -dof 1 2 3 disp**

其中 88 号节点为顶部中间节点，用于查看变形变化。

（4）重力荷载分析工况设置如下，不需要进行修改。

**constraints Plain**
**numberer Plain**
**system BandGeneral**
**test EnergyIncr 1.0e-6 200**
**algorithm Newton**
**integrator LoadControl 0.1**
**analysis Static**
**analyze 10**

（5）综上所述，完成命令流修改后，可以提交进行分析，修改后的文件可查看 "Exam31 \ OpenSEES \ Exam31-a. tcl"。

上述分析没有用到生死单元的方法，只是一个重力分析，得到的变形如图 4-31-13 所

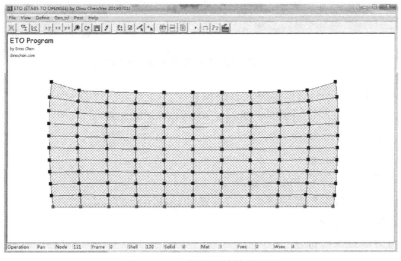

图 4-31-13　加载后结构变形图

示。顶部跨中节点（88 号节点）的竖向变形为 0.634mm。

需要拆除的单元号分别是 **93，96，99，89，92，95，98**，如图 4-31-14 所示。

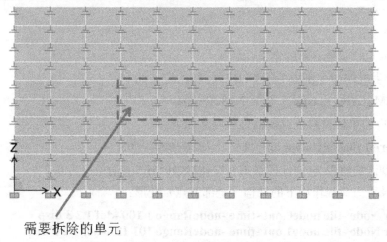

需要拆除的单元

图 4-31-14　剪力墙开洞位置

采用 **ETO** 的查看单元编号功能可以看到，如图 4-31-15 所示。

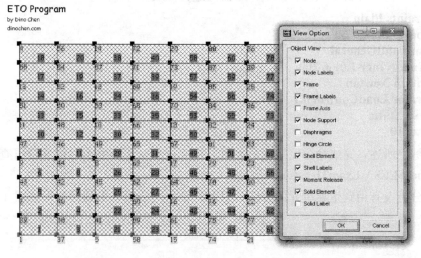

图 4-31-15　ETO 的查看节点与单元编号功能

（6）**OpenSEES** 程序中的生死单元方法设置：

第 1 步，保证荷载不变的情况下进行，用到 **LoadConst** 命令

第 2 步，施加一个空荷载

第 3 步，进行分析设置

第 4 步，删除要拆除的单元（死单元）

第 5 步，删除掉拆除相关的多余节点（锁死这些节点的自由度）

第 6 步，然后运算分析

（7）把重力荷载保持恒定：

**loadConst 0**

（8）施加一个空荷载：

**pattern Plain 2 Linear {**
**}**

（9）进行分析的设置：

**constraints Transformation**
**test　　　　NormDispIncr 1e-4 60 1**
**algorithm　　KrylovNewton**
**numberer　　RCM**
**system　　　　SparseGeneral**

**integrator　LoadControl 1**
**analysis　　Static**

（10）删除要拆除的单元（死单元，拆点中间 8 个单元）：

**remove element 90**
**remove element 93**
**remove element 96**
**remove element 99**
**remove element 89**
**remove element 92**
**remove element 95**
**remove element 98**

（11）锁死多余的节点：

**fix 116 1 1 1 1 1 1**
**fix 118 1 1 1 1 1 1**
**fix 120 1 1 1 1 1 1**

（12）运行分析（设置 10 个分析步）：

**analyze 10**

（13）综上所述，完成命令流修改后，可以提交进行分析，修改后的文件可查看"Exam31 \ OpenSEES \ Exam31-b. tcl"。

**5）OpenSEES 分析及分析结果**

（1）打开 OpenSEES 前后处理程序 ETO，点击按钮，显示结构变形。弹出窗口如图 4-31-16 所示。

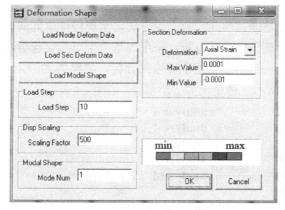

图 4-31-16　变形显示设置界面

点击【Load Node Deform Data】，选取 Exam31.tcl 文件，窗口显示结构变形。
【Scaling Factor】需要调整合适，如 10，可以显示合理的变形形状如图 4-31-17 所示。
【load step】为 10，即 10 步，即为未拆除单元加载后的变形。

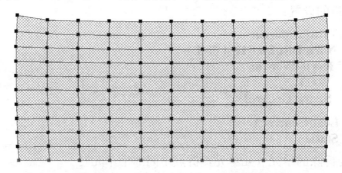

图 4-31-17  结构的整体变形（88 号节点变形是－0.634mm）

查看第 20 步的变形，也就是拆除单元后的变形，如图 4-31-18 所示。

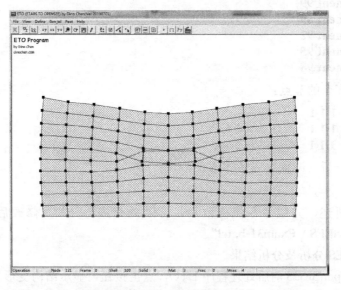

图 4-31-18  结构的整体变形（88 号节点变形是－1.289mm）

（2）以上的分析就是通过单元"死"的方法，实现构件单元的拆除，进行结构在拆除后的内力变化与受力分析。上述的分析，采用的是 8 个单元一起拆除的分析，通过命令流的适当修改，可以变成一个个单元逐个拆除的分析，最终的 88 号节点的变形曲线（一个个拆除）如图 4-31-19 所示。命令流如下所示：

```
remove element 32          analyze 4
remove element 50          analyze 4
remove element 52          analyze 4
remove element 70          analyze 4
remove element 31          analyze 4
remove element 49
fix 67 1 1 1 1 1 1          analyze 4
```

```
remove element 51
fix 81 1 1 1 1 1 1 1           analyze 4
remove element 69
fix 83 1 1 1 1 1 1 1           analyze 4
```

注意：在删除了 32 号、50 号、31 号、49 号单元后，这四个单元共同的 67 号节点必须锁死，如果没有锁死，代表该节点悬空，无任何结构构件支承该点，对于该点需要进行删除操作，但是一般的删除操作即 remove node 67，需要把记录这个节点变形的 recorder 也去掉，这会使整个后处理变得麻烦，所以本算例采用锁死，即 fix 67 1 1 1 1 1 1 1 去实现节点锁死，这样后处理就相对容易。

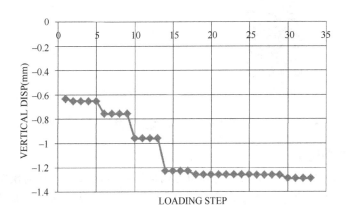

图 4-31-19　每拆除一个单元时 88 号节点的位移变化

（3）将上述的命令流保存为文件"Exam31. tcl"，或打开光盘目录"/EXAM31/OpenSEES/"，找到"Exam31. tcl"文件，结构后处理放于 result. xls 中。

**6）知识点回顾**

（1）介绍 OpenSEES 的单元生死的功能；

（2）介绍 OpenSEES 的操作单元生死的技术要点；

（3）介绍 OpenSEES 采用壳元分析的要点；

（4）对剪力墙进行保持荷载后的拆除单元分析。

# 4.32　实例 32　基于分层壳的剪力墙弹塑性分析

**1）问题描述**

本例采用陆新征教授（清华大学）团队开发的分层壳单元对剪力墙构件进行推覆（Push-over）分析。在 ETABS 中对剪力墙进行建模和单元划分，然后通过 ETO 生成命令流用于弹塑性分析。以下是这个剪力墙构件尺寸的描述：构件高为 6.0m，剪力墙的墙厚为 200mm，墙宽度为 1.5m。通过 ETABS 建模后的剪力墙如图 4-32-1 所示。在剪力墙的顶部施加恒定的竖向均布力，再在顶部节点施加水平力，作为推覆分析的侧向力模式。

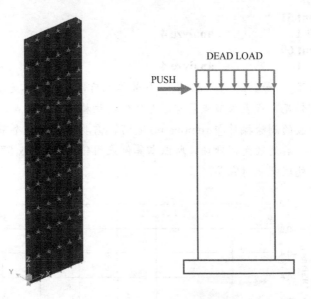

图 4-32-1　结构模型简图

## 2) ETABS 模型建模

（1）建立 ETABS 模型，定义材料和剪力墙构件的截面及建立几何模型，如图 4-32-2 所示。墙截面定义时，名字的首字母应为"W200"，即本实例将采用分层壳来代替 W200 的剪力墙属性。

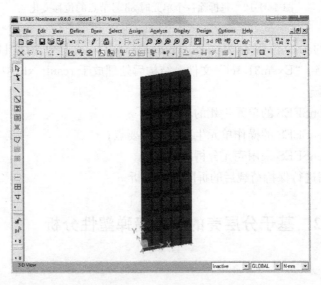

图 4-32-2　ETABS 建立框架的几何模型

（2）定义静荷载工况，如图 4-32-3 所示。添加新荷载工况"PUSH"，类型为"OTHER"。DEAD 工况为初始重力荷载，PUSH 工况为侧向荷载，两个工况的自重乘数均为 0。

（3）定义节点的约束条件，除了底部的节点为固支（UX，UY，UZ，RX，RY，RZ 全部锁死以外），上部的其他全部节点锁死（RX，RY，RZ）。

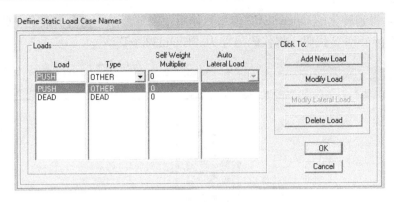

图 4-32-3 ETABS 定义静荷载工况窗口

（4）指定 PUSH 荷载，如图 4-32-4 所示。对每个节点施加 100kN 的侧向荷载，合计总共为 600kN。指定 DEAD 荷载。对每个节点施加竖直方向（Z 方向）100kN 的力，合计总共为 600kN（竖向荷载）。

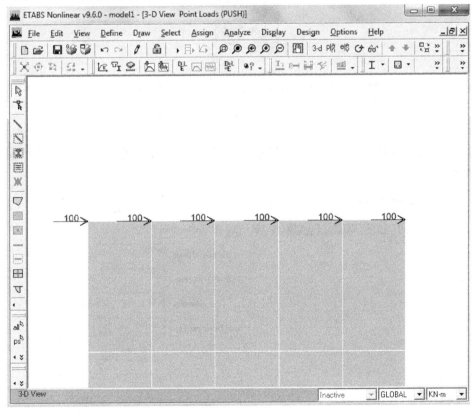

图 4-32-4 ETABS 模型中 PUSH 工况的点荷载（荷载的单位是 kN）

（5）完成上述步骤后建立完 ETABS 整体模型。

注意：实例的 ETABS 模型存放在光盘 "/EXAM32/ETABS/" 目录。

**3）OpenSEES 建模**

（1）打开 ETABS 的模型（单位采用 N，mm），导出 S2K 文件。打开 ETO 程序，导入 S2K 文件，得到转化的 OpenSEES 模型，如图 4-32-5 所示。再打开转化 TCL 按扭，将模型转化成 OpenSEES 代码。将代码另存为 "Exam32. tcl"。

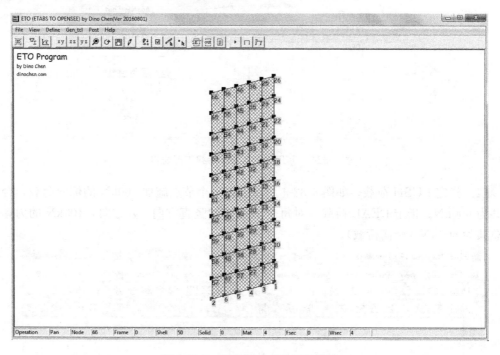

图 4-32-5　ETO 导入 ETABS 模型

（2）在 ETO 程序中的按钮 ▦ 为显示与修改壳元截面的属性，点击后显示窗口如图 4-32-6所示。

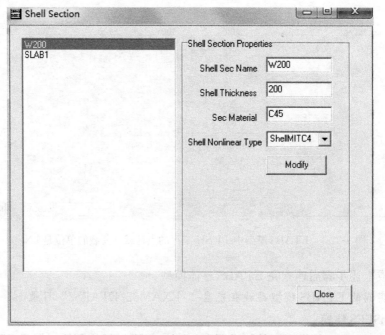

图 4-32-6　ETO 程序定义壳单元补充截面定义

默认情况下，剪力墙或壳元的单元采用 SHELLMITC4 单元（弹性壳单元），这次采用 SHELLDKGQ 单元（由清华大学陆新征教授及其团队开发的非线性分层壳单元）。

选择采用【SHELLDKGQ】，点击【MODIFY】进行修改。

（3）在 ETO 程序中，点击按钮 SET，可以设置结构分析工况。本实例选择 OpenSEES 的分析类型为【Gravity＋PushOver】，即进行重力后进行静力 PUSH-OVER 分析。

控制 66 号节点，每步推 1mm，共推 400 步。如图 4-32-7 所示。

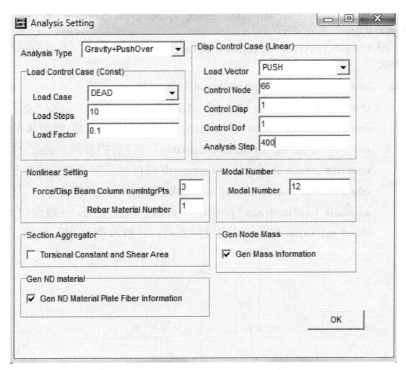

图 4-32-7 分析设置窗口

（4）点击按钮 圖 生成 OpenSEES 命令流。

（5）以下将对 OpenSEES 命令流进行解释并修改，最后提交运算。

**4）OpenSEES 命令流解读**

（1）从 ETO 程序中生成的 OpenSEES 的命令流主要分以下内容，不一一详细列出。

● 初始设置

● 节点空间位置

● 节点约束情况（全部节点锁死 RX，RY，RZ）

● 材料与面截面（弹性材料）

● 壳单元定义

● 重力荷载定义与分析指定

● PUSH-OVER 荷载模式与分析指定

（2）非线性材料的定义：

ETO 生成的命令流，生成的弹性材料命令流如下所示：

uniaxialMaterial Elastic 1 1.999E+005
uniaxialMaterial Elastic 2 3.600E+000
uniaxialMaterial Elastic 3 1.999E+005
uniaxialMaterial Elastic 4 2.000E+004

nDMaterial PlateFiber 601 4
section PlateFiber 701 601 200.00

需要修改成非线性的材料与截面如下所示（图 4-32-8）：

nDMaterial PlaneStressUserMaterial 2, 40, 7, 30.6549, 3.06549, -6.13e6, -0.00234, -0.03, 0.001, 0.05
nDMaterial PlaneStressUserMaterial \$matTag, 40, 7, \$fc, \$ft, \$fcu, \$epsc0, \$epscu, \$epstu, \$stc

| | |
|---|---|
| \$ matTag | integer tag identifying material 材料编号 |
| \$ fc | concrete compressive strength at 28 days（positive）混凝土抗压强度 |
| \$ ft | concrete tensile strength（positive）混凝土抗拉强度 约为 0.1 * fc |
| \$ fcu | concrete crushing strength（negative）压碎后的混凝土强度 约为 0.2 * fc |
| \$ epsc0 | concrete strain at maximum strength 峰值抗压强度对应的应变 |
| \$ epscu | concrete strain at crushing strength 压碎时对应的应变值 |
| \$ epstu | ultimate tensile strain（positive）极限抗拉应变值，一般取值 0.001 |
| \$ stc | shear retention factor 剪力维持系数，一般取值 0.05～0.08 |

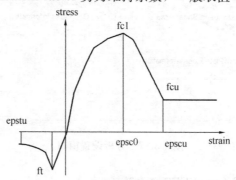

图 4-32-8　本构曲线参数

#nDMaterial　　　PlateFromPlaneStress　　　\$matTag　　　\$PlaneStressMatTag \$OutOfPlaneShearModulus
nDMaterial　　　PlateFromPlaneStress　　4　　2　　12.77e9

| | |
|---|---|
| \$ matTag | 混凝土壳元材料编号（非线性壳元组合材料编号） |
| \$PlaneStressMatTag | 混凝土单轴材料编号，平面内 |
| \$OutOfPlaneShearModulus | 混凝土平面外抗剪模量 |

以下是钢筋的（单轴材料）模型，**steel02** 材料，与设置纤维单元材料是一致的。

uniaxialMaterial Steel02　5　582　205000　0.0033　14　0.925　0.15
uniaxialMaterial Steel02　6　441　205000　0.00127　14　0.925　0.15

以下是分层壳中，钢筋网的材料指定。

nDMaterial　　PlateRebar　7　5　　90
nDMaterial　　PlateRebar　8　6　　0

代表采用 **5** 号材料作为 **90** 度方向的钢筋（纵筋）、**6** 号材料作为 **0** 度方向的钢筋网，即水平筋（图 4-32-9）。

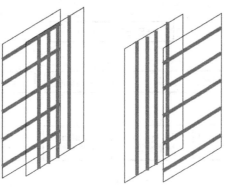

0度与90度的钢筋网

图 4-32-9　分层壳钢筋网

以下是非线性壳元（分层壳）的截面定义：

<pre>
section    LayeredShell   701   6   8   0.8   7   0.80   4   100   4   100   7   0.80
8    0.8
</pre>

以上参数代表：

分层壳截面编号为 701，共有 6 层，分别如下：

第 1 层：8 号材料，即 0 度钢筋网，厚度为 0.8mm（配筋率为 0.8%）

第 2 层：7 号材料，即 90 度钢筋网，厚度为 0.8mm（配筋率为 0.8%）

第 3 层：4 号材料，即混凝土层，厚度为 100mm

第 4 层：4 号材料，即混凝土层，厚度为 100mm

第 5 层：7 号材料，即 90 度钢筋网，厚度为 0.8mm

第 6 层：8 号材料，即 0 度钢筋网，厚度为 0.8mm

如图 4-32-10 所示。

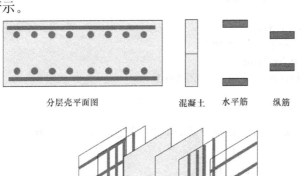

分层壳平面图　　混凝土　水平筋　纵筋

分层壳三维示意图

图 4-32-10　分层壳示意图

非线性壳元（分层壳）的截面 **701** 与每一个材料编号之间的继承关系如图 4-32-11 所示。

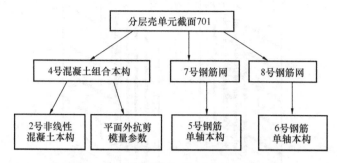

图 4-32-11　分层壳截面与材料继承关系图

（3）非线性壳元的定义：

**element ShellDKGQ 46 52 62 63 53 701**

以上参数代表：

非线性壳单元，46 号单元，四个节点号分别是 52、62、63 及 53。该壳单元采用 701 截面。

（4）记录结构关键的变形：

记录框架的顶点位移 66 号节点的 X 位移，保存于以下文件中：

**recorder Node　-file node66.out　-time -node　1 2 3 4 5 66　-dof 1 2 3 disp**

其中 **node66** 记录全部节点的变形，用于变形显示。

（5）在进行重力荷载分析后，必须把重力荷载恒定下来，采用以下命令流：

**loadConst 0**

（6）进行重力分析后进行静力 **PUSHOVER** 分析的命令流：

```
constraints Penalty 1e20 1e20;
numberer Plain;
system BandGeneral;
test NormDispIncr 1.0e-4 2000 2;
algorithm KrylovNewton
integrator DisplacementControl 66 1 0.1
analysis Static
analyze 400
```

（7）综上所述，完成命令流修改后，可以提交进行分析，修改后的文件可查看"Exam32 \ OpenSEES \ Exam32. tcl"。

**5）OpenSEES 分析及分析结果**

（1）打开 OpenSEES 前后处理程序 ETO，点击按钮，显示结构变形。弹出窗口如图 4-32-12 所示。

点击【Load Node Deform Data】，选取 Exam32. tcl 文件，窗口显示结构变形。

【Scaling Factor】需要调整合适，如 100，可以显示合理的变形形状如图 4-32-13 所示。

【load step】为 189，即 189 步，即为最后一步的变形。

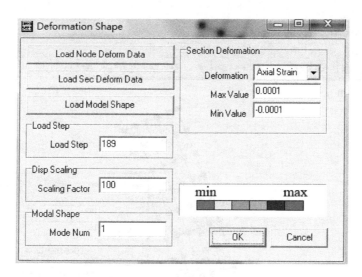

图 4-32-12　ETO 变形设置窗口

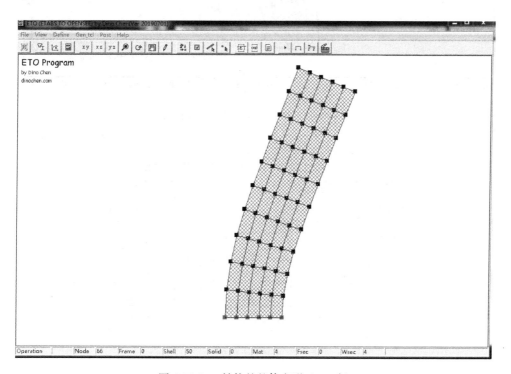

图 4-32-13　结构的整体变形（189 步）

（2）ETO 程序的显示动画功能，如图 4-32-14 所示。点击显示动画按钮，输入总步数 189 步，输入变形倍数 scale factor 100，点击 LOAD DISP DATA 按钮，选取文件 node0.out 位置，即可显示结构变形动画。

（3）通过提取 66 号节点的变形数据 node66.out（详见 Recorder 设置），可以提取出荷载倍数与 66 号节点侧向位移的关系，我们将以下的图形称为静力弹塑性 PUSH-OVER 曲线，如图 4-32-15 所示。

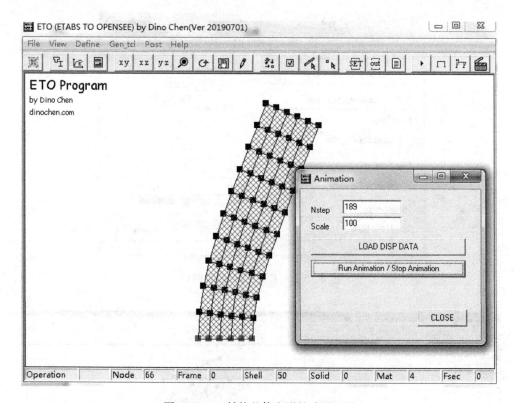

图 4-32-14　结构整体变形的动画显示

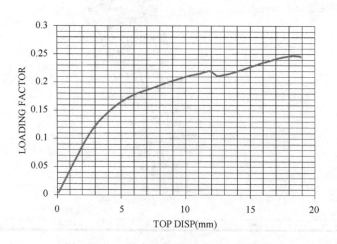

图 4-32-15　剪力墙的 PUSH-OVER 曲线

（4）将上述的命令流保存为文件"Exam32.tcl"，或打开光盘目录"/EXAM32/OpenSEES/"，找到"Exam32.tcl"文件，结构后处理放于 result.xls 中。

**6）知识点回顾**

（1）介绍 OpenSEES 基于分层壳的剪力墙弹塑性分析；

（2）介绍了 OpenSEES 中的 ShellDKGQ 单元（陆新征教授研发）；

（3）介绍用于壳元非线性的多轴材料、单轴材料及截面的设置；

（4）介绍了材料 PlaneStressUserMaterial 的混凝土参数设置；

（5）介绍 ETO 显示结构剪力墙变形的方法。

# 4.33　实例 33　侧向多自由度简化模型的建模

### 1）问题描述

在进行结构动力学简化计算时，高层建筑结构一般会被模拟成多自由度简化模型（也被形象地叫做糖葫芦串模型），如图 4-33-1 所示。本实例以 OpenSEES 作为分析工具，介绍多自由度模型在 OpenSEES 中是如何模拟的，并借这个机会介绍 Timoshenko（铁木辛柯）梁在 OpenSEES 中的应用。实例的分析采用模态分析。

注意：一直以来简化的糖葫芦串模型一般画成图 4-33-1 左图的样子，其实表达上会让人有所误会，楼层的侧向刚度并不是采用杆件的弯曲变形去模拟的，而是用杆件的纯剪切变形去模拟的，所以模拟楼层侧向刚度的杆件，它的轴压刚度与弯曲刚度是无穷大的，而剪切刚度就是代表它的楼层侧向刚度。为了让杆件具有剪切变形，所以本例会采用 Timoshenko 梁。

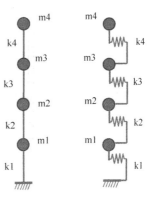

图 4-33-1　结构模型简图

### 2）ETABS 模型建模

（1）建立 ETABS 模型，定义 CONC 材料和柱构件的截面及建立几何模型，如图 4-33-2 所示。柱截面定义时，名字为 "C500X500"，本实例将采用 Timoshenko 梁来模拟。

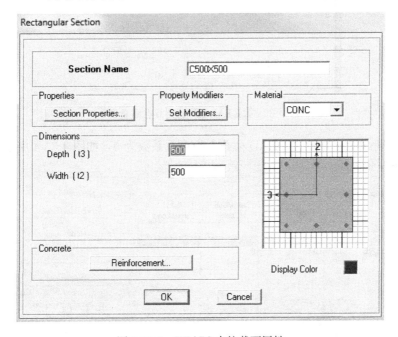

图 4-33-2　ETABS 中柱截面属性

（2）定义节点质量，在每一层定义节点质点，每层的结点质量为100ton，如图4-33-3所示。

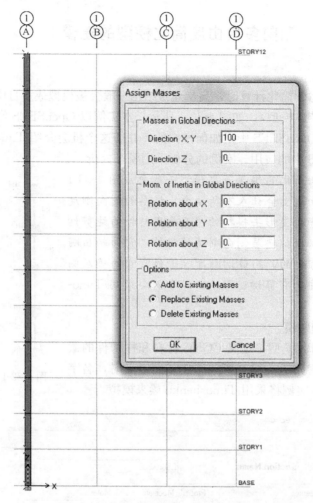

图 4-33-3　ETABS 中定义节点质量源

（3）定义荷载工况，设置 DEAD 荷载下的自重系数为 0，如图 4-33-4 所示。

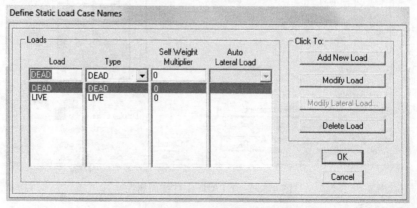

图 4-33-4　ETABS 定义静荷载工况窗口

（4）定义质量源，质量源定义来自于节点指定附加质量。

（5）定义节点的约束条件，底部节点为固定约束，其他节点只允许水平自由度 UX。如图 4-33-5 所示。

（6）完成上述步骤后建立完 ETABS 整体模型。

*注意：实例的 **ETABS** 模型存放在光盘"/EX-AM33/ETABS/"目录。*

**3）OpenSEES 建模**

（1）打开 ETABS 的模型（单位采用 N，mm），导出 S2K 文件。打开 ETO 程序，导入 S2K 文件，得

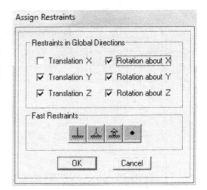

图 4-33-5　约束的自由度定义

到转化的 OpenSEES 模型，如图 4-33-6 所示。再打开转化 TCL 按钮，将模型转化成 OpenSEES 代码，将代码另存为"Exam33.tcl"。

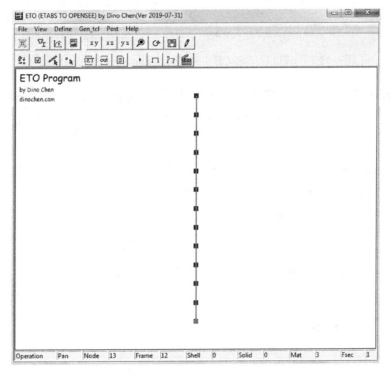

图 4-33-6　ETO 导入 ETABS 模型

（2）在 ETO 程序中的按钮 为修改杆件单元截面的属性，点击后显示图 4-33-7 所示窗口。

默认情况下，弹性梁柱单元采用 ElasticBeamColumn 单元（弹性梁柱单元），这次采用 ElasticTimoshenkoBeam 单元（考虑剪切变形的 Timoshenko 梁柱单元）。

选择采用【ElasticTimoshenkoBeam】，点击【MODIFY】进行修改。如图 4-33-7 所示。

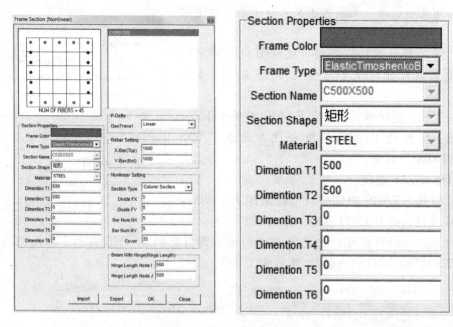

图 4-33-7　ETO 程序定义截面为 ElasticTimoshenkoBeam 单元

（3）在 ETO 程序中，点击按钮 SET，可以设置模态分析工况。本实例选择 OpenSEES 的分析类型为【Modal Analysis】，即多自由度体系的模态分析，计算 10 个振型，如图 4-33-8所示。

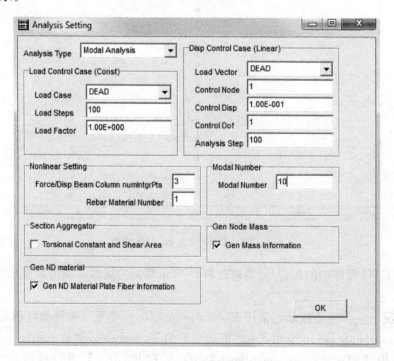

图 4-33-8　分析设置窗口

（4）在 ETO 程序中，点击按钮 ⊡，可以设置 recorder 输出内容。本实例选择【MO-DAL SHAPE】，即模态形状分析的结果，如图 4-33-9 所示。

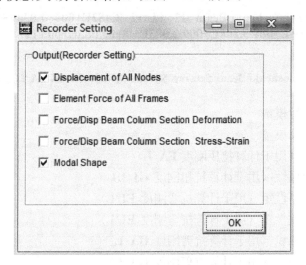

图 4-33-9　输出结构内容设置

（5）点击按钮 ▤ 生成 OpenSEES 命令流。

（6）以下将对 OpenSEES 命令流进行解释并修改，最后提交运算。

**4）OpenSEES 命令流解读**

（1）从 ETO 程序中生成的 OpenSEES 的命令流主要分以下内容，不一一详细列出。

- 初始设置
- 节点空间位置
- 节点质量
- 节点约束情况
- 材料与面截面（弹性材料）
- 弹性单元定义
- 模态分析定义

（2）质量点的定义：

ETO 生成的命令流，生成的每层质量点如下所示：

**mass 1 1.009E+002 1.009E+002 0.000E+000 0.000E+000 0.000E+000 0.000E+000**

**············**

**mass 13 1.009E+002 1.009E+002 0.000E+000 0.000E+000 0.000E+000 0.000E+000**

修改成全部节点只有水平 UX 的质量点如下所示：

**mass 1 1.000E+002 0.000E+000 0.000E+000 0.000E+000 0.000E+000 0.000E+000**

**············**

**mass 13 1.000E+002 0.000E+000 0.000E+000 0.000E+000 0.000E+000 0.000E+000**

（3）ElasticTimoshenkoBeam 铁木辛柯梁的设置：

ETO 生成的命令流如下所示：

element ElasticTimoshenkoBeam 1 2 1 2.482E+004 1.034E+004 2.500E+005 8.802E+009 5.208E+009 5.208E+009 2.083E+005 2.083E+005 1

·······

element ElasticTimoshenkoBeam 12 13 12 2.482E+004 1.034E+004 2.500E+005 8.802E+009 5.208E+009 5.208E+009 2.083E+005 2.083E+005 12

其中，

element ElasticTimoshenkoBeam $eleTag $iNode $jNode $E $G $A $Jx $Iy $Iz $Avy $Avz $transfTag

**$ E**　材料的弹性模量

**$ G**　材料的剪切模量

**$ A**　截面面积（用于计算拉压刚度 EA/L）

**$ Jx**　截面抗扭属性（用于计算抗扭刚度 GJ/L）

**$ Iy**　截面抗弯惯性矩（用于计算抗弯刚度 EI/L）

**$ Iz**　截面抗弯惯性矩（用于计算抗弯刚度 EI/L）

**$ Avy**截面抗剪面积（用于计算抗剪刚度 GA/L）

**$ Avz**截面抗剪面积（用于计算抗剪刚度 GA/L）

实例中，柱截面的弹性截面参数需要修改为以下所示：

**$ E**　10000，代表弹性模量

**$ G**　10000，代表剪切模量

**$ A**　1e20，代表无限刚度

**$ Jx**　1e20，代表无限刚度

**$ Iy**　1e20，代表无限刚度

**$ Iz**　1e20，代表无限刚度

**$ Avy**3000 代表剪切面积为 3000 mm²

**$ Avz**3000 代表剪切面积为 3000 mm²

element ElasticTimoshenkoBeam 1 1 2 10000　　10000　　1e20　　1e20　　1e20 1e20　　3000　　3000　　12

·········

element ElasticTimoshenkoBeam 12 13 12 10000　　10000　　1e20　　1e20　　1e20 1e20　　3000　　3000　　12

注：以上参数代表每个楼层的剪切侧向刚度为 $K = G \times A_s / L = 10000 \times 3000/3000 = 10000$ N/mm，则是水平剪力为 10000N，即 10kN 时，结构的层间位移为 1mm。

（4）综上所述，修改命令流修改后，可以提交进行分析，修改后的文件可查看"Exam33 \ OpenSEES \ Exam33. tcl"。

**5）OpenSEES 分析及分析结果**

（1）打开 OpenSEES，运算结构的模态分析后，打开文件"Periods. txt"，通过 EXCEL 表格整理后得到以下结果，如表 4-33-1 所示。

结构周期表　　　　　　　　　　　　　　　　　表 4-33-1

| mode | λ | Sqrt（λ） | T（s） |
|---|---|---|---|
| 1 | 15.77 | 3.97 | 1.581 |

续表

| mode | λ | Sqrt（λ） | $T$（s） |
| --- | --- | --- | --- |
| 2 | 140.45 | 11.85 | 0.530 |
| 3 | 381.97 | 19.54 | 0.321 |
| 4 | 725.15 | 26.93 | 0.233 |
| 5 | 1148.44 | 33.89 | 0.185 |
| 6 | 1625.24 | 40.31 | 0.156 |
| 7 | 2125.58 | 46.10 | 0.136 |
| 8 | 2618.03 | 51.17 | 0.123 |
| 9 | 3071.65 | 55.42 | 0.113 |
| 10 | 3457.94 | 58.80 | 0.107 |

注：Periods 显示每个振型的特征值 λ，而每个振型周期值 $T=2*\mathrm{pi}/\mathrm{sqrt}(λ)$。

（2）打开 ETO 程序，打开显示变形按钮，弹出对话框，如图 4-33-10 所示，设置显示振型。如要显示振型 4，变形放大系数为 100000。点击 load model shape 按钮，选取文件"eigen4_node0.out"。完成操作。图 4-33-11 是各振型的向量形状图。

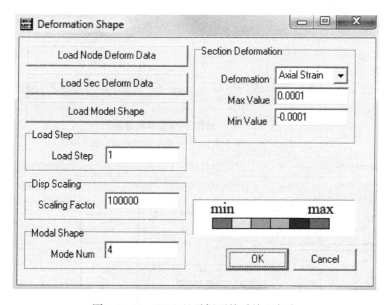

图 4-33-10　ETO 显示振型的后处理方法

笔者采用自开发的多自由度振型计算程序（程序在实例文件中）对模型进行验证，如图 4-33-12、图 4-33-13 所示。

**6）知识点回顾**

（1）介绍 OpenSEES 的 Timoshenko 梁单元；

（2）介绍了 OpenSEES 中建立简化多自由度体系的方法；

（3）介绍采用 Timoshenko 模拟楼层刚度的方法；

（4）介绍 ETO 的振型分析计算及后处理结果的方法。

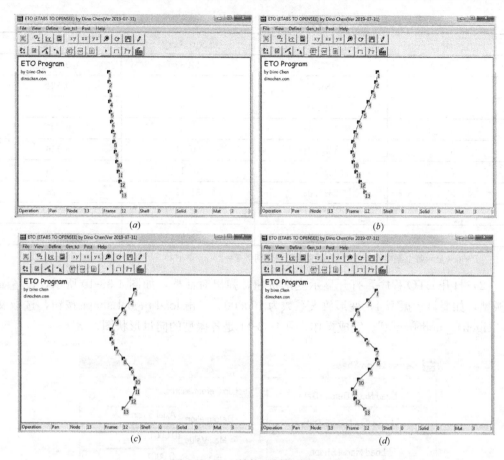

图 4-33-11　结构不同振型的显示

(a) 第 1 振型；(b) 第 2 振型；(c) 第 3 振型；(d) 第 4 振型

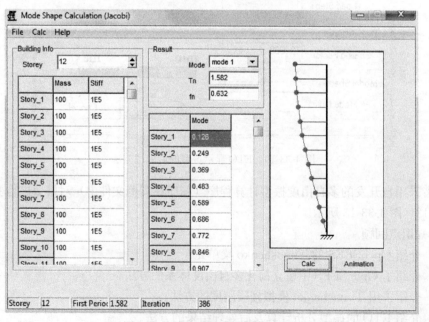

图 4-33-12　自编程序计算第 1 振型

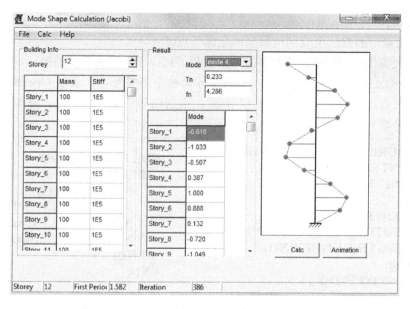

图 4-33-13　自编程序计算第 4 振型

## 4.34　实例 34　基于 OpenSEES 的桥梁游戏开发

### 1）问题描述

本实例是一个基于图形界面的小游戏的开发，计算核心是采用 OpenSEES，主要介绍通过 delphi 或 lazarus 开发一个图形界面，可以快速进行刚构桥的建模，施加行车荷载（参考前面实例中影响线的计算方法），最后通过动画的形式显示结构在整个过程中的变形。这个小游戏可以用于练习结构布置，学习结构概念，了解不同结构受力变形的特征，结构形式的效率等。这有利于应用于 STEM 教学。本实例会展示部分快速建模的源代码，并展示最后用于桥梁分析的 OpenSEES 命令流。

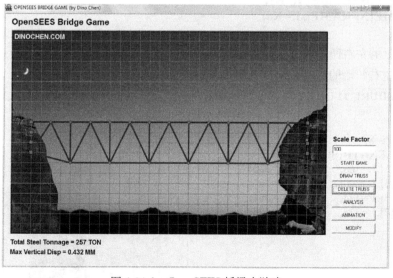

图 4-34-1　OpenSEES 桥梁小游戏

**2）编程的逻辑及原理**

（1）采用遍历的方法生成结构模型的全部节点。

以下是关键代码，USED 代表节点是被使用。PX，PY 代表节点的坐标，整个屏幕的网格共有 32×20 个节点，只有被使用的节点才会被重新编号且生成于 OpenSEES 的代码当中。初始节点是 NODE，存在很多空节点 ，重新编号后是 KNODE，全部是被使用节点，两组编号要对应起来。

```
PROCEDURE TFORM1.GEN_NODE;
VAR I,J:INTEGER;
    NUM:INTEGER;
BEGIN
  NNODE:=(32+1)*(20+1);
  SETLENGTH(NODE,NNODE+1);
  SETLENGTH(KNODE,NNODE+1);
  NUM:=0;
  FOR J:=0 TO 20 DO

FOR I:=0 TO 32 DO
  BEGIN
    NUM:=NUM+1;
    NODE[NUM].PX:=I*25;
    NODE[NUM].PY:=J*25;
    NODE[NUM].USED:=0;
  END;
END;
```

（2）通过鼠标建立桥梁的杆系模型，所以杆件采用两个节点连接。

以下是增加单元的代码，在屏幕上的定好起点 ΛX，AY 与终点 BX，BY，就可以确定一个构件的左右节点的编号，通过坐标反向计算节点的编号（因为编号顺序与坐标位置是相关的），确定了单元的左右节点以后，就可以增加一个新的单元。程序生成两类构件，自己绘制的蓝色构件及红色的桥面构件。有单元的节点，指定为节点被使用，在重生成被使用节点时进行重新编号，单元的编号中 I，J 为原始编号，KI，KJ 为节点重新编号后的编号。

```
PROCEDURE TFORM1.ADD_MEMBER(AX,AY,BX,BY:INTEGER);
VAR KI,KJ:INTEGER;
BEGIN
  KI:=(AX)+(AY)*(32+1)+1;
  KJ:=(BX)+(BY)*(32+1)+1;
  NFRAME:=NFRAME+1;
  FRAME[NFRAME].I:=KI;
  FRAME[NFRAME].J:=KJ;
END;
```

（3）桥梁的左右两端的节点均为固定支座，也就是自由度全部锁死。

总共有左右两端的支座，共计 8 个节点。

```
PROCEDURE TFORM1.GEN_SUPPORT;

BEGIN
  NSUP:=8;
  SETLENGTH(SUP,NSUP+1);
  SUP[1].I:=366;   SUP[2].I:=333;
  SUP[3].I:=300;   SUP[4].I:=267;
  SUP[5].I:=394;   SUP[6].I:=361;
  SUP[7].I:=328;   SUP[8].I:=295;
END;
```

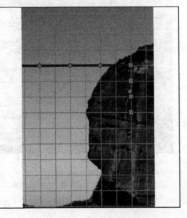

（4）桥面节点（荷载相关作用点）

注意：需要一个找桥面点的过程，从左到右，确定部分构件是桥面单元，桥面单元上的节点将会被施加荷载。

其中，桥面的类型叫做 SLAB，在屏幕上即为显示为红色的构件。桥面的第一个单元的始端节点编号为 366，终端节点 368，以此类推。共有 14 个 SLAB 的单元杆件。

```
PROCEDURE TFORM1.GEN_SLAB;
VAR I:INTEGER;
    NUM:INTEGER;
BEGIN
 NSLAB:=14;
 NUM:=0;
 SETLENGTH(SLAB,NSLAB+1);
 FOR I:=0 TO NSLAB-1 DO
 BEGIN
   SLAB[I+1].I:=366+(I*2);
   SLAB[I+1].J:=366+(I*2+2);
 END;
END;
```

（5）程序自动指定桥梁的位置活动荷载（模拟桥面上的车从左到右行走的过程）

每一步的荷载位置及大小的变化如图 4-34-2 所示，整个过程以此类推。

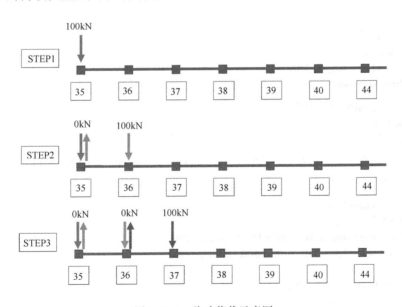

图 4-34-2　移动荷载示意图

（6）生成全部的 OpenSEES 命令流，保存文件名为 CO. txt。

整个 OpenSEES 生成的代码如下所示：

```
wipe
model basic -ndm 2 -ndf 3
```

上述代码表示这个分析采用二维分析，每个节点只有三个自由度

```
node 1 1.7500E+004 1.2500E+004
··············
node 61 6.5000E+004 3.7500E+004
```

上述代码表示生成的节点（所有使用到的节点生成并重新编号）

```
fix 34 1 1 1
··············
fix 19 1 1 1
```

上述代码表示，生成节点约束，因为节点重新编号，所以号码修改了

```
geomTransf Linear 1
··············
geomTransf Linear 67
```

上述代码指定全部构件（桥面构件及新增构件）的截面 **P-delta** 类别为 **Linear**

```
element elasticBeamColumn 1 34 35 113600 205000 1.441E10 1
··············
element elasticBeamColumn 67 18 17 113600 205000 1.441E10 67
```

上述代码表明全部桥梁构件的截面属性

```
recorder Node -file node0.out -time -nodeRange 1 61 -dof 1 2 3 disp
pattern Plain 1 Linear {
load 35 0.000E+000 -100.000E+003 0.000E+000
}
constraints Plain
numberer Plain
system BandGeneral
test EnergyIncr 1.0e-6 200
algorithm Newton

integrator LoadControl 0.1
analysis Static
analyze 10
```

上述代码表明车辆进行桥面的第一个节点的范围，施加一个 **100kN** 的向下的点荷载。分析 10 个子步得到结果

```
loadConst -time 0.0
pattern Plain 2 Linear {
load 35 0.000E+000 100.000E+003 0.000E+000
load 36 0.000E+000 -100.000E+003 0.000E+000
}
integrator LoadControl 0.1
analysis Static
analyze 10
```

上述代码表明车辆进行桥面的第 **2** 个节点的范围，在原来的 **35** 号施加一个 **100kN** 的向上的点荷载代表离开，在 **35** 号节点施加向下的荷载，证明进入第 **2** 个点的影响范围。分析 10 个子步得到结果，往后以此类推，等最后一个桥面节点的卸载完成即可。

（7）程序调用 OpenSEES 程序运行命令流文件，运算完程序后即可得到全部的输出文件。

以下命令流代表输出全部节点的变形值：

**recorder Node -file node0.out -time -nodeRange 1 61 -dof 1 2 3 disp**

总共有 140 个分析子步。

（8）桥梁程序读取输出的文本文件，主要是每个节点的位移，即可得到整个运动过程中结构的整体变形。

以下代码代表读取每个节点的变形，并把每个节点在每一个荷载子步的值存起来，用于绘制动画效果，其中节点的位移会在 MX，MY 的数组内。

```
PROCEDURE TFORM1.READ_DISP;
begin
DATA:=TSTRINGLIST.Create;
NF:=ROUND(INT(NNODE/100));
MF:=NNODE MOD 100;
SHOW_STEP:=1;
PATH:=EXTRACTFILEPATH(Application.ExeName);
DATA.LoadFromFile(format('%snode0.out',[path]));
 FOR ST:=1 TO 140 DO
 BEGIN
 GETSTR2(DATA.Strings[ST-1]);
  FOR J:=1 TO NKNODE DO
  BEGIN
     KNODE[J].MX[ST]:=STRTOFLOAT(COMSTR2[1+(J-1)*3+1]);
     KNODE[J].MY[ST]:=STRTOFLOAT(COMSTR2[1+(J-1)*3+2]);
  END;
 END;
FOR I:=1 TO NNODE DO
BEGIN
  FOR J:=1 TO 140 DO
  BEGIN
  NODE[I].MX[J]:=KNODE[NODE[I].NUM].MX[J];
  NODE[I].MY[J]:=KNODE[NODE[I].NUM].MY[J];
  END;
END;
DATA.FREE;
END;
```

（9）对全部节点进行求最大值，得到全部节点中最大的结构变形位置。整个小程序的制作过程就完成了。每隔一定时间绘制整个屏幕，即为动画效果，采用了编程中的 Timer 计时器控件功能。

通过编译后，OpenSEES BRIDGE GAME 程序可以对桥梁进行行车分析及计算。

注意：实例的 ETABS 模型存放在光盘"/EXAM34/"目录。

**3）不同桥梁的建模及模拟过程**

以下是小程序的按钮代表如下：

【START GAEM】清空屏幕全部构件，只保留桥面与支座

【DRAW TRUSS】绘制蓝色的主受力构件

【DELETE TRUSS】删除蓝色的构件

【ANALYSIS】进行 OpenSEES 结构分析

【ANIMATION】绘制小车经过桥梁的动画效果

【MODIFY】代表修改桥梁的构件，增加或删除。

小程序最终界面及最终结果如图 4-34-3 所示。

图 4-34-3　OpenSEES BRIDGE GAME 最终界面及最终结果

图 4-34-4 是不同桥梁小车经过时的动画效果。

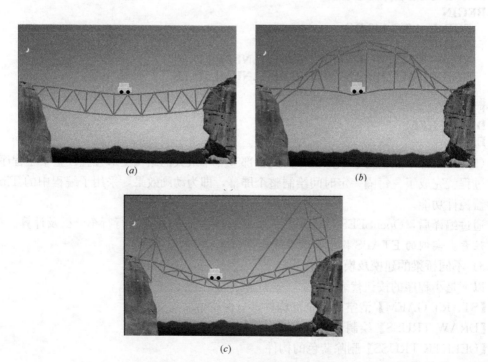

图 4-34-4　不同桥梁的变形特征

(a) 桁架桥的建模；(b) 拱桁架吊桥的建模；(c) 高塔拉索桥的建模

**4）知识点回顾**

（1）介绍通过重新生成法生成模型的节点与单元；

（2）介绍其他程序调用 OpenSEES 并自动处理结果的方法；

（3）介绍显示桥梁分节点加载的方法。

# 4.35　实例 35　基于 OpenSEES 拓扑优化程序开发

**1）问题描述**

本例是一个基于 OpenSEES 进行二次开发的实例。本例采用 SHELLMITC4 单元进行结构的平面受力分析，基于结构拓扑优化的理论，对结构进行拓扑优化，最终得到结构优化后的形状。以一根悬臂梁为例，经过拓扑优化的形状如图 4-35-1 所示。

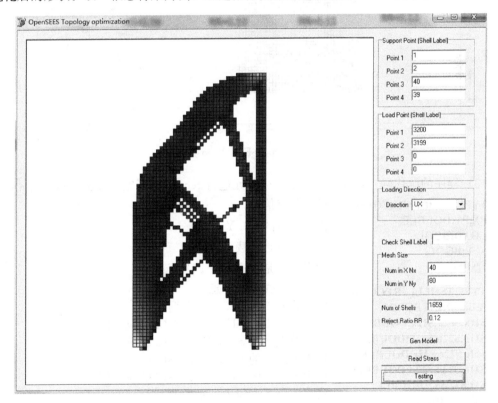

图 4-35-1　结构优化模型程序

**2）程序的原理介绍及源代码**

（1）本例通过程序建立节点（矩形矩阵）及单元，再通过指定约束、荷载完成整个结构分析模型。

注：简化的结构分析系统由：节点＋单元＋荷载＋约束四个元素组成。

（2）OpenSEES Topo 程序界面如图 4-35-2 所示，用户指定生成 40×80 的矩形网格，用于生成节点与单元，另外指定约束节点的号码，指定为约束点（蓝色）与荷载点（红色）。

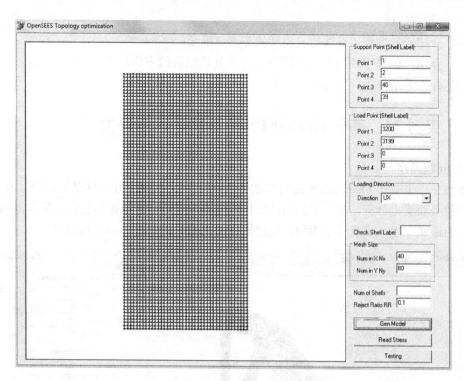

图 4-35-2　OpenSEES Topo 界面图

（3）程序的源代码中，需要对节点与壳单元进行 record 的指定，如下所示：

```
TYPE TNODE=RECORD          //代表节点信息
PX,PY:DOUBLE;              //代表节点的 X，Y 坐标
LOAD:BOOL;                 //代表节点是加载点
SUP:BOOL;                  //代表节点是支座 SUPPORT
END;

TYPE TSHELL=RECORD         //代表每个壳元的信息
A,B,C,D:INTEGER;           //代表壳元 4 个节点的节点编号
S11a,S22a,S12a:DOUBLE;     //代表节点 1 的 S11，S22，S12 的应力值
S11b,S22b,S12b:DOUBLE;     //代表节点 2 的 S11，S22，S12 的应力值
S11c,S22c,S12c:DOUBLE;     //代表节点 3 的 S11，S22，S12 的应力值
S11d,S22d,S12d:DOUBLE;     //代表节点 4 的 S11，S22，S12 的应力值
S11,S22,S12:DOUBLE;        //代表 4 个节点应力的平均值 s11，s22，s12
SV:DOUBLE;                 //代表单元的 Von-Mises 应力值
RATIO:DOUBLE;              //代表单元应力值与整个结构的最大单元应力值的比率
USE:BOOL;                  //代表该单元是有刚度的结构单元（不扣除）
SUP:BOOL;                  //代表该单元是支座 SUPPORT 单元(单元 4 个节点自由度锁死)
LOAD:BOOL;                 //代表该单元是荷载指定单元（单元 4 个节点都有点荷载）
END;
```

（4）通过指定节点、单元、荷载及约束条件后，点击【GEN MODEL】就可以生成结构的 OpenSEES 计算模型，主要源代码如下所示：

① 清空模型，设定系数自由度体系为 3 维，每个节点为 6 个自由度。

```
wipe
model basic -ndm 3 -ndf 6
```

② 节点编号与坐标（只用到 UX 和 UZ，UY＝0，属于平面分析问题）。

```
node 1 0.000E+000 0.000E+000 0.000E+000
node 2 1.000E+002 0.000E+000 0.000E+000
…………………
node 441 2.000E+003 0.000E+000 2.000E+003
```

③ 节点施加约束，支座为 6 个自由度锁死，普通节点只是锁死三个自由度。

```
fix 1 1 1 1 1 1 1;
………………
fix 441 0 1 0 1 0 1;
```

④ 定义二维材料，有刚度单元为 701 编号，$E_c$＝2.482E4MPa，泊松比为 0.3；空单元（无刚度单元）编号为 702，$E_c$＝0.01MPa，泊松比为 0.3。

```
nDMaterial ElasticIsotropic 2 2.482E+004 0.3
nDMaterial PlateFiber 601 2
section PlateFiber 701 601 100.00
nDMaterial ElasticIsotropic 3 0.01 0.3
nDMaterial PlateFiber 602 3
section PlateFiber 702 602 100.00
```

⑤ 定义全部壳单元，如果单元在后续的优化过程中被"挖掉"的话，单元还是存在的，只是把原来的有刚度壳元的属性换成无刚度的单元属性，即采用空单元。

```
element ShellMITC4 1 1 2 23 22 701
………
element ShellMITC4 400 419 420 441 440 701
```

⑥ 记录单元每一步分析后的应力（stresses）数据，这一步非常重要，拓扑优化的基本原理就是根据单元的应力（von-mises 应力）去确定是否扣掉某些单元，使结构或构件不重要的单元去掉，最终优化得到全部关键单元。

注意：每 100 个单元记录成一个文件，每个单元输出 **32** 个数据（不同版本的 **OpenS-EES** 出来的数组数是不同的），代表单元内 **4** 个节点的各分量的应力值。

```
recorder Element -file ele0.out -time -eleRange 1 100 stresses
recorder Element -file ele1.out -time -eleRange 101 200 stresses
recorder Element -file ele2.out -time -eleRange 201 300 stresses
recorder Element -file ele3.out -time -eleRange 301 400 stresses
```

⑦ 生成外荷载工况，以下是几个节点的水平荷载工况。

```
pattern Plain 1 Linear {
load 418 1.000E+005 0.000E+000 0.000E+000 0.000E+000 0.000E+000 0.000E+000
……………
load 441 1.000E+005 0.000E+000 0.000E+000 0.000E+000 0.000E+000 0.000E+000
}
```

⑧ 生成分析代码，全部计算均为弹性计算，采用一步静力计算。

```
puts "analysis"
constraints Plain
numberer Plain
system BandGeneral
test EnergyIncr 1.0e-6 200
algorithm Newton
```

```
integrator LoadControl 1
analysis Static
analyze 1
```

⑨ 生成全部代码后，生成 co. tcl 命令流文件。

（5）在 LAZARUS 中生成整个 co. tcl 的命令流的，采用若干个循环就完成文件的编写。程序中的代码过程为 GEN _ OpenSEES。

（6）图 4-35-3 为整个拓扑优化的程序流程图。

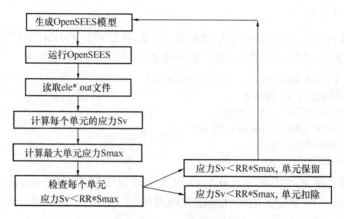

图 4-35-3　程序流程图

其中，如果某个单元的应力 **Sv<RR \* Smax** 就会被扣除，**RR** 代表拒绝率，举例值为 **0. 1**，也就是说，单元的应力值小于 **0. 1** 倍最大应力值，该单元代表不重要，可以去除。在本程序中，去除的单元被赋值 **702** 截面，也就是刚度接近 **0** 的单元，单元编号与节点都会保留。

以下是程序的主要模块

```
GEN _ NODE;            //生成节点信息
CALC _ ZONE;           //计算模型的边界，用于绘图
GEN _ SHELL;           //生成壳元信息
GEN _ SUPPORT;         //生成支座与外荷载信息
GEN _ OpenSEES;        //生成 OpenSEES 的命令流文件
RUN _ OpenSEES;        //运行 OpenSEES 程序
```

（7）生成矩形矩阵的节点与单元编号的源代码如下所示：

```
PROCEDURE TFORM1.GEN_NODE;
var i,J:integer;
    NUM:INTEGER;
begin
 NUM:=0;
 NNODE:=(NX+1)*(NY+1);
 SETLENGTH(NODE,NNODE+1);
FOR J:=1 TO NY+1 DO
 FOR I:=1 TO NX+1 DO
   BEGIN
```

```
      NUM:=NUM+1;
      NODE[NUM].PX:=(I-1)*100;
      NODE[NUM].PY:=(J-1)*100;
      NODE[NUM].SUP:=FALSE;
      NODE[NUM].LOAD:=FALSE;
    END;
end;

PROCEDURE TFORM1.GEN_SHELL;
VAR I,J:INTEGER;
    NUM:INTEGER;
BEGIN
 NSHELL:=NX*NY;

 SETLENGTH(SHELL,NSHELL+1);
NUM:=0;
FOR J:=1 TO NY DO
 FOR I:=1 TO NX DO
  BEGIN
    NUM:=NUM+1;
    SHELL[NUM].A:=(J-1)*(NX+1)+I;
    SHELL[NUM].B:=(J-1)*(NX+1)+(I+1);
    SHELL[NUM].C:=(J)*(NX+1)+I;
    SHELL[NUM].D:=(J)*(NX+1)+(I+1);
    SHELL[NUM].USE:=TRUE;
  END;
END;
```

通过上述代码生成的矩形节点编号的分布如图 4-35-4 所示。

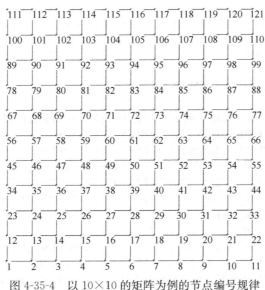

图 4-35-4　以 10×10 的矩阵为例的节点编号规律

（8）利用 LAZARUS 编写程序控制 OpenSEES 程序的运行，代码如下：

```
PROCEDURE TFORM1.RUN_OPENSEES;
var PATH:PCHAR;
```

```
NAME:PCHAR;
begin
PATH:=PCHAR(extractfilepath(application.ExeName)+'\');
NAME:=PCHAR(FORMAT('%sopensees.exe %s',[PATH,path+'CO.TCL']));
winexec(name,SW_show);
end;
```

（9）拓优优化迭代的分析过程，采用的主要模块如下所示：

```
GEN _ NODE;                //生成节点信息
CALC _ ZONE;               //计算模型的边界信息（用于绘图）
GEN _ SHELL;               //生成壳单元信息
READ _ STRESS;             //读取单元的应力结果
GET _ MAX _ STRESS;        //（遍历）计算全部单元的最大应力
CALC _ RATIO;              //计算每个单元的应力与最大应力的比值
GEN _ SUPPORT;             //生成支座与荷载条件信息
GEN _ OpenSEES;            //生成 OpenSEES 的命令流
RUN _ OpenSEES;            //运行 OpenSEES 程序
```

（10）读取单元的应力结果过程为 READ _ STRESS，源代码内容如下：

```
PROCEDURE TFORM1.READ_STRESS;
KG:=32;
DATA:=TSTRINGLIST.Create;
NF:=ROUND(INT(NSHELL/100));
MF:=NSHELL MOD 100;
PATH:=EXTRACTFILEPATH(Application.ExeName);
FOR I:=0 TO NF-1 DO
BEGIN
  DATA.LoadFromFile(format('%sele%d.out',[path,i]));
  GETSTR2(DATA.Strings[0]);
  FOR J:=1 TO 100 DO
  BEGIN
    IF (J+I*100)<=NSHELL THEN
    BEGIN
      SHELL[J+I*100].S11a:=STRTOFLOAT(COMSTR2[1+(J-1)*KG+1]);
      SHELL[J+I*100].S22a:=STRTOFLOAT(COMSTR2[1+(J-1)*KG+2]);
      SHELL[J+I*100].S12a:=STRTOFLOAT(COMSTR2[1+(J-1)*KG+3]);
      SHELL[J+I*100].S11b:=STRTOFLOAT(COMSTR2[1+(J-1)*KG+9]);
      SHELL[J+I*100].S22b:=STRTOFLOAT(COMSTR2[1+(J-1)*KG+10]);
      SHELL[J+I*100].S12b:=STRTOFLOAT(COMSTR2[1+(J-1)*KG+11]);
      SHELL[J+I*100].S11c:=STRTOFLOAT(COMSTR2[1+(J-1)*KG+17]);
      SHELL[J+I*100].S22c:=STRTOFLOAT(COMSTR2[1+(J-1)*KG+18]);
      SHELL[J+I*100].S12c:=STRTOFLOAT(COMSTR2[1+(J-1)*KG+19]);
      SHELL[J+I*100].S11d:=STRTOFLOAT(COMSTR2[1+(J-1)*KG+25]);
      SHELL[J+I*100].S22d:=STRTOFLOAT(COMSTR2[1+(J-1)*KG+26]);
      SHELL[J+I*100].S12d:=STRTOFLOAT(COMSTR2[1+(J-1)*KG+27]);
    END;
  END;
END;
```

通过以上代码读取由 OpenSEES 生成的 ele＊.out 的文件，以 OpenSEES 版本 244 为例，OpenSEES 生成的应力数据，每个单元有 32 个数据，代表 4 个节点各个分量的应力，即每个节点有 8 组应力分量的数据，这 8 组的头三个数据为 S11、S22、S12 的应力值。通过上述代码即可提取单元的应力值，然后用于计算 VON-MISES 应力。如下是数据列于表 4-35-1。

应 力 数 据          表 4-35-1

| | | S11 | S22 | S12 | | | | | |
|---|---|---|---|---|---|---|---|---|---|
| 第 1 节点 | 数据号 | 1 | 2 | 3 | 4 | 5 | 6 | 7 | 8 |
| | | 181.37 | 261.78 | 297.40 | 0.00 | 0.00 | 0.00 | 0.00 | 0.00 |
| 第 2 节点 | 数据号 | 9 | 10 | 11 | 12 | 13 | 14 | 15 | 16 |
| | | 174.52 | 239.01 | 302.60 | 0.00 | 0.00 | 0.00 | 0.00 | 0.00 |
| 第 3 节点 | 数据号 | 17 | 18 | 19 | 20 | 21 | 22 | 23 | 24 |
| | | 189.36 | 243.43 | 294.64 | 0.00 | 0.00 | 0.00 | 0.00 | 0.00 |
| 第 4 节点 | 数据号 | 25 | 26 | 27 | 28 | 29 | 30 | 31 | 32 |
| | | 196.21 | 266.20 | 289.43 | 0.00 | 0.00 | 0.00 | 0.00 | 0.00 |

主应力 S11、S22 与剪应力 S12 的示意如图 4-35-5 所示。通过 OpenSEES 分析以后提取单元应力后，对单元内 4 个节点的应力做平均值处理，然后把主应力与剪应力组合成 VON-MISES 应力，计算公式如下所示。

$$\sigma_v = \sqrt{\sigma_{11}^2 - \sigma_{11}\sigma_{22} + \sigma_{22}^2 + 3\sigma_{12}^2}$$

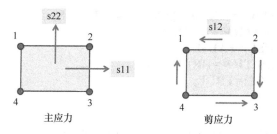

图 4-35-5 主应力与剪应力的示意图

程序关于求平均及求单元 VON-MISES 应力的源代码如下所示：

```
FOR I:=1 TO NSHELL DO
BEGIN
  S11:=(SHELL[I].S11a+SHELL[I].S11b+SHELL[I].S11c+SHELL[I].S11d)/4;
  S22:=(SHELL[I].S22a+SHELL[I].S22b+SHELL[I].S22c+SHELL[I].S22d)/4;
  S12:=(SHELL[I].S12a+SHELL[I].S12b+SHELL[I].S12c+SHELL[I].S12d)/4;
  SHELL[I].S11:=S11;
  SHELL[I].S12:=S12;
  SHELL[I].S22:=S22;
  SHELL[I].SV:=SQRT(S11*S11-S11*S22+S22*S22+3*S12*S12);
END;
```

OpenSEES 完成每步分析后生成 ele.out 后，程序提取应力计算出每个单元的 VON-

MISES 应力后会通过程序显示出应力云图，如图 4-35-6 所示。

图 4-35-6　OpenSEES TOPO 显示应力的云图

（11）程序通过遍历全部单元得到全部单元中的最大应力值，然后求解每个单元的应力比值，代码如下所示。

```
FOR I:=1 TO NSHELL DO
BEGIN
  IF SHELL[I].USE=TRUE THEN
  BEGIN
  SHELL[I].RATIO:=SHELL[I].SV/MAX_STRESS;
  IF SHELL[I].RATIO<RR THEN
      SHELL[I].USE:=FALSE;
  IF SHELL[I].RATIO>=RR) THEN
      SHELL[I].USE:=TRUE;
  END;
  END;
```

代码中，RR 为拒绝率，假定 RR＝0.1，代表所示单元如果应力值小于 0.1，即代表单元会被扣除。RR 拒绝率程序可以自定义，每次迭代计算可以增加。程序代码中 SHELL 单元的属性 USE 如果是 TRUE，代表该单元下次会使用，也就是采用有刚度的截图 701，如果单元属性 USE 是 FALSE，代表单元要去掉，也就是无刚度单元 702。该部分操作出现在过程 GEN _ OpenSEES 当中，用于生成下一次的 OpenSEES 代码。

（12）通过编译后，程序可以对构件进行拓扑优化计算。

注意：实例的 **ETABS** 模型存放在光盘"**/EXAM35/**"目录。

**3）悬臂梁的拓扑优化算例**

算例：对一个悬臂结构进行拓扑优化，如图 4-35-7 所示。结构块划分为 $40 \times 80$，总共有 3200 个壳元，节点 1，2，40，39 为固定支座，加载点为顶部中间的 3181，3180 号单元上的节点。如图 4-35-8、图 4-35-9 所示。初始拒绝率为 0.05，每次增加 0.01。

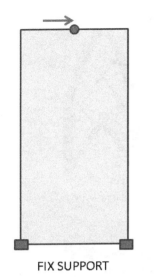

FIX SUPPORT

图 4-35-7　算例示意图

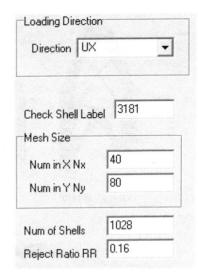

图 4-35-8　荷载与约束设置

图 4-35-9　区格划分设置

图 4-35-10 是分析的全过程。

最终悬臂梁的拓扑优化形状及程序界面如图 4-35-11 所示。

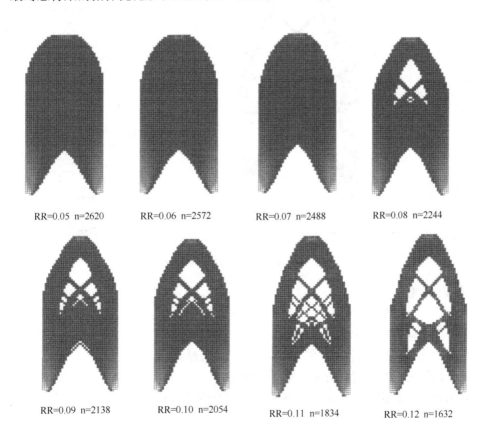

RR=0.05  n=2620　　RR=0.06  n=2572　　RR=0.07  n=2488　　RR=0.08  n=2244

RR=0.09  n=2138　　RR=0.10  n=2054　　RR=0.11  n=1834　　RR=0.12  n=1632

图 4-35-10　拓扑优化全过程分析图（一）

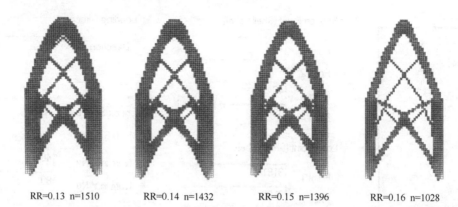

RR=0.13 n=1510      RR=0.14 n=1432      RR=0.15 n=1396      RR=0.16 n=1028

图 4-35-10    拓扑优化全过程分析图（二）

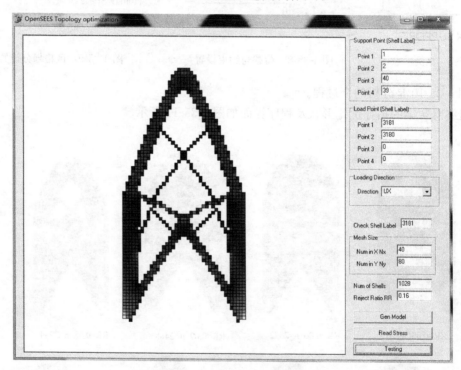

图 4-35-11    OpenSEES TOPO 界面及最终结果

**4）知识点回顾**

（1）介绍 OpenSEES 中 SHELLMITC4 壳元的使用方法；

（2）介绍如何提取壳单元的单元应力结果数据；

（3）介绍通过程序控制 OpenSEES 的计算并读取结果；

（4）介绍简易的拓扑优化方法（单元扣除法）；

（5）采用拓扑优化程序 OpenSEES TOPO 对悬臂梁进行优化。

# 附录　参考资料

## (1) 常见截面有效抗剪截面和抗扭刚度计算表

| 截面形状 | 有效抗剪截面 | 抗扭刚度 $K = \dfrac{TL}{\theta G}$ |
|---|---|---|
| | $A_2 = \dfrac{5}{6}BH$ <br> $A_3 = \dfrac{5}{6}BH$ | $K = HB^3\left[\dfrac{1}{3} - 0.21\dfrac{B}{H}\left(1 - \dfrac{B^4}{12H^4}\right)\right]$ <br> 当 $H > B$ |
| | $A_2 = 2Ht_{\mathrm{w}}$ <br> $A_3 = 2Bt_{\mathrm{f}}$ | $K = \dfrac{2(B-t_{\mathrm{w}})^2(H-t_{\mathrm{f}})^2}{\left(\dfrac{B-t_{\mathrm{w}}}{t_{\mathrm{f}}} + \dfrac{H-t_{\mathrm{f}}}{t_{\mathrm{w}}}\right)}$ |
| | $A_2 = Ht_{\mathrm{w}}$ <br> $A_3 = \dfrac{5}{3}Bt_{\mathrm{f}}$ | $K = 2K_1 + K_2 + 2\alpha D^4$ <br> $K_1 = Bt_{\mathrm{f}}^3\left[\dfrac{1}{3} - 0.21\dfrac{t_{\mathrm{f}}}{B}\left(1 - \dfrac{t_{\mathrm{f}}^4}{12B^4}\right)\right]$ <br> $K_2 = \dfrac{1}{3}\left(\dfrac{1}{2}H - t_{\mathrm{f}}\right)t_{\mathrm{w}}^3$ <br> $\alpha = \dfrac{\mathrm{Min}(t_{\mathrm{f}},t_{\mathrm{w}})}{\mathrm{Max}(t_{\mathrm{f}},t_{\mathrm{w}})}\left(0.15 + 0.10\dfrac{r}{t_{\mathrm{f}}}\right)$ <br> $D = \dfrac{(t_{\mathrm{f}}+r)^2 + rt_{\mathrm{w}} + (t_{\mathrm{w}}/2)^2}{(2r+t_{\mathrm{f}})}$ <br> 当 $t_{\mathrm{w}} < 2(t_{\mathrm{f}}+r)$ |
| | $A_2 = Ht_{\mathrm{w}}$ <br> $A_3 = \dfrac{5}{6}Bt_{\mathrm{f}}$ | $K = K_1 + K_2 + \alpha D^4$ <br> $K_1 = Bt_{\mathrm{f}}^3\left[\dfrac{1}{3} - 0.21\dfrac{t_{\mathrm{f}}}{B}\left(1 - \dfrac{t_{\mathrm{f}}^4}{12B^4}\right)\right]$ <br> $K_2 = (H-t_{\mathrm{f}})t_{\mathrm{w}}^3\left[\dfrac{1}{3} - 0.105\dfrac{t_{\mathrm{w}}}{H-t_{\mathrm{f}}}\left(1 - \dfrac{t_{\mathrm{w}}^4}{192(H-t_{\mathrm{f}})^4}\right)\right]$ <br> $\alpha = \dfrac{\mathrm{Min}(t_{\mathrm{f}},t_{\mathrm{w}})}{\mathrm{Max}(t_{\mathrm{f}},t_{\mathrm{w}})}\left(0.15 + 0.10\dfrac{r}{t_{\mathrm{f}}}\right)$ <br> $D = \dfrac{(t_{\mathrm{f}}+r)^2 + rt_{\mathrm{w}} + (t_{\mathrm{w}}/2)^2}{(2r+t_{\mathrm{f}})}$ <br> 当 $t_{\mathrm{w}} < 2(t_{\mathrm{f}}+r)$ |

| 截面形状 | 有效抗剪截面 | 抗扭刚度 $K = \dfrac{TL}{\theta G}$ |
|---|---|---|
| | $A = 0.9\pi r^2$ | $K = \dfrac{1}{2}\pi r^2$ |
| | $A = \pi r t_\mathrm{w}$ | $K = \dfrac{1}{2}\pi\left[\left(r + \dfrac{t_\mathrm{w}}{2}\right)^4 - \left(r - \dfrac{t_\mathrm{w}}{2}\right)^4\right]$ |

（2）常见截面惯性矩计算表

| 截面形状 | 截面惯性矩 |
|---|---|
| | $I_2 = \dfrac{1}{12}B^3 H$ <br> $I_3 = \dfrac{1}{12}BH^3$ |
| | $I_2 = \dfrac{B^3 H - (B - 2t_\mathrm{w})^3 (H - 2t_\mathrm{f})}{12}$ <br> $I_3 = \dfrac{BH^3 - (B - 2t_\mathrm{w})(H - 2t_\mathrm{f})^3}{12}$ |
| | $I_2 = \dfrac{B^3 t_\mathrm{f}}{6} + \dfrac{(H - t_\mathrm{f})t_\mathrm{w}^3}{12}$ <br> $I_3 = \dfrac{BH^3}{12} - \dfrac{(B - t_\mathrm{w})(H - t_\mathrm{f})^3}{12}$ |
| | $I_2 = I_3 = \dfrac{\pi}{4}R^4$ |
| | $I_2 = I_3 = \pi\left(R + \dfrac{t_\mathrm{w}}{2}\right)^3 t$ |